黑土肥力保育机理研究

HEITU FEILI BAOYU JILI YANJIU

关松 窦森 著

中国农业出版社
北 京

前　言 QIANYAN

中国东北黑土地是世界四大黑土区之一，以腐殖质层深厚、土壤有机质含量高而著称，是稀有珍贵的自然资源，一直是国内外学者的关注热点。但新中国成立以来的大规模开垦，东北黑土区逐渐由林草自然生态系统演变为农田生态系统，成为我国重要的粮食主产区和最大的商品粮供给基地，主产玉米和大豆。由于土壤侵蚀和长期高强度农业生产活动及不合理耕种，黑土地质量退化，土壤有机质含量显著下降，主要表现在3个方面：一是“黑土层变薄”，由土壤侵蚀引起，这需要从水土保持的角度来关注；二是“耕作层变薄”，由于长期的高强度利用和不合理浅耕，使“犁底层”上移，变硬；三是“黑土层变黄”，是由于有机肥料施用量低，秸秆还田量不足以及种植结构和耕作不合理，如浅耕、翻耕过分搅动引起土壤有机质和腐殖物质损失，使得黑土层出现“黑土不黑”“变瘦”的情况。从土壤固碳和肥力保育角度，我们的科研团队重点关注的是后两方面，根本目标是打破犁底层，同时大幅度增加耕作层厚度和黑土层有机质含量。这也是农业农村部黑土地保护试点项目的两个既定目标，更是黑土肥力保育和“十三五”农业绿色发展的重大需求。

吉林农业大学土壤腐殖质科研团队长期致力于土壤有机培肥、土壤有机质化学以及秸秆还田等教学与研究工作。本书是科研团队近些年来部分研究成果的系统总结和提炼。全书分为12章，主要内容包括研究区黑土概况与黑土地面临的问题及保护措施；秸秆、秸秆源生物质炭和畜禽粪肥对黑土有机质、腐殖物质的数量与质量、土壤团聚体形成及其团聚体内有机质数量与结构特征的影响；CO_2 浓度升高对添加秸秆黑土有机碳和腐殖物质数量与质量的影响；秸秆源生物质炭对玉米产量以及土壤中黑碳数量与分子结构特征的影响；畜禽粪肥对黑土养分及微生物群落结构与功能的影响；^{14}C 标记秸秆在黑土中固定与转化的动力学研究等。《黑土肥力保育机理研究》一书不仅阐明了黑土有机培肥提高土壤有机质数量、改善土壤有机质品质、提升黑土质量的肥力保育核心机制，揭示了有机培肥黑土对土壤有机碳的物理化学保护机制，探寻了减少致病真菌提高黑土地作物品质的有效施肥模式，评价了黑土肥力保育与土壤固碳的协同效应，更具有农业生产管理的实用性。本书的出版，对于有效保护黑土地、化肥减施增效、实现粮食生产安全、藏碳于土、促进绿色农业发展、加快生态文明建设、建设美丽中国具有重要的意义。

在此书即将出版之际，感谢张晋京、高洪军、任军、蔡红光和许永华等学者对相关研究的指导与帮助，感谢团队的朱芳妮等研究生为此书出版付出的辛勤劳动，还要感谢科学技术部重点研发计划（项目编号：2017YFD0200801、2017YFC0504205、2016YFD0200304）、国家自然科学基金委员会（项目编号：40471076、40871107、41171188、41571231）、农业农村部、吉林省科技厅和教育厅等的资助。特别感谢中国农业出版社编辑花费了大量心血为此书质量严格把关。

由于时间仓促和编者水平有限，不妥之处在所难免，敬请读者批评指正。

编　者

2020年4月

目　录 MULU

第一章　研究区黑土概况与黑土地面临的问题及保护措施

黑土是稀有宝贵的自然资源，基于美国土壤系统分类中软土（Mollisols）或中国系统分类中均腐土（Isohumisols）的概念，广义上，黑土至少包括黑土和部分黑钙土、草甸土。世界只有四大块黑土区，分别位于西伯利亚第聂伯河畔的乌克兰大平原和俄罗斯大平原（面积约 190 万 km^2）；美国密西西比河流域（面积约 120 万 km^2），为美国著名的玉米产区；阿根廷和乌拉圭的潘帕斯大草原（面积约 50 万 km^2）；中国东北平原（面积约 30 万 km^2）（窦森 等，2018）。

黑土是一种性状好、肥力高、适宜植物生长的优质土壤类型。与其他类型土壤比较，黑土具有养分和腐殖质含量高、水稳性团粒结构比重大、结构疏松、容重低、持水能力强、通透性良好、微生物活性强等特点，具有良好的保肥与保水性能。因此，黑土是粮食生产的沃土（鞠正山，2016）。我国的黑土区主产玉米和大豆，根据 2014 年东北黑土地保护问题研究报告，黑土区粮食产量约占全国粮食总产量的 22%，粮食商品率达 60%以上，是我国重要的粮食主产区和最大的商品粮供给基地。也可以说，东北黑土区是我国粮食安全的“稳压器”（王立刚 等，2016）。

然而，黑土耕地不仅数量逐渐减少，而且质量也逐渐下降。黑土耕地质量下降的主要表现是：一方面耕层结构变差，耕作层（0～20 cm）变薄，犁底层变得浅、厚、硬，亚表层过于紧实；另一方面，耕层尤其是亚表层（20～40 cm），土壤有机质（SOM）含量降低，土壤肥力下降。土壤肥力下降原因主要有以下几方面：一是有机肥料施用量低，秸秆还田量不足；二是种植结构不合理，玉米连作现象普遍；三是不合理的耕作造成土壤物理性状退化。如何提升黑土耕地的土壤质量？理论上要求合理耕作的同时，要补充土壤有机质，最终形成深厚、肥沃、健康的表土层，即进行黑土肥力保育机理研究。为此，首先了解东北黑土区的气候特点以及黑土地存在的问题，有针对性地进行黑土肥力保育机制研究，提升黑土土壤质量，这对于保障黑土地作物高产稳产具有重要的意义。

第一节　研究区气候特点

一、气候概况

东北地区指的是由黑龙江、吉林和辽宁三省以及内蒙古东四盟构成的区域。地处我国中高纬度的东北地区，同时也处于欧亚大陆的东端，对全球气候变化具有较强的敏感性，是中国乃至全球气候变暖最显著的地区之一（赵秀兰，2010）。研究东北地区气候变化及其对农业的影响，对合理利用气候变化背景下农业气候资源以及农业防灾减灾具有重要的意义。

我国东北地区自南向北跨中温带与寒温带，属于温带季风气候，冬季严寒且漫长，夏季酷暑且短促，这是由于东北部分地区纬度较高，冬季在蒙古高气压控制之下严寒干燥，夏季陆地增热很快，温度普遍增高（杨纫章，1950）。

东北降水量自东南向西北递减，夏季相比其他季节降水量明显偏高，这是由于东北夏季的降水量来源自海上吹来的东南季风，降雨的动力主要是热带海洋气团与变性极地大陆气团互相激荡产生的；冬季蒙古高气压强盛的时候，寒冷而缺乏水汽的极地大陆气团盘踞东北，因此东北地区冬季大多天气干燥，降水量少（杨纫章，1950）。

东北夏季高温多雨，云量多，日照强，可以透过较薄的云层，且因昼长夜短，日照时数较多；冬季则相反，天气大多晴朗，云量较少，日照弱，不容易透过云层，且因昼短夜长，日照时数很少（杨纫章，1950）。

二、气候资源变化趋势

气候是五大成土因素之一，也是农业生产最重要的因素之一。以温度、湿度、光照度为主的气候因素和以土壤通气性、温度、湿度和土壤酸碱度、化学元素组成为主的土壤理化因素共同影响着植物的生长发育（马宁，2014）。一般而言，在其他自然环境条件适宜的情况下，温度对作物发育速度的影响起主导作用，并且在一定温度范围内，作物发育速度与温度呈正相关关系（王春春等，2010）。韩湘玲等（1984）研究华北地区套种玉米处于较适宜的温度条件下，适宜的叶面积指数可维持较长的日数，这说明在良好的水肥前提下，适宜的温度对叶面积指数的高低起重要作用。雷水玲（2001）模拟未来气候情景下宁夏春小麦的生产，得出气候变化会使宁夏小麦生长期缩短，产量降低，水分利用效率降低，而 CO_2 浓度增加又会使这一现象得到缓解的结论。

1. 温度。近百年东北地区气温变化呈明显变暖趋势，与全球及中国的气温变化的总趋势是一致的（王遵娅 等，2004）。赵伟（2017）表明东北三省近年的气候在进入21世纪以来，增温明显加大了幅度。其中黑龙江波动幅度较大，辽宁波动幅度相对较小，吉林则居中。黑龙江最低气温的增温速率是最高气温增温速率的2倍左右，这说明整体趋势是纬度越高的地区，增温越明显，增温幅度越大。王春春等（2010）研究表明，近50年来，东北地区增温趋势明显，年平均气温每10年上升0.392℃，增温幅度显著高于我国同期年平均地表气温的升温幅度（每10年增加0.22℃）和全球或北半球同期平均上升幅度（每10年增加0.113℃）。

2. **降水。**年降水量对作物来说尤为重要，在年降水量<200 mm的地区，如果没有灌溉条件则基本没有作物栽培，在200～400 mm的地区旱地作物的产量很低（王春春 等，2010）。据一些学者预测，东北大部分地区年降水量均将呈减少趋势，从空间角度分析，黑龙江东部、吉林西部、辽宁东南部降水量减少明显；从季节角度分析，秋季减少明显，夏季和冬季略减，春季略增（赵秀兰，2010）。张耀存等（2005）从中国160个气象观测站的观测资料中选取位于东北气候和生态过渡区内9个气象观测站的冬季和夏季的降水和温度资料，结果表明东北地区冬季发生暖冬和少雨（雪）、夏季严重干旱和高温的可能性增大。

3. **太阳辐射。**太阳辐射量决定一个地区作物生产的潜力和产量的高低。王春春等（2010）研究表明，从总的趋势来看，太阳辐射量多和日照时数多的地区，作物总产量高。但水、热条件限制了太阳辐射的利用，太阳辐射量降低会影响作物潜在产量，降水量的减少同样也会制约作物的生长，减少作物产量，并且水、热条件与日照时数的配合不同使得作物产量有所不同。赵秀兰（2010）研究表明黑龙江北部和东部、内蒙古东北部、吉林和辽宁大部分地区太阳总辐射呈减少趋势，黑龙江南部地区呈增强趋势，这说明东北大部分地区大陆地表太阳总辐射总体呈不显著减少趋势。

第二节 东北地区黑土的形成和区域分布

一、东北地区黑土的形成条件

黑土是湿润或半湿润地区草原化草甸植被下具有深厚的腐殖质积累和淋溶过程的土壤。东北地区黑土没有明确的定义和准确的面积分布，一般是指东北地区以黑土、黑钙土、草甸黑土为主的，拥有黑色或暗色腐殖质表土层的，性状好、肥力高的土壤（窦森 等，2018）。美国土壤系统分类依旧使用了广义黑土的概念，称为软土（Mollisols），是具有松软表层（黑色、肥沃、结构良好、盐基饱和）的矿质土壤，至少包括了黑土、黑钙土、草甸土等，但又不完全对应。

影响土壤形成的因素包括自然成土因素和人为因素。其中自然成土因素即五大成土因素，包括母质、地形、时间、生物和气候；人为因素包括灌溉、耕作和施肥等对土壤进行扰动的活动。本节从以下几个主要的方面分析黑土的形成：

1. **气候及生物对黑土的形成作用。**东北黑土地位于中高纬度及亚洲大陆东部，属温带大陆性季风气候。主要有 3 个特点：①年降水量主要集中在夏季，占全年降水总量的 80%～90%。②气温自北向南逐渐升高。③夏季温暖湿润，生长季雨热同期；冬季严寒少雪，土壤冻结深且延续时间长，季节性冻层明显。因具备独特的气候条件，形成了茂密的草原化草甸和森林植被，当10 月中下旬气温迅速转冷，土壤中的微生物活动受到抑制，土壤表层有机物质积累大于分解，为土壤积累腐殖质创造了有利条件，形成了深厚肥沃的黑土层（韩晓增 等，2018）。

2. **母质及地形对黑土的形成作用。**黑土地的成土母质主要有 4 种：①黄土及红土堆积物；②冲积-洪积物；③河湖相沉积物和淤积物；④现代残积物。黑土主要是黏土、亚黏土，所以机械组成也比较黏细、均匀一致，并以粗粉粒（0.05～0.01 mm）和黏粒为主。黑土一般无碳酸盐反应，只是在少数黑土与黑钙土过渡地带，有时在土层下部有石灰反应（韩晓增 等，2018）。

草甸黑土主要分布在山前冲积洪积台地的下部或台地之间地势低平的地方，其成土母质主要是冲积物、洪冲积物及黄土状沉积物。白浆化黑土分布于波状平原漫岗上部及丘陵缓坡低洼处，母质层为富含锈斑的黄土状黏土母质层（张之一，2010）。黑钙土母质主要由地形决定，在台地分布区主要是由花岗岩、玄武岩等残积物所构成，在盆地分布区由河湖沉积物组成（韩晓增 等，2018）。

黑土地由于母质组成不同，形成了 A 层（黑土层）肥沃属性相近，B 层和 C 层有明显差异的多样性土壤。在开垦前，自然黑土表层土壤有机质含量较高，但不同地区存在差异，土壤有机质的最高含量为 75.1 g/kg，最低含量为 29.0 g/kg，加权平均含量为 58.6 g/kg，全氮含量最高为 3.97 g/kg，最低为 2.85 g/kg，水解氮和有效磷变化范围较大，分别为 73.5～160.0 g/kg 和 9.38～5.06 g/kg，土壤 pH 变化范围为 5.8～6.2（韩晓增 等，2018）。

二、黑土资源的特点

黑土资源具有一些特点：①土体具有黏重的质地，高含量的有机质，因而具有高的阳离子交换量和良好的土壤结构；因有机质含量高，土壤结构疏松且多孔，大部分是团块状及团粒状结构，拥有保肥保水的优良特性。②土体含有丰富的养分，土体表层的全氮含量为 0.15%～0.35%，全磷约为 0.2%。③土壤为无钙积层，呈酸性反应；剖面中含有铁锰结核、黄色斑纹和白色二氧化硅粉末等新生体。④有机质厚度可达 30～50 cm，有机质的含量通常为 3%～6%，高的可达 15%。

三、东北地区的黑土分布

东北地区黑土地位于松嫩平原及其四周的台地低丘区，北起黑龙江的嫩江，南至吉林的四平，西到大兴安岭山地东西两侧，东达黑龙江的铁力和宾县，共包括 49 个市县（其中黑龙江 33 个市县，吉林 16 个市县），如将行政区内的所有土壤都算作黑土地，黑土区面积约为 102.15 万 km^2（窦森 等，2018）。东北黑土区素有“谷物仓库”之称，同时，这个地区也是我国甜菜、亚麻、向日葵等经济作物的主要产区和畜牧业基地。

第三节　黑土地面临的问题及保护措施

一、黑土地面临的问题

根据黑土地北部大兴安岭东坡呼伦贝尔 1991 年第二次土壤普查结果，未开垦前的典型自然黑土的黑土层厚度为 20～40 cm，草甸黑土 22～48 cm，白浆黑土 25～50 cm。黑土开垦后，坡面水土流失，加上黑土经历由生土变熟土的必然过程，黑土层在一定程度上变薄。不同耕地的黑土层厚度所占比例为：薄层（黑土层厚度＜30 cm）占 39.8%，中层（黑土层厚度 30～60 cm）占 40.8%，厚层（黑土层厚度＞60 cm）占 19.4%（张之一，2010）。难以控制的自然环境条件和人为扰动对土壤的不利影响，使得东北地区黑土面临“变少、变薄、变瘦”的严峻问题，具体如下：

1. **变少。**主要是由建设占用耕地和土壤侵蚀导致的土壤退化造成。未经开垦的土地在纯自然情况下，土壤具有较强的自然恢复能力。如果过度开垦，加上乱砍滥伐导致自然保护屏障受到破坏，又长期忽视水土保持工作，则会使黑土地面积减少，质量下降。

2. **变薄。**一是坡度＞2°的坡耕地由于水土流失导致的黑土层变薄，其面积约占黑土地的 1/3；二是长期不合理耕作造成的土壤退化问题。随着开垦年限的延长，土地深耕深翻次数减少，大型农机具使用较少，小型拖拉机或牛马犁翻耕农田，翻耕深度较浅，犁底层上移且厚、硬，阻断养分和水分运移，有效耕层变薄变浅，紧实板结，水稳性团聚体和大团聚体质量比例逐渐下降，小团聚体增加，降低土壤蓄水保肥性和抗旱抗涝能力，且影响作物根系生长空间，进而影响作物产量（张中美，2009）。这些不合理的耕作方式导致黑土地的自然土壤结构遭到损害，致使耕地变瘦、变硬，黑土性质恶化（陈明波，

2017）。另外，过度开垦及诸多自然因素导致该地区水力侵蚀、风力侵蚀扩大，土壤退化严重（汪景宽 等，2002）。

3. **变瘦。**主要是长期不施用有机肥料、秸秆还田量不足等原因所致。一方面，追求高产出，大量投入化学肥料维持高产而轻视有机肥的施用，化肥投入逐年增加，造成土壤结构、组成与机能退化，黑土保水保肥性降低，肥料利用率进一步下降，黑土养分元素库容偏低（魏丹 等，2016）。另一方面，长期集约性的农作，有机质归还和投入严重不足，使得黑土区土壤有机质含量普遍显著降低。黑土开垦前表层有机质含量多在3%～6%之间，低于3%的比较少见，但目前黑龙江黑土耕地土壤有机质含量在2%～3%（张中美，2009），吉林基本在1.5%～3%，较开垦前下降了30%～50%（窦森，2017）。自然黑土腐殖质层厚度一般为30～70 cm，而据我国第二次土壤普查资料，有近40%黑土腐殖质层厚度不足30 cm（张中美，2009）。土壤有机质含量下降，使土壤容重增加，土壤日益紧实。土壤持水量和孔隙度下降导致农田土壤通气性和保水保肥能力降低，严重阻碍作物对养分的吸收，从而降低了肥料的利用效率（徐艳 等，2004）。更为严重的是，土壤有机质含量的下降和物理性状的恶化可能导致农田土壤抗水蚀和风蚀的能力弱化，从而形成恶性循环，进而加剧土壤的退化（陆访仪 等，2012；张孝存 等，2011）。

二、防止黑土地退化、提高黑土地质量的有效措施

保护黑土资源、保持黑土肥力已是刻不容缓，2015年中央1号文件提出开展“东北黑土地保护利用试点”项目。为此农业部会同国家发展改革委员会、财政部、国土资源部、环境保护部、水利部于2017年发布了《东北黑土地保护规划纲要（2017—2030年）》。该纲要明确指出黑土地保护的重要性和紧迫性，并针对黑土地的现状和问题，因地制宜地提出了黑土地保护的技术模式如下：

1. **积造利用有机肥，控污增肥。**通过增施有机肥、秸秆还田，增加土壤有机质含量，改善土壤理化性状，持续提升耕地基础地力。建设有机肥生产积造设施。在城郊肥源集中区，规模畜禽场（养殖小区）周边建设有机肥工厂，在畜禽养殖集中区建设有机肥生产车间，在农村秸秆丰富、畜禽分散养殖的地区建设小型有机肥堆沤池（场），因地制宜促进有机肥资源转化利用。推进秸秆还田，配置大马力机械、秸秆还田机械和免耕播种机，因地制宜开展秸秆粉碎深翻还田、秸秆覆盖免耕还田等。在秸秆丰富地区，建设秸秆气化集中供气（电）站，秸秆固化成型燃烧供热，实施灰渣还田，减少秸秆焚烧。

2. **控制土壤侵蚀，保土保肥。**加强坡耕地与风蚀沙化土地综合防护与治理，控制水土和养分流失，遏制黑土地退化和肥力下降。对漫川漫岗与低山丘

陵区耕地，改顺坡种植为机械起垄等高横向种植，或改长坡种植为短坡种植，等高修筑地埂并种植生物篱，根据地形布局修建机耕道。对侵蚀沟采取沟头防护、削坡、栽种护沟林等综合措施。对低洼易涝区耕地修建条田化排水、截水排涝设施，减轻积水对农作物播种和生长的不利影响。

3. **耕作层深松耕，保水保肥。**开展保护性耕作技术创新与集成示范，推广少免耕、秸秆覆盖、深松等技术，构建高标准耕作层，改善黑土地土壤理化性状，增强保水保肥能力。在平原地区土壤黏重、犁底层浅的旱地实施机械深松深耕，配置大型动力机械，配套使用深松机、深耕犁，通过深松和深翻，有效加深耕作层、打破犁底层。建设占用耕地，耕作层表土要剥离利用，将所占用耕地耕作层的土壤用于新开垦耕地、劣质地或者其他耕地的土壤改良。

4. **科学施肥灌水，节水节肥。**深入开展化肥使用量零增长行动，制定东北黑土区农作物科学施肥配方和科学灌溉制度。促进农企合作，发展社会化服务组织，建设小型智能化配肥站和大型配肥中心，推行精准施肥作业，推广配方肥、缓释肥料、水溶肥料、生物肥料等高效新型肥料，在玉米、水稻优势产区全面推进配方施肥到田。配置包括首部控制系统、田间管道系统和滴灌带的水肥设施，健全灌溉试验站网，推广水肥一体化和节水灌溉技术。

5. **调整优化结构，养地补肥。**在黑龙江和内蒙古北部冷凉区，以及吉林和黑龙江东部山区，适度压缩籽粒玉米种植规模，推广玉米与大豆轮作和“粮改饲”，发展青贮玉米、饲料油菜、苜蓿、黑麦草、燕麦等优质饲草料。在适宜地区推广大豆接种根瘤菌技术，实现种地与养地相统一。推进种养结合，发展种养配套的混合农场，推进畜禽粪便集中收集和无害化处理。积极支持发展奶牛、肉牛、肉羊等草食畜牧业，实行秸秆“过腹还田”。

在推进这一纲要的实施过程中，加强黑土地肥力保育的机理研究可为此提供部分重要支撑。土壤肥力保育，即土壤培肥，是指通过人工措施对土壤肥力进行调控，使其得以保持和提高的过程，其实质和结果是提高土壤有机质含量，改善土壤有机质的品质。在土壤有机质含量维持一定平衡的基础上，每年向土壤中加入少量未腐解的有机物料，以保证土壤中始终有一定数量的新形成的有机质，以改善土壤有机质的品质。因此，对黑土进行肥力保育，应在研究土壤有机质含量平衡和周转的同时，本书更致力于有机培肥对提升土壤有机质的效率、含量、质量以及固碳与肥力之间的协调性研究。

第二章　添加玉米秸秆对黑土团聚体及其腐殖物质含量与结构特征的影响

传统土壤耕作下的密集种植，引起土壤有机质的矿化，有机质归还和投入严重不足，使得黑土区土壤有机质含量普遍显著降低，从而引起黑土质量退化。秸秆还田作为增加土壤有机质和培肥土壤的重要措施已经得到广泛推广应用，秸秆还田既能避免秸秆焚烧，减少雾霾，提高空气质量，也能藏碳于土，减少温室气体排放。中国的农作物秸秆产量随着农作物产量的提高而急剧增加。据科学方法估算，1998 年、2012 年和 2015 年秸秆平均总产量分别为 5.592 8 亿 t（Yin et al.，2018）、9.40 亿 t 和 10.4 亿 t，占全球产量的近 1/3（Li H et al.，2018）。2015 年吉林省秸秆量 4 000 万 t（韩名超，2018），30%的农作物秸秆被焚烧（Wang et al.，2008），排放大量的气体、细颗粒污染物（PM2.5）或可吸入颗粒物（PM10）和多环芳烃（PAHs）而产生更大的环境和社会影响（Chen et al.，2017）。而秸秆还田是改善土壤有机质、保持土壤肥力的环境友好且高效低成本的重要措施之一，是最受欢迎而广泛采用的方法，政府非常重视秸秆资源的有效利用。最新数据显示，中国已有大约 46%的秸秆还田（Li H et al.，2018），但仍远低于欧美发达国家的平均还田率（大约 70%）（Yin et al.，2018）。不同数量玉米秸秆还田 4 年可增加土壤有机碳（SOC）含量 6.7%～29.7%（Zhang et al.，2015；梁尧 等，2016），小麦+玉米秸秆还田 8 年和 11 年可分别增加土壤有机碳 20.5%和 95.5%（Zhang et al.，2017；Xu et al.，2019）。无疑，秸秆还田是保持和提高土壤有机质含量的重要途径。但是，土壤有机质在土壤中是否能够长期稳定积累取决于其核心组成物质——腐殖物质的数量和分子结构稳定性。腐殖物质被视为高分子质量、稳定且具有化学独特性的化合物，占土壤有机质的 50%～90%（Guo et al.，2019），被广泛地用作土壤有机质的代名词（Hu et al.，2018），是微生物特别是植物残体中碳水化合物、蛋白质、木质素经生化和化学反应转化后形成的复杂、高分子有机化合物（Stevenson，1994；Kulikowska，2016；IHSS，2017；Guo et al.，2019）。腐殖物质是有机阴离子聚合物质，可保水保肥，为微生物提供养分和能量，促进作物生长和土壤团聚体形成，抑制土传病害，减少化学制品的毒性（Guo et al.，2019），是对土壤的物理、化学和生物学性质及其固碳具有重要贡献的物质（Cui T T et al.，2017）。腐殖物质拥有这些农艺功能归因于其分子结构拥有各种官能团，包括烷基、羧基、酚羟基、醇羟基、醌基、甲氧基和芳香基等（Guo et al.，2019）。^{14}C 和 ^{13}C 同位素示踪技术已证实腐殖物质表现为玉米秸秆中的碳汇（Guan et al.，2015；Song et al.，2017），因此，秸秆还田势必影响腐殖物质分子结构，从而影响腐殖物质在土壤肥力上的功能和土壤碳截存。根据可提取腐殖物质在不同 pH 条件下的溶解度不同常被分组为富里酸、胡敏酸和胡敏素（窦森，2010）。与富里酸相比，胡敏酸分子结构复杂，分子质量较大，芳化度较高，在土壤有机碳固定、养分储存和土壤结构的保持方面具有重要作用。尽管富里酸分子质量较小，芳化度和缩合程度较低，但因其也富含脂肪族与芳香族的结构，能够抵抗微生物对其分解（Simonetti et al.，2012），在土壤有机碳固定、养分储存和土壤结构的保持方面同样具有较重要的作用，我们不应忽视土壤富里酸的相关研究。

土壤团聚体是土壤有机质保持的场所，土壤团聚过程决定了土壤有机碳被保护的程度（Oades et al.，1991），因此通过二者关系研究有助于揭示土壤固碳机制。土壤有机碳的固定和稳定是物理、化学和生物化学共同作用的过程，土壤有机碳能够被保护而免于分解是通过四个机制：①吸附在黏土上（化学保护）；②进入团聚体内（物理保护）；③转移和储存在地下，特别是 B_h 层；④经过生物化学的转化产物能够抗微生物分解（生化保护）（Sarkhot et al.，2007）。其中，土壤有机碳通过物理保护进入团聚体中，关于团聚体与有机碳之间相互关系的研究较多（Yamashita et al.，2006；Cheng et al.，2014；Cheng et al.，2015；Smith et al.，2015）。土壤团聚体也是土壤有机质通过生物化学转化机制形成腐殖物质的场所，腐殖物质富含各种官能团并与矿物表面相互作用，被认为是能抗微生物分解的，是主要的固碳物质。腐殖物质只有被禁锢在团聚体中，才能保持其持久性；反过来讲，由腐殖物质参与形成的团聚体会变得更加稳定，这可能是土壤固碳的最重要机制（潘根兴 等，2007）。目前，从生物化学保护机制出发，研究腐殖物质与土壤团聚体间的关系较少，我们的科研团队也主要聚焦于团聚体中胡敏酸的研究（李凯 等，2009；仇建飞 等，2011；郝翔翔 等，2014）。

土壤肥力保育的核心是不仅要提高土壤有机质含量，还要追求土壤有机质的品质改善。因此，对黑土进行肥力保育，应在研究土壤有机质含量平衡和周转的同时，也应重视有机培肥对提升土壤有机质的效率、含量、质量及固碳与肥力之间的协调性研究。

第一节　研究方法

黑土采自吉林省公主岭市吉林省农业科学院国家黑土土壤肥力与肥料效益长期定位监测试验基地（北纬43°34′50″，东经124°42′56″）的长期未进行有机培肥地块，有机质含量较低，有利于土壤有机培肥研究。土壤基本性质如下：土壤有机质含量18.81 g/kg，全氮1.55 g/kg，碱解氮109.4 mg/kg，有效磷8.54 mg/kg，速效钾114 mg/kg，pH 6.50。沙粒（2～0.02 mm）占39.08%，粉粒（0.02～0.002 mm）占29.87%，黏粒（＜0.002 mm）占31.05%，土壤质地为壤质黏土，容重1.20 g/cm^3。玉米秸秆含有机碳442.3 g/kg、全氮5.6 g/kg。

土壤有机培肥室内模拟试验开始于2008年8月，设对照和添加玉米秸秆2个处理，3次重复。按照黑土各级团聚体（2～8 mm、0.25～2 mm、0.053～0.25 mm和＜0.053 mm）所占百分比组合成1 500 g待培养土壤样品，添加玉米秸秆处理加入$(NH_4)_2SO_4$（调节土壤C/N＝20）和4%（有机物料占风干土重的百分数）的玉米秸秆（磨碎过0.25 mm筛）混合均匀，用蒸馏水调至田间持水量的70%，称重，置于25 ℃恒温室内。动态取样时间：0 d、30 d、90 d、180 d、360 d。研究方法如下：

一、团聚体分级

湿筛法采用Cambardella和Elliott（1993）方法，利用自动振荡筛（套筛直径2 mm、0.25 mm、0.053 mm）对土壤团聚体进行分级。称取风干土样100 g，置于2 mm筛子上，在室温条件下用蒸馏水浸5 min，然后以每分钟30次速度在蒸馏水中振荡2 min，上下振幅为3 cm，将各筛上的团聚体分别冲洗到烧杯中，获得＞2 mm、0.25～2 mm、0.053～0.25 mm的水稳性团聚体。而＜0.053 mm水稳性团聚体则需在筒内沉降72 h，弃去上清液后，将团聚体转移至烧杯中。将盛有团聚体的烧杯，置于50 ℃条件下烘干，称重。计算各粒级团聚体的百分组成，同时将烘干的团聚体磨细过60目筛，备用。

二、土壤腐殖物质分组

土壤腐殖物质定量分组方法参考窦森（2010）有关材料。称取过60目筛土样5.00 g于100 mL塑料离心管中，分2次分别加入30 mL和20 mL蒸馏水，振荡提取1 h，离心、过滤，溶液为水溶性有机质。向沉淀土壤中加入0.1 mol/L NaOH＋0.1 mol/L $Na_4P_2O_4$混合液（土∶液＝1∶5），振荡、离心、过滤，此溶液为全土中可提取腐殖物质（胡敏酸＋富里酸），离心管中残渣为胡敏素。吸取上述碱提取液 30 mL 加入 0.5 mol/L H_2SO_4，调节 pH 为 1.0～1.5。将此酸化后的溶液于 60～70 ℃下保温 2 h，静置，使胡敏酸完全沉淀，分离胡敏酸，滤液为富里酸。各组分有机碳采用岛津总有机碳分析仪 TOC－V（CPH）测定。

三、土壤腐殖物质结构表征

1. **光学性质。**取 5 mL 胡敏酸溶液定容至 50 mL，用 723 型可见分光光度计测定 400 nm、465 nm、600 nm、665 nm 处光密度值，并计算 E_4/E_6（465 nm吸光值与 665 nm 吸光值之比）、色调系数（$\Delta\lg K$）和相对色度（RF）（窦森，1992）。计算公式为：$\Delta\lg K=\lg K400-\lg K600$ 和 $RF=K600/V\times 1\,000$。其中，$K400$、$K600$ 分别为在波长 400 nm 和 600 nm 的吸光值；V 是采用 $KMnO_4$ 氧化法（窦森，1992）测定 $K600$ 时 30 mL 胡敏酸溶液所消耗 0.02 mol/L $KMnO_4$ 的体积（mL）。

2. **胡敏酸与富里酸纯化。**称取某一粒级团聚体土壤，加入蒸馏水振荡过滤除去水浮物，加入 0.1 mol/L（$NaOH+Na_4P_2O_4$）混合液（土∶液＝1∶10），常温下振荡 1 h，静置 24 h，将提取液用虹吸法吸出。用 2.5 mol/L 的 HCl 调节提取液至 pH＝1.5，70 ℃条件下保温 1～2 h，静置过夜，离心，上清液为富里酸。富里酸经活性炭吸附、解吸后转入电渗析仪纯化。离心管中的残渣用 0.1 mol/L NaOH 溶解，得到溶液即胡敏酸。将胡敏酸高速离心去除黏粒，转入电渗析仪纯化。分别将纯化后的富里酸与胡敏酸通过旋转蒸发（50～60 ℃）浓缩后，用冷冻干燥机冻干，保存在密闭样品瓶中，用于元素分析、差热分析和热重分析、傅立叶变换红外光谱分析。

3. **分析。**

（1）元素分析。全土及团聚体内富里酸的 C、H、N 采用德国 vario ELⅢ型元素分析仪测定，应用 CHN 模式，O 含量采用差减法计算，并用热重分析的灰分和含水量数据进行校正。

（2）差热分析（DTA）**和热重分析**（TGA）。应用德国耐驰同步热分析仪（德国 NETZSCH STA 2500 Regulus）测定，称取 3～10 mg 胡敏酸样品，设置温度范围在 35～750 ℃，升温速率 15 ℃/min，在空气作为保护气的条件下，把样品放入 Al_2O_3 坩埚内进行测定。用仪器配置的 Proteus Thermal Analysis 软件分析样品的差热和热重曲线，测量峰面积，计算反应热，并采用 Origin 软件进行叠图。同时，利用热失重计算样品的灰分含量。

（3）傅立叶变换红外光谱（FTIR）**分析。**应用美国 NICOLET 傅立叶变换红外光谱仪（NICOLET AVATAR 360，Thermo Fisher Scientific，USA），采用 KBr 压片法测定。将待测富里酸纯化样品经红外灯干燥后，粉碎研磨

<2 μm，与 KBr 粉末以 1∶200 的比例，在玛瑙研钵中混磨后压片。扫描范围 4 000～400 cm^{-1}，分辨率 4 cm^{-1}，32 次扫描重复，扫描间隔为 2 cm^{-1}。峰面积计算使用 Omnic Version 4.1 软件包。

四、计算

各粒径团聚体有机碳储量＝该粒径团聚体有机碳含量×该粒径团聚体组成

第二节　添加玉米秸秆对黑土团聚体及其有机碳含量的影响

土壤团聚体特别是微团聚体，是土壤有机质分解转化和腐殖物质形成的最主要“场所”。土壤水稳性团聚体数量与稳定性是保护和防治黑土退化研究中的一个重要方面。按粒径大小，水稳性团聚体通常被分为大型大团聚体（>2 mm）、小型大团聚体（0.25～2 mm）、微团聚体（0.053～0.25 mm）及粉/黏粒粒级（<0.053 mm）（Cambardella et al.，1994）。

一、土壤水稳性团聚体组成

在不同培养期，未添加玉米秸秆的对照处理是以 0.053～0.25 mm 微团聚体含量最高，占 36.41%～43.88%，与其他粒径相比差异显著（$P<0.01$），是优势粒级（表 2-1）。粒径>2 mm 大团聚体含量最低，仅为 6.00%～8.38%。随着培养时间的延长，<0.053 mm 粉/黏粒粒级逐渐减少，0.25～2 mm、0.053～0.25 mm 团聚体均增加，分别增加了 53.58%、13.50%，且差异显著（$P<0.01$），表明土壤在不受扰动的情况下，土壤中原有的有机物质和菌丝作为胶结剂使<0.053 mm 粒级有向 0.053～0.25 mm 和 0.25～2 mm 团聚体团聚的趋势。

黑土添加玉米秸秆后，显著增加了>2 mm 大团聚体含量（表 2-1），而且随着培养时间的延长，>2 mm 大团聚体含量逐渐增加，至 180 d，与对照 0 d相比，增加了 10 倍左右；0.053～0.25 mm 与<0.053 mm 粒级较对照分别减少了 88.59%和 80.14%，表明了施用玉米秸秆能使微团聚体胶结形成大团聚体，各级团聚体含量随着粒径的增大而增加。施有机物料使大团聚体比例增加（Zhao H L et al.，2018；Zhang et al.，2019），其有机碳作为微生物基质可提高微生物活性，促进微生物菌丝的生长（在培养土壤的表层有大量菌丝生长，微生物菌丝通过物理缠绕土壤颗粒从而将土壤颗粒连接在一起），而且有机物料含有多糖、蛋白质、木质素及被微生物分解产生的有机酸、合成的土壤腐殖物质，这些都是土壤中重要的有机胶结物质，可以把土壤颗粒胶结成微团

聚体，微团聚体进而胶结成大团聚体（李娜 等，2013）。

表 2-1　黑土团聚体组成（%）

处理	时间	粒级			
		>2 mm	0.25～2 mm	0.053～0.25 mm	<0.053 mm
对照	0 d	6.03±0.85 dD	22.77±2.66cC	38.66±4.75aA	30.91±4.69bB
	30 d	6.18±1.49cC	25.27±2.88bB	38.01±7.09aA	30.86±3.96abAB
	90 d	6.00±0.94cB	30.59±5.13abA	36.41±6.45aA	26.87±6.98bA
	180 d	8.38±1.94 dC	29.84±7.87bAB	39.10±5.51aA	22.21±6.53cB
	360 d	7.85±0.20cC	34.97±2.84bB	43.88±3.01aA	11.16±2.63cC
添加玉米秸秆	30 d	56.93±5.42aA	31.20±3.07bB	6.85±2.44cC	4.65±0.72cC
	90 d	66.56±3.77aA	20.37±2.88bB	6.47±1.32cC	5.46±1.33cC
	180 d	67.2±6.86aA	20.21±4.5bB	4.46±1.28cC	4.41±0.78cC
	360 d	63.30±9.97aA	20.82±6.65bB	10.35±2.65bcBC	1.98±0.67cC

注：同一行中不同字母表示相同处理中不同粒级团聚体之间差异显著（小写：$P<0.05$；大写：$P<0.01$）。

二、土壤水稳性团聚体有机碳含量

在室内培养条件下，黑土各级团聚体有机碳含量分析结果表明（表 2-2），未添加玉米秸秆的黑土有机碳在 0～180 d 主要分布在>2 mm 大团聚体中，各粒径团聚体中有机碳随着粒径的增大而增加，但 0.053～0.25 mm 与<0.053 mm 粒级间差异不显著。随着培养时间的延长，由于大团聚体中有机质不稳定，易分解（Cambardella et al.，1993；Puget et al.，1995），>2 mm大团聚体中有机碳矿化率（22%）显著高于其他粒级，因此在 360 d，>2 mm 和 0.25～2 mm 团聚体间有机碳含量接近，差异不显著，但都显著高于<0.25 mm 团聚体，而在微团聚体中，0.053～0.25 mm 团聚体有机碳含量显著高于<0.053 mm 粒级（$P<0.05$）。结合各级团聚体的百分比组成来看（表 2-1），0.25～2 mm 和 0.053～0.25 mm 团聚体有机碳储量最高［分别为（3.78±0.42）g/kg 和（4.13+0.13）g/kg］。

黑土添加玉米秸秆后，各粒径团聚体有机碳含量分别高于对照（表 2-2），但随着培养时间的延长均减少。培养至 30 d，新增加的碳源优先分布在>2 mm、0.25～2 mm 和<0.053 mm 团聚体中。由于新有机质的输入，在不同培养时间，不同粒径团聚体中有机碳分布呈现动态分布，这是各级团聚体中有机碳的矿化速率不同及新的有机物料进入土壤导致小粒级团聚体向大粒级团聚体团聚过程中碳的迁移所致。30～360 d，<0.053 mm 粉/黏粒粒级分

解率高于其他粒级，达25%左右。至360 d，各粒级团聚体有机碳分布呈现清晰的规律：大型大团聚体（>2 mm）>小型大团聚体（0.25～2 mm）>粉/黏粒粒级（<0.053 mm）>微团聚体（0.053～0.25 mm），差异显著（$P<0.01$）。>0.25 mm团聚体中有机碳随着粒径增大而增加，但在<0.25 mm微团聚体中情况相反，是随着粒径的增大而减少，与Søren等（2006）结论一致。

表2-2　黑土各级团聚体有机碳含量（g/kg）

处理	时间	全土	粒级			
			>2 mm	0.25～2 mm	0.053～0.25 mm	<0.053 mm
对照	0 d	10.91±0.38	14.16±1.55aA	11.33±0.56bB	9.72±0.51bB	10.06±0.36bB
	30 d	10.52±0.21	11.61±0.97aA	10.54±0.11abAB	9.70±0.38bAB	8.61±1.00bB
	90 d	11.20±0.86	13.52±0.62aA	11.27±0.59bB	9.88±0.74cBC	9.81±0.33cC
	180 d	10.40±0.21	11.50±0.32aA	10.78±0.30bA	9.65±0.47cB	9.45±0.32cB
	360 d	10.02±0.29	11.07±0.31aA	10.79±0.32aA	9.43±0.35bB	8.76±0.16cB
添加玉米秸秆	30 d	20.46±1.77	18.97±0.44aA	16.98±1.89abA	13.87±1.4bA	18.01±2.29aA
	90 d	20.14±1.17	20.24±0.59aA	16.09±0.86bB	14.36±0.09bcBC	13.54±0.03cC
	180 d	18.03±0.11	19.69±0.36aA	15.83±0.43bB	13.13±0.64cC	13.71±0.07cC
	360 d	18.47±0.33	17.47±0.66aA	15.12±0.54bB	11.89±0.26 dD	13.55±0.44cC

注：同一行中不同字母表示相同处理中不同粒级团聚体之间差异显著（小写：$P<0.05$；大写：$P<0.01$）。

第三节　添加玉米秸秆对黑土及其团聚体腐殖物质组成的影响

腐殖物质是经土壤微生物作用后，由多酚和多醌类物质聚合而成的、含芳香环结构的、新形成的黄色至棕黑色的非晶形高分子有机化合物。腐殖物质是土壤有机质的主体，也是土壤有机质中最难降解的组分，一般占土壤有机质的60%～80%（黄昌勇，2000）。在微生物的作用下，进入土壤中的有机残体分解产生简单的有机化合物，微生物对这些有机化合物进行代谢作用和反复循环，增殖微生物细胞，再通过微生物合成的多酚和醌或来自植物的类木质素，聚合形成高分子的有机化合物即为腐殖物质。依据腐殖物质的颜色和腐殖物质在酸、碱溶液中的溶解度将腐殖物质分为胡敏酸（溶于碱）、富里酸（溶于酸、碱）和胡敏素（不溶于酸、碱）三个组分。

一、水溶性有机碳含量

如表2-3所示，未添加玉米秸秆的对照处理，全土水溶性有机碳含量随着培养时间增加而有所增加，各级团聚体水溶性有机碳含量呈现动态的变化。黑土添加玉米秸秆后，由于玉米秸秆含有较多的水溶性物质，全土及各粒级团聚体水溶性有机碳含量都较同期对照处理提高。

表 2-3　黑土各级团聚体水溶性有机碳的绝对含量（g/kg）

处理	时间	全土	粒级			
			>2 mm	0.25～2 mm	0.053～0.25 mm	<0.053 mm
对照	0 d	0.08±0.02	0.30±0.02aA	0.28±0.05abAB	0.28±0.06aA	0.11±0.07bB
	30 d	0.13±0.00	0.18±0.02abAB	0.20±0.03aA	0.18±0.04abAB	0.11±0.02bB
	90 d	0.17±0.03	0.22±0.02bB	0.29±0.03aA	0.23±0.05aAb	0.28±0.02aA
	180 d	0.18±0.05	0.30±0.03abAB	0.32±0.02aA	0.22±0.01bB	0.26±0.02bAB
	360 d	0.20±0.02	0.30±0.04aA	0.21±0.00bA	0.23±0.02abA	0.28±0.00aA
添加玉米秸秆	0 d	0.64±0.33	0.53±0.08aA	0.43±0.13aA	0.39±0.07aA	0.48±0.11aA
	30 d	0.39±0.00	0.34±0.02aA	0.32±0.05aA	0.28±0.03aA	0.34±0.11aA
	90 d	0.37±0.04	0.39±0.00aA	0.36±0.00aA	0.38±0.08aA	0.43±0.07aA
	180 d	0.32±0.02	0.44±0.11aA	0.40±0.07aA	0.38±0.04aA	0.34±0.08aA
	360 d	0.36±0.02	0.35±0.03aA	0.27±0.02aA	0.33±0.02aA	0.31±0.04aA

注：同一行中不同字母表示相同处理中不同粒级团聚体之间差异显著（小写：$P<0.05$；大写：$P<0.01$）。

水溶性有机碳的相对含量是不同粒级水溶性有机碳的绝对含量与该粒级土壤有机碳的百分比，通过这个指标能够了解某粒级水溶性有机碳在该粒级有机碳中所占的比例。如图 2-1，未添加玉米秸秆的各粒级团聚体水溶性有机碳的相对含量曲线的变化趋势与绝对含量相同，但是不同粒级水溶性有机碳占该粒级有机碳的比例大小规律在某一时间段与绝对含量大小顺序不同。360 d 时，<0.053 mm 粉/黏粒粒级水溶性有机碳相对含量最高，占该粒级有机碳的 3.20%，且显著高于其他粒级；0.25～2 mm 团聚体水溶性有机碳相对含量最低，占 1.95%；>2 mm 与 0.053～0.25 mm 居中，二者差异不显著。

添加玉米秸秆后，培养至 360 d，不同粒级团聚体水溶性有机碳的相对含量与绝对含量的规律不同（图 2-1），0.053～0.25 mm 团聚体水溶性有机碳相对含量最高，占该粒级团聚体有机碳的 2.78%，0.25～2 mm 团聚体最低，占 1.79%。

二、胡敏酸的绝对含量、相对含量及净积累量

胡敏酸是分子质量大小不等的一系列高分子缩聚物，具有高分子物质共有

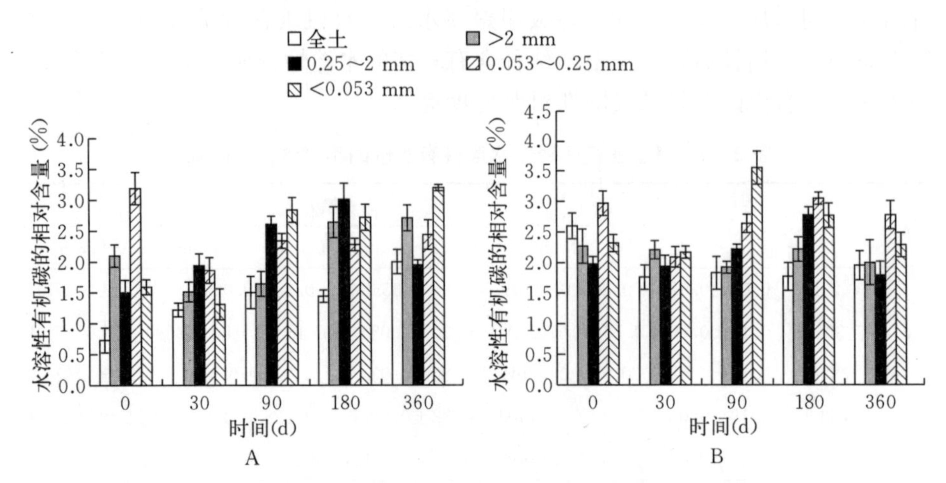

图 2-1　黑土各级团聚体水溶性有机碳的相对含量

A. 未添加秸秆处理　B. 添加秸秆处理

的多分散性，同时由于形成条件不同和腐解物质的多样性，它还具有高度的非均质性（卓苏能，1994）。它是决定土壤性状的重要组成成分，属于一种可变电荷有机胶体，且含有多种功能基如羧基、酚羟基等，因此它对土壤有机培肥有着非常重要的意义。

1. 团聚体中胡敏酸的绝对含量。未添加玉米秸秆的黑土，随着培养时间的延长，由于土壤中原有有机质的分解，全土及各粒级团聚体中形成的胡敏酸含量平稳增加，没有剧烈的变化（表 2-4）。对照 0 d，<0.053 mm 粉/黏粒粒级中胡敏酸的绝对含量最高，0.053～0.25 mm 最低（P<0.05），>2 mm、0.25～2 mm 与这两个粒级间差异都不显著。培养 30 d 时，各粒级团聚体胡敏酸含量增加，0.25～2 mm 团聚体胡敏酸含量最多，从大到小依次为：0.25～2 mm、>2 mm（<0.053 mm）、0.053～0.25 mm，>2 mm 与<0.053 mm 粒级间差异不显著。90～360 d 各粒级团聚体胡敏酸绝对含量差异不显著。

黑土添加玉米秸秆后，全土和各粒径团聚体内的胡敏酸均比同期对照增加，表明施入土壤的玉米秸秆经生物化学转化形成了新的胡敏酸。植物残体的碳进入土壤，一部分在微生物作用下矿化成 CO_2，一部分转化形成了难分解的腐殖物质，有助于土壤碳储存（Simonetti et al.，2012）。在玉米秸秆分解的不同时间，胡敏酸含量的变化是动态的，胡敏酸分解和合成同时进行，只是不同时间分解与合成所占优势不同。在 0～30 d 玉米秸秆分解较为强烈，形成的胡敏酸含量增加，是胡敏酸形成的高峰期（表 2-4）。<0.053 mm 粒级团聚体胡敏酸绝对含量高于>2 mm 和 0.25～2 mm 团聚体，但三者间差异不显著，0.053～0.25 mm 粒级胡敏酸含量最低，差异显著（P<0.05）。随着培养时间

的延长，胡敏酸含量有所下降，在 90 d 时，>0.25 mm 团聚体中胡敏酸含量显著高于<0.25 mm 微团聚体（$P<0.05$）。而在 30～180 d，添加玉米秸秆处理的胡敏酸含量有所下降，新形成的“年轻的”胡敏酸的稳定性低于“老的”胡敏酸，分解优于积累过程。在培养 360 d 后，不同粒级胡敏酸含量有不同程度的增加，表明这个阶段胡敏酸的积累大于分解，0.25～2 mm 团聚体中胡敏酸含量最高，高于>2 mm 与 0.053～0.25 mm 团聚体（$P<0.05$），可能归因于外源碳进入土壤后，更多的植物残体或者土壤有机碳储存于大团聚体（>2 mm 和 0.25～2 mm）中，这与团聚体的多级形成机制有关（Verchot et al.，2011）。无疑，大团聚体中高植物残体含量有利于胡敏酸的形成，但也有研究表明大团聚体中的土壤有机碳是不稳定的（Puget et al.，1995），这归因于不同粒径团聚体拥有不同尺度大小的多级孔隙单元，土壤矿物颗粒在有机质和氧化物等胶结物质作用下形成微团聚体，同时在单个土壤矿物颗粒之间产生微小的孔隙，许多微团聚体在生物和物理因素作用下进一步形成较大的团聚体，在微团聚体之间产生更多的孔隙（李文昭 等，2014）。因此，不同粒径大小的团聚体是具有不同孔隙度的多级孔隙，土壤孔隙大小分布控制气体扩散、水势和微生物的活动，强烈影响有机碳的含量、重新分配及质量（Lugato et al.，2009）。因此，与大型大团聚体（>2 mm）相比，或许归因于孔隙保护和弱的微生物活性，小型大团聚体（0.25～2 mm）更有利于胡敏酸的形成和稳定。

表 2-4　黑土各级团聚体胡敏酸的绝对含量（g/kg）

处理	时间	全土	粒级			
			>2 mm	0.25～2 mm	0.053～0.25 mm	<0.053 mm
对照	0 d	1.85±0.16	1.58±0.49abA	1.42±0.62abA	1.19±0.13bA	2.08±0.49aA
	30 d	2.00±0.16	2.10±0.18bAB	2.59±0.34aA	1.79±0.16bB	2.29±0.18abAB
	90 d	1.89±0.31	2.00±0.16aA	2.11±0.22aA	2.00±0.47aA	2.00±0.11aA
	180 d	2.24±0.17	1.72±0.00aA	2.02±0.35aA	1.89±0.23aA	1.72±0.16aA
	360 d	2.16±0.13	2.08±0.23aA	2.20±0.16aA	2.08±0.00aA	2.01±0.27aA
添加玉米秸秆	0 d	2.43±0.46	2.58±0.58aA	2.35±0.13abA	1.89±0.27bA	2.50±0.13abA
	30 d	3.96±0.44	3.52±0.27aA	3.45±0.49abA	3.05±0.31bA	3.81±0.15aA
	90 d	3.30±0.13	3.30±0.13aA	2.89±0.40abAB	2.44±0.19bB	2.70±0.13bAB
	180 d	2.94±0.00	2.64±0.34aA	2.64±0.37aA	2.27±0.22aA	2.42±0.13aA
	360 d	3.24±0.00	2.78±0.23bA	3.36±0.11aA	2.55±0.33bA	3.13±0.16abA

注：同一行中不同字母表示相同处理中不同粒级团聚体之间差异显著（小写：$P<0.05$；大写：$P<0.01$）。

2. **团聚体中胡敏酸的相对含量。**胡敏酸的相对含量是不同粒级团聚体中胡敏酸含量在该粒级有机碳中所占的比例。在未添加玉米秸秆的对照处理中，0 d，<0.053 mm 团聚体中胡敏酸在该粒级有机碳中所占的比例（20.68%）显著高于其他三个粒级（11.16%～12.53%）（图 2-2），并且随着培养时间的延长，始终有高于其他粒级的趋势，胡敏酸在>2 mm 团聚体有机碳中所占的比例始终最低（11.16%～18.79%）。添加玉米秸秆后，由于玉米秸秆分解，各粒级团聚体中都有一定数量的胡敏酸形成，同对照处理相同，>2 mm 团聚体中胡敏酸的相对含量（10.47%～18.56%）显著低于其他三个粒级，粉/黏粒粒级（<0.053 mm）中胡敏酸的相对含量有高于其他粒级的趋势，但与 0.25～2 mm 和 0.053～0.25 mm 粒级差异不显著（图 2-2）。

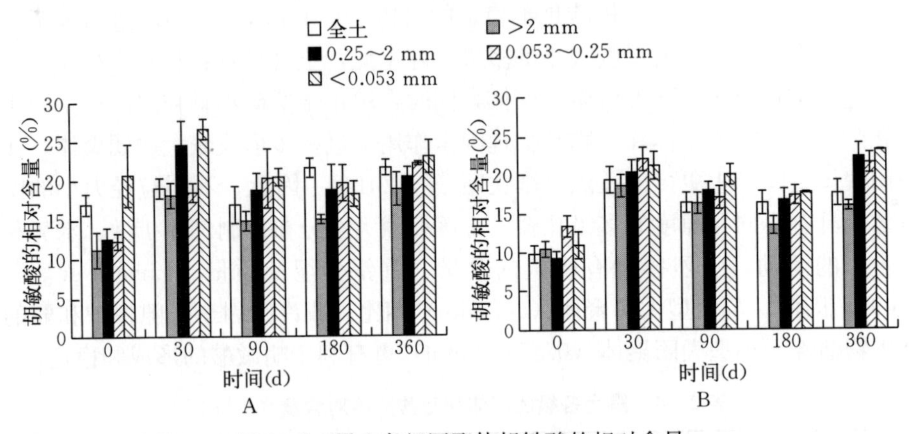

图 2-2　黑土各级团聚体胡敏酸的相对含量

A. 未添加秸秆处理　B. 添加秸秆处理

3. **团聚体中胡敏酸的净积累量。**黑土添加玉米秸秆后，各粒级团聚体中胡敏酸的绝对含量都增加（表 2-4），但由于土壤中原有机质经过分解转化也会形成胡敏酸及土壤中原有的胡敏酸发生分解转化，会掩盖新添加的玉米秸秆在分解转化过程中新形成的胡敏酸在各粒级团聚体中的分布规律，因此我们扣除了对照土壤中胡敏酸的含量，分析新添加的玉米秸秆在分解转化过程中在各级团聚体中形成胡敏酸的净积累量。黑土添加玉米秸秆 30 d 时，各粒级胡敏酸的净积累量得到增加（图 2-3）；30～180 d，各粒级团聚体中胡敏酸的净积累量略有减少，各粒

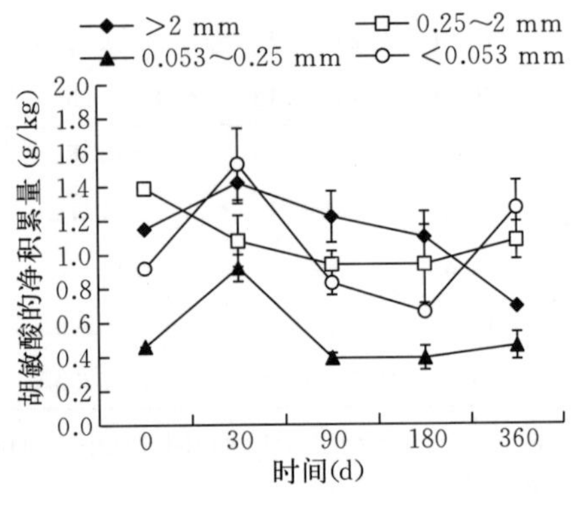

图 2-3　黑土各级团聚体胡敏酸的净积累量

级分布规律为：大型大团聚体（＞2 mm）＞小型大团聚体（0.25～2 mm）＞粉/黏粒粒级（＜0.053 mm）＞微团聚体（0.053～0.25 mm）；180～360 d，＞2 mm 团聚体胡敏酸的净积累量下降，而粉/黏粒粒级（＜0.053 mm）得到增加，各级团聚体中胡敏酸的净积累量由大到小依次为＜0.053 mm（0.25～2 mm）、＞2 mm、0.053～0.25 mm，＜0.053 mm 与 0.25～2 mm 之间差异不显著。

三、富里酸的绝对含量、相对含量与净积累量

富里酸是腐殖物质中分子质量较小、活性较大、氧化程度较高的组分。它在物质迁移、植物营养和土壤肥力中可能起更大的作用，其氧化程度一般认为高于胡敏酸。相对胡敏酸来说，其元素组成中碳、氢、氮含量低而氧含量高。

1. 团聚体中富里酸的绝对含量。未添加玉米秸秆的黑土 0 d，富里酸含量在 0.25～2 mm 团聚体有高于其他粒级的趋势，＜0.053 mm 粒级富里酸含量最低，但四个粒级之间差异不显著（表 2-5）。30～360 d，＞2 mm 团聚体中富里酸始终有高于其他粒级的趋势，但这四个粒级间差异不显著。黑土添加玉米秸秆后，全土及各级团聚体中富里酸含量均高于同期对照（表 2-5）。30～180 d，富里酸含量持续增加（玉米秸秆分解转化形成富里酸，或者胡敏酸分解形成富里酸）；180～360 d，分子结构较胡敏酸简单的富里酸聚合形成胡敏酸，或发生分解，导致富里酸含量强烈减少。30～90 d，富里酸主要分布在＞0.25 mm 团聚体中，且显著高于＜0.25 mm 团聚体富里酸含量。90～360 d，各粒级团聚体之间富里酸含量没有显著差异性。

表 2-5　黑土各级团聚体富里酸的绝对含量（g/kg）

处理	时间	全土	粒级			
			＞2 mm	0.25～2 mm	0.053～0.25 mm	＜0.053 mm
对照	0 d	2.25±0.79	2.14±0.87aA	2.69±0.70aA	2.15±0.40aA	1.83±0.00aA
	30 d	2.15±0.25	2.04±0.20aA	2.17±0.14aA	2.01±0.26aA	1.89±0.23aA
	90 d	3.23±0.31	3.25±0.34aA	3.19±0.23aA	2.65±0.37aA	2.80±0.36aA
	180 d	2.73±0.07	3.03±0.26aA	2.69±0.45aA	3.29±0.05aA	2.74±0.23aA
	360 d	2.04±0.52	2.61±0.36aA	2.04±0.65aA	2.07±0.09aA	2.18±0.39aA
添加玉米秸秆	0 d	2.72±0.40	3.27±0.81aA	3.86±0.45aA	3.17±0.43aA	2.91±0.74aA
	30 d	2.60±0.20	2.97±0.08aA	3.29±0.33aA	3.02±0.20aA	2.44±0.80aA
	90 d	3.93±0.24	4.59±0.00aA	3.67±0.25bAB	3.21±0.27bB	3.06±0.44bB
	180 d	4.61±0.09	4.41±0.86aA	3.86±0.18aA	4.25±0.28aA	3.66±0.38aA
	360 d	1.06±0.39	2.36±0.52aA	1.57±0.19aA	1.50±0.78aA	1.88±0.82aA

注：同一行中不同字母表示相同处理中不同粒级团聚体之间差异显著（小写：$P<0.05$；大写：$P<0.01$）。

2. 团聚体中富里酸的相对含量。 富里酸的相对含量是各粒级团聚体中富里酸在该粒级有机碳中所占的比例。未添加玉米秸秆处理，富里酸相对含量在15%～34%之间变动（图2-4）。0～180 d，富里酸在>2 mm、0.053～0.25 mm和<0.053 mm团聚体中所占比例升高，180 d在0.053～0.25 mm团聚体中富里酸在有机碳中所占的比例最高（34.09%），显著高于>2 mm和0.25～2 mm粒级。在360 d，富里酸的相对含量由大到小依次为：>2 mm（<0.053 mm）、0.053～0.25 mm、0.25～2 mm。黑土添加玉米秸秆后，富里酸在各粒级中相对含量减少，在11%～32%之间变动。30～180 d，富里酸在各粒级中相对含量开始逐渐增加；180～360 d，都迅速减少。在360 d培养期间，富里酸的相对含量呈现动态的变化，各粒级之间没有清晰的规律（图2-4）。

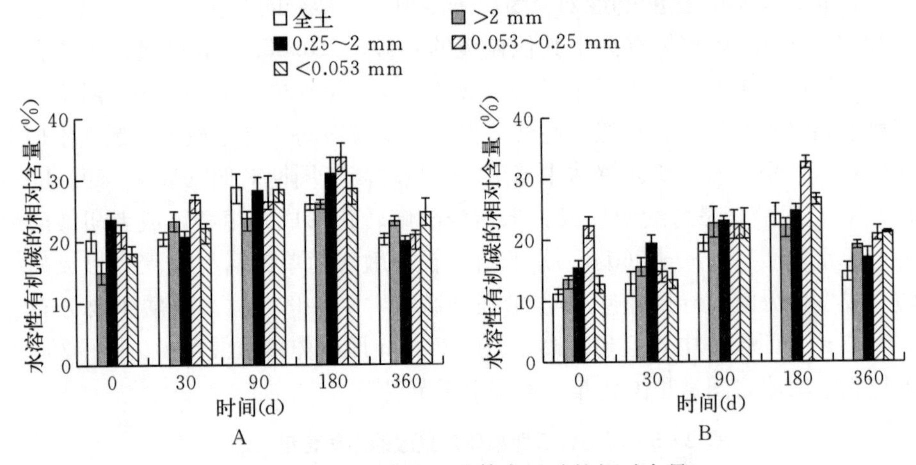

图2-4　黑土各级团聚体富里酸的相对含量

A. 未添加秸秆处理　B. 添加秸秆处理

3. 团聚体中富里酸的净积累量。 由于富里酸是通过差减法获得的，误差较大，从各粒级团聚体富里酸的绝对含量和相对含量规律不是很清晰，但从富里酸的净积累量上我们可以观察到较为清晰的规律（图2-5）。黑土添加玉米秸秆后，0 d各粒级间富里酸的净积累量相近；培养30 d时，>2 mm和<0.053 mm粒级富里酸的净积累量都显著减少，而且

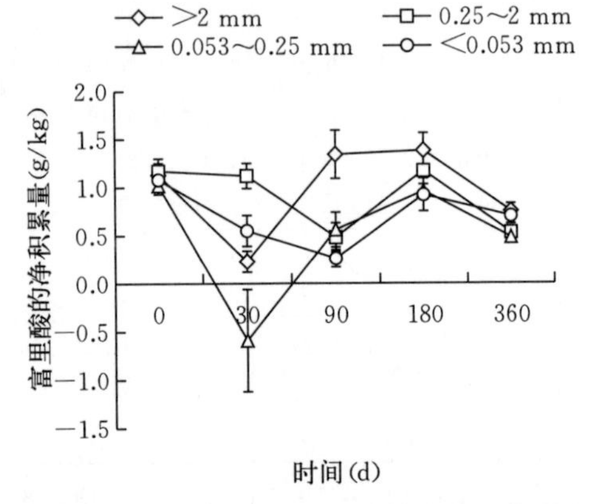

图2-5　黑土各级团聚体富里酸的净积累量

由大到小依次为：0.25～2 mm、0.053～0.25 mm、<0.053 mm、>2 mm；30～180 d，黑土各级团聚体富里酸的净积累量均有所增加，而且在 90～180 d，>2 mm 粒级富里酸的净积累量显著高于其他粒级；至 360 d，各粒级间富里酸净积累量表现为两头大、中间小，即>2 mm 和<0.053 mm 显著高于 0.25～2 mm和 0.053～0.25 mm。

黑土添加玉米秸秆培养 360 d 后，0.25～2 mm 和<0.053 mm 粒级胡敏酸净积累量显著高于>2 mm 和 0.053～0.25 mm 粒级，>2 mm 粒级富里酸的净积累量高于其他粒级，这些都表明 0.25～2 mm 和<0.053 mm 粒级团聚体有利于胡敏酸的形成与积累，>2 mm 粒级由于通气良好有利于胡敏酸的分解和富里酸的形成。0.053～0.25 mm 粒级胡敏酸、富里酸无论绝对含量还是净积累量都是最少，可能有两方面原因，一是加入土壤中的有机碳在此粒级中分布最少（表 2-2），二是有研究表明在 0.053～0.25 mm 团聚体中测到了较高的呼吸率，不利于有机碳和腐殖物质的积累（Ashman et al.，2009）。

四、胡敏素的绝对含量、相对含量与净累积量

胡敏素是土壤中去除未分解植物残体后，不溶于有机溶剂、稀酸和稀碱的残余有机组分。胡敏素通过范德华力、氢键、静电吸附和阳离子键桥常与黏土矿物、铁铝氧化物牢固结合，被认为是土壤中的惰性物质。不溶性的胡敏素占有机碳、有机氮的绝大部分，因此胡敏素在碳截获、土壤结构、养分保持性、氮素循环、生物地球化学循环等方面都占有重要地位。

1. 团聚体中胡敏素的绝对含量。从图 2-6 可以看出，未添加玉米秸秆的黑土在 0～360 d 培养期间，全土及各粒级胡敏素含量经历了减少—增加—减少的动态变化过程。在 0 d，胡敏素主要分布在>2 mm 粒级中，其次是 0.25～2 mm 粒级，胡敏素在<0.25 mm 的两个团聚体粒级中含量最低。在 0～180 d 培养期间，胡敏素在>2 mm 粒级中含量最高，显著高于 0.25～2 mm 粒级，0.25～2 mm 粒级显著高于 0.053～0.25 mm 和<0.053 mm，0.053～0.25 mm 和<0.053 mm 之间差异不显著。在 360 d，>0.25 mm 的两个大团聚体粒级胡敏素含量显著高于<0.25 mm 的两个团聚体粒级，表明黑土在未添加玉米秸秆的情况下，>2 mm 和 0.25～2 mm 有利于胡敏素的形成和积累。

黑土添加玉米秸秆后，全土及各粒级团聚体胡敏素含量都高于同期对照土壤，表明全土及各粒级团聚体内胡敏素都得到了积累。随着培养时间的延长，全土及各粒级团聚体胡敏素含量都显著减少，由大至小粒级胡敏素分别减少了 32%、45%、48%和 45%，表明全土及各粒级团聚体胡敏素发生分解转化。至360 d，>2 mm 粒级胡敏素含量最高，其次是 0.25～2 mm 和<0.053 mm 粒级，0.053～0.25 mm 粒级胡敏素含量最低，表明>2 mm 粒级有利于胡敏

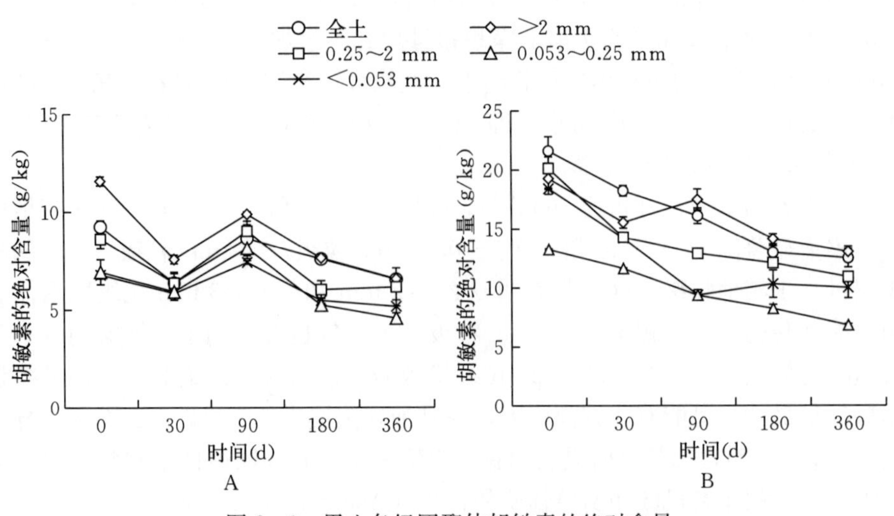

图 2-6 黑土各级团聚体胡敏素的绝对含量

A. 未添加秸秆处理 B. 添加秸秆处理

素的形成和积累。

2. 团聚体中胡敏素的相对含量。 添加玉米秸秆的黑土及各级团聚体中的胡敏素在有机碳中所占的比例是随着培养时间的延长而下降的，由 0 d 的 67%～84%下降至 360 d 的 48%～65%（图 2-7）。各粒级间胡敏素的相对含量没有显示出清晰的规律。与对照处理相比，黑土添加玉米秸秆后 0 d，0.25～2 mm、0.053～0.25 mm 和<0.053 mm 粒级中胡敏素所占有机碳的比例增加，>2 mm 粒级胡敏素的相对含量减少。直至 360 d，胡敏素在 0.053～0.25 mm

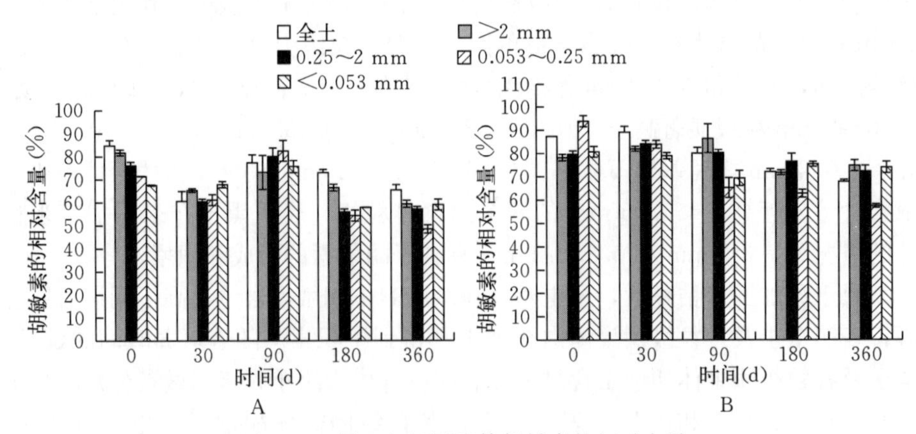

图 2-7 黑土各级团聚体胡敏素的相对含量

A. 未添加秸秆处理 B. 添加秸秆处理

粒级有机碳中所占比例最低。0～360 d培养期间，全土及各级团聚体中的胡敏素的相对含量同对照处理相同逐渐减少。

3. **团聚体中胡敏素的净积累量。** 黑土添加玉米秸秆后，各粒级团聚体内胡敏素都得到了积累。0 d，0.25～2 mm 和<0.053 mm 粒级胡敏素的净积累量最高，显著高于>2 mm 粒级，>2 mm粒级又显著高于 0.25～0.053 mm 粒级（图 2－8）。随着培养时间的增加，>2 mm 粒级的胡敏素的净积累量一直是平稳的趋势，而其他三个粒级胡敏素的积累量都减少。培养至 360 d，不同粒级胡敏素的净积累量为>2 mm粒级最多，其次为 0.25～2 mm 和<0.053 mm 粒级，0.053～0.25 mm 粒级净积累的胡敏素最少。

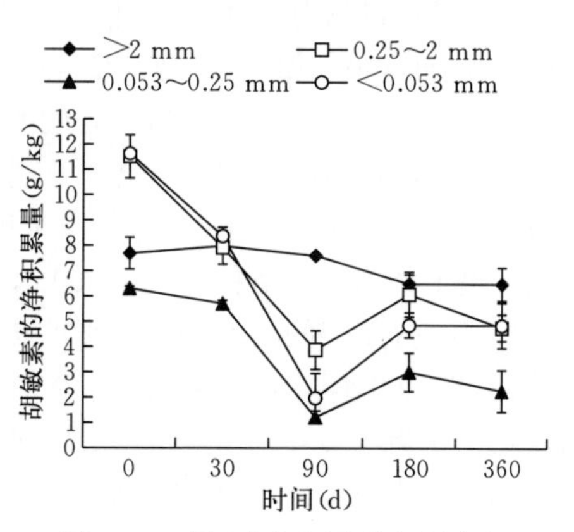

图 2－8　黑土各级团聚体胡敏素的净积累量

第四节　添加玉米秸秆对黑土及其团聚体腐殖物质光学性质的影响

一般认为暗色是腐殖物质最重要的特征之一，腐殖物质形成在本质上就是一种颜色逐渐变暗的过程。这种色调的差别和腐殖化程度的差别是相对应的。465 nm 吸光值与 665 nm 吸光值之比（E_4/E_6）、色调系数（$\Delta\lg K$）和相对色度（RF）是与颜色有关的指标，能反映腐殖质分子的复杂程度。一般来说，胡敏酸、富里酸的 $\Delta\lg K$ 或 E_4/E_6 比值越高，RF 值越低，说明他们的分子结构愈简单，数均分子质量愈小（窦森 等，1995）。

一、胡敏酸的光学性质

由于土壤中腐殖物质的形成、分解、发育是同时进行的，胡敏酸的分子结构也是不断发生着变化，在培养条件下测定的不同时期胡敏酸的光学性质也是在动态变化之中。从各时间段黑土各级团聚体胡敏酸的光学性质分析可以看出（表 2－6），未添加玉米秸秆黑土处理中，0～30 d，各级团聚体胡敏酸的E_4/E_6没有变化，$\Delta\lg K$ 略有下降，RF 上升；30～90 d，E_4/E_6 和 $\Delta\lg K$ 开始上升，这可能是由于土壤中原有有机物料分解转化形成新的胡敏酸，RF 的下降，说明分子结构趋于简单；90～360 d，E_4/E_6 和 $\Delta\lg K$ 又开始持续下降，RF 持续升高，表明胡敏酸分子质量增加，分子结构趋于复杂化，90 d是转折点。总的来说，360 d与0 d相比较，E_4/E_6和ΔlgK下降，RF升高，表明未添加玉米秸秆的黑土在360 d培养期间，胡敏酸结构趋于复杂化。黑土添加玉米秸秆后，在同一取样时间，加玉米秸秆处理的E_4/E_6和ΔlgK均比对照高，RF比对照低（表2-6），表明黑土添加玉米秸秆可以使胡敏酸趋于年轻化，结构简单化。黑土添加玉米秸秆后，0～90 d，玉米秸秆有30%左右能够发生分解，转化形成部分年轻的胡敏酸，导致胡敏酸的E_4/E_6持续升高，而RF却在逐渐下降；90～360 d，E_4/E_6和ΔlgK逐渐减少，RF显著增加，表明胡敏酸分子结构趋于复杂，90 d也是转折点。添加玉米秸秆处理的360 d与对照处理0 d、360 d的E_4/E_6和ΔlgK相比有所增加，RF减少。

表2-6 黑土各级团聚体胡敏酸的光学性质

处理	时间(d)	光学性质	全土	粒级			
				＞2 mm	0.25～2 mm	0.053～0.25 mm	＜0.053 mm
对照	0	E_4/E_6	3.75±0.12	3.89±0.26aA	3.74±0.07aA	3.72±0.16aA	3.75±0.05aA
		ΔlgK	0.57±0.02	0.60±0.02aA	0.57±0.02aA	0.57±0.02aA	0.58±0.01aA
		RF	51.70±8.04	42.74±2.02bB	56.02±1.90aA	53.62±1.72aA	52.70±1.62aA
	30	E_4/E_6	3.76±0.10	3.92±0.02aA	3.75±0.03aA	3.78±0.01aA	3.76±0.01aA
		ΔlgK	0.50±0.03	0.51±0.02aA	0.56±0.05aA	0.49±0.05aA	0.49±0.02aA
		RF	64.74±9.28	63.00±3.58abA	54.42±8.20bA	65.08±9.89abA	69.88±5.72aA
	90	E_4/E_6	4.13±0.09	4.02±0.50aA	4.18±0.30aA	4.07±0.39aA	4.16±0.32aA
		ΔlgK	0.61±0.04	0.60±0.04aA	0.60±0.02aA	0.60±0.03aA	0.58±0.01aA
		RF	40.38±5.34	36.40±2.82bA	43.94±3.92aA	44.54±0.12aA	42.02±4.10abA
	180	E_4/E_6	3.82±0.09	3.89±0.09aA	3.78±0.05abAB	3.69±0.09bB	3.85±0.07aAB
		ΔlgK	0.58±0.01	0.59±0.01aA	0.57±0.01bAB	0.56±0.00bB	0.57±0.01bAB
		RF	69.22±6.48	64.06±3.32bB	72.50±3.38aAB	75.78±4.28aA	76.08±2.50aA
	360	E_4/E_6	3.43±0.08	3.57±0.16aA	3.51±0.19aA	3.54±0.04aA	3.34±0.08aA
		ΔlgK	0.57±0.01	0.56±0.02aA	0.55±0.01aA	0.54±0.01aA	0.54±0.01aA
		RF	72.24±2.68	68.26±2.24bB	75.88±2.74aAB	77.34±2.30aA	78.40±2.20aA
添加玉米秸秆	30	E_4/E_6	4.06±0.06	4.24±0.13aA	3.88±0.15bA	3.92±0.19abA	4.17±0.12abA
		ΔlgK	0.64±0.02	0.61±0.02aA	0.59±0.01aA	0.59±0.04aA	0.62±0.02aA
		RF	36.96±4.44	36.56±1.16bA	45.02±4.20aA	40.26±2.50abA	39.30±4.38abA
	90	E_4/E_6	4.52±0.36	4.50±0.17aA	4.19±0.18bA	4.16±0.32bA	4.19±0.21bA
		ΔlgK	0.64±0.04	0.64±0.03aA	0.61±0.01aA	0.60±0.03aA	0.60±0.03aA
		RF	38.48±5.72	36.44±2.86bA	39.34±1.18abA	36.08±2.00bA	42.84±2.44aA

（续）

处理	时间（d）	光学性质	全土	粒级			
				>2 mm	0.25～2 mm	0.053～0.25 mm	<0.053 mm
添加玉米秸秆	180	E_4/E_6	3.97±0.17	3.96±0.20aA	3.89±0.29aA	3.89±0.13aA	3.97±0.10aA
		ΔlgK	0.61±0.03	0.60±0.01aA	0.60±0.02aA	0.58±0.02aA	0.60±0.00aA
		RF	53.86±2.54	58.10±0.94bA	63.02±3.72abA	66.06±5.04aA	60.96±1.76abA
	360	E_4/E_6	3.81±0.15	3.94±0.09aA	3.84±0.18aA	3.76±0.06aA	3.94±0.13aA
		ΔlgK	0.59±0.02	0.61±0.03aA	0.57±0.02bAB	0.56±0.00bAB	0.54±0.01bB
		RF	45.56±2.70	41.90±2.46bA	45.34±2.16abA	51.56±2.40aA	43.12±2.52abA

注：同一行中不同字母表示差异显著（小写：$P<0.05$；大写：$P<0.01$）。

黑土不同粒级间胡敏酸的光学性质相比较，无论是对照处理还是添加玉米秸秆处理，不同粒级胡敏酸的 E_4/E_6 和 ΔlgK 在各时期差异不显著，但从数量上分析，>2 mm 粒级有大于其他三个粒级的趋势，而且 RF 在 0～360 d 都显示出>2 mm 粒级胡敏酸的 RF 都显著小于其他三个粒级，从以上分析可以判断：与其他三个粒级相比，>2 mm 大团聚体的胡敏酸分子结构趋于简单化。

二、富里酸的光学性质

各级团聚体富里酸的 E_4/E_6 和 RF 在不同的培养时间呈现动态的变化（表 2-7）。未添加玉米秸秆黑土处理中，随着培养时间增加，E_4/E_6 在 0～180 d 升高，ΔlgK 变化不大，RF 降低；180～360 d，E_4/E_6 下降，RF 升高，表明富里酸的分子结构随着培养时间的延长趋于复杂化。添加玉米秸秆处理 30～90 d，E_4/E_6 和 ΔlgK 增加，RF 下降，说明此阶段有新的富里酸形成，导致富里酸结构简单化；90～360 d，ΔlgK 降低，RF 上升，整体上来看，富里酸的分子结构随着培养时间的延长趋于复杂化。

表 2-7　黑土各级团聚体富里酸的光学性质

处理	时间（d）	光学性质	全土	粒级			
				>2 mm	0.25～2 mm	0.053～0.25 mm	<0.053 mm
对照	0	E_4/E_6	9.32±1.95	10.27±2.63aA	10.07±0.63aA	10.73±0.12aA	8.04±0.79aA
		ΔlgK	1.04±0.08aA	1.10±0.09aA	1.06±0.03aA	1.05±0.04aA	1.01±0.02aA
		RF	27.58±2.88	26.14±2.40aA	26.22±0.70aA	26.64±4.62aA	36.36±2.68aA
	30	E_4/E_6	10.09±1.14	10.86±0.98aA	9.97±1.21aA	8.23±0.78aA	9.93±1.16aA
		ΔlgK	1.20±0.04	1.28±0.06aA	1.27±0.17aA	1.19±0.25aA	1.31±0.13aA
		RF	15.84±4.80	14.34±4.02abA	39.60±2.28aA	14.10±0.56abA	11.50±0.56bA

（续）

处理	时间（d）	光学性质	全土	粒级			
				>2 mm	0.25～2 mm	0.053～0.25 mm	<0.053 mm
对照	90	E_4/E_6	10.85±2.74	8.18±0.73bA	9.15±1.69abA	6.59±1.45bB	12.00±1.06aA
		ΔlgK	1.18±0.15	1.19±0.16aA	1.11±0.09aA	1.12±0.32aA	1.24±0.17aA
		RF	6.50±0.58	9.04±0.92aA	9.82±0.10aA	9.66±0.36aA	8.44±3.70aA
	180	E_4/E_6	13.40±3.79	12.58±1.06aA	14.00±2.76aA	11.13±1.90aA	15.46±2.89aA
		ΔlgK	1.10±0.05	1.05±0.11aA	1.15±0.08aA	1.09±0.07aA	1.10±0.09aA
		RF	26.68±2.86	30.42±2.10aAB	27.78±0.10aAB	32.06±2.84aA	22.00±0.44bB
	360	E_4/E_6	10.45±1.78	10.67±1.23aA	10.45±1.78aA	9.89±1.22aA	9.47±1.37aA
		ΔlgK	1.12±0.09	1.13±0.23aA	1.26±0.11aA	1.11±0.26aA	1.29±0.12aA
		RF	29.56±3.98	31.26±0.66aA	29.78±2.68abA	32.16±3.68aA	23.58±3.36bA
添加玉米秸秆	30	E_4/E_6	9.33±1.22	9.56±1.08aA	9.98±1.06aA	9.12±0.06bA	9.67±1.07aA
		ΔlgK	1.17±0.09	1.28±0.14aA	0.99±0.13bA	1.14±0.13abA	1.13±0.18abA
		RF	14.24±3.08	11.32±2.94bA	19.42±3.42aA	16.98±4.12abA	16.50±0.38abA
	90	E_4/E_6	12.20±3.49	9.24±1.25aA	12.34±1.43aA	11.02±1.86aA	9.55±2.27aA
		ΔlgK	1.17±0.06	1.35±0.41aA	1.40±0.25aA	1.26±0.11aA	1.21±0.24aA
		RF	10.42±2.70	12.76±1.38bB	4.64±1.00 dC	9.26±0.10cB	17.26±0.06aA
	180	E_4/E_6	13.93±0.20	13.80±1.39aA	12.47±2.40aA	12.84±1.09aA	13.11±1.51aA
		ΔlgK	1.11±0.08	1.09±0.09aA	1.06±0.06aA	1.08±0.07aA	1.11±0.07aA
		RF	21.04±0.60	25.38±2.88aA	16.84±3.74abA	14.20±5.44bA	17.52±2.44abA
	360	E_4/E_6	12.68±1.34	12.98±1.77aA	12.29±1.23aA	12.66±1.89aA	13.64±1.09aA
		ΔlgK	1.01±0.22	1.16±0.18aA	1.26±0.29aA	1.34±0.03aA	1.23±0.11aA
		RF	22.18±3.12	25.72±2.24aA	23.34±2.50aA	23.76±2.66aA	22.16±2.22aA

注：同一行中不同字母表示差异显著（小写：$P<0.05$；大写：$P<0.01$）。

在同一取样时间，添加玉米秸秆处理的黑土 E_4/E_6 比对照处理高，RF 比对照处理低，表明添加玉米秸秆可以使富里酸的结构简单化；不同粒级之间，E_4/E_6 和 ΔlgK 没有显著的差别，从 RF 数值上看，未添加玉米秸秆处理<0.053 mm粒级 RF 最小，在 180～360 d 与其他粒级差异显著；添加玉米秸秆处理，<0.053 mm粒级 RF 数值上有小于其他粒级的趋势，但差异不显著，表明<0.053 mm粒级有利于富里酸的结构的简单化。

第五节　添加玉米秸秆对黑土及其团聚体腐殖物质热性质的影响

差热分析（Differential Thermal Analysis，DTA），是一种重要的热分析方法，是指在程序控温下，测量物质和参比物的温度差与温度或者时间的关系的一种测试技术。该法广泛应用于测定物质在热反应时的特征温度及吸收或放出的热量，广泛应用于无机物、有机物特别是高分子聚合物等方面热分析技术。因此，把 DTA 技术应用到土壤学研究领域，是研究腐殖物质分子结构的一种有效手段。中温放热峰（260～350 ℃）代表腐殖物质分子中脂族化合物的分解和外围官能团的脱羧等放热反应，而高温放热峰（350 ℃以上）是腐殖物质完全氧化和分子内部芳香化合物分解的结果，高温放热与中温放热的比值（H_3/H_2）可以反映腐殖质芳香性/脂族性比值（窦森，2010）。

热重分析（Thermogravimetric Analysis，TG 或 TGA），是指在程序控制温度下测量待测样品的质量与温度变化关系的一种热分析技术。热重分析的重要特点是定量性强，能准确地测量物质的质量变化及变化的速率，可以说，只要物质受热时发生重量的变化，就可以用热重法来研究其变化过程。低温失重峰（70 ℃左右）为去除水分区域，中温失重峰（180～320 ℃）代表腐殖物质分子中芳核外围物质特别是脂肪族侧链及氢键结合的羟基裂解，高温失重峰（320～460 ℃）代表部分芳核裂解（王旭东 等，1998）。高温失重量与中温失重量之比（W_3/W_2）可以反映腐殖质芳香性/脂族性比值。

把 DTA 和 TGA 应用到腐殖物质分子结构研究中，在同一仪器中将 TGA 和 DTA 结合很有意义，DTA 用来定性，TGA 定量更为精确，同时获得的试验结果为同一样品同一条件下的，能够进行精确比较（Stephen et al.，2000）。

一、胡敏酸的热性质

1. 差热分析。对照与添加玉米秸秆的全土及各级团聚体胡敏酸的 DTA 显示存在着中温放热峰和高温放热峰（图 2-9）。在中温放热的最高峰温度在 309～330 ℃，高温区域放热的峰温在 410～513 ℃。比较对照处理的 0 d 和 360 d 黑土各级团聚体胡敏酸的 DTA（图 2-9 A 和图 2-9 B）可知，与培养 360 d 相比，0 d 的全土及各粒级胡敏酸的 DTA 在中温放热区的峰强要高于 360 d。在 360 d 的中温放热能量除了 0.25～2 mm 粒级增加外，全土和其他三个粒级都比 0 d 减少，为 1.23～3.18 kJ/g；高温放热能除了>2 mm 粒级减少外，全土和其他三个粒级都比 0 d 增加，为 29.84～45.49 kJ/g；360 d 的 0.053～0.25 mm 和<0.053 mm 粒级胡敏酸的 H_3/H_2 均比 0 d 增加，>2 mm 和 0.25～2 mm 均比 0 d 减少（表 2-9）。从 H_3/H_2 特征比值来看，未添加玉米秸秆处理在培养 360 d 后 H_3/H_2 由大到小依次为：<0.053 mm、0.053～0.25 mm、0.25～2 mm、>2 mm，表明芳香性/脂族性比值随着粒级的减小而增加，随着粒级的增大，芳香性减弱，脂族性增强。

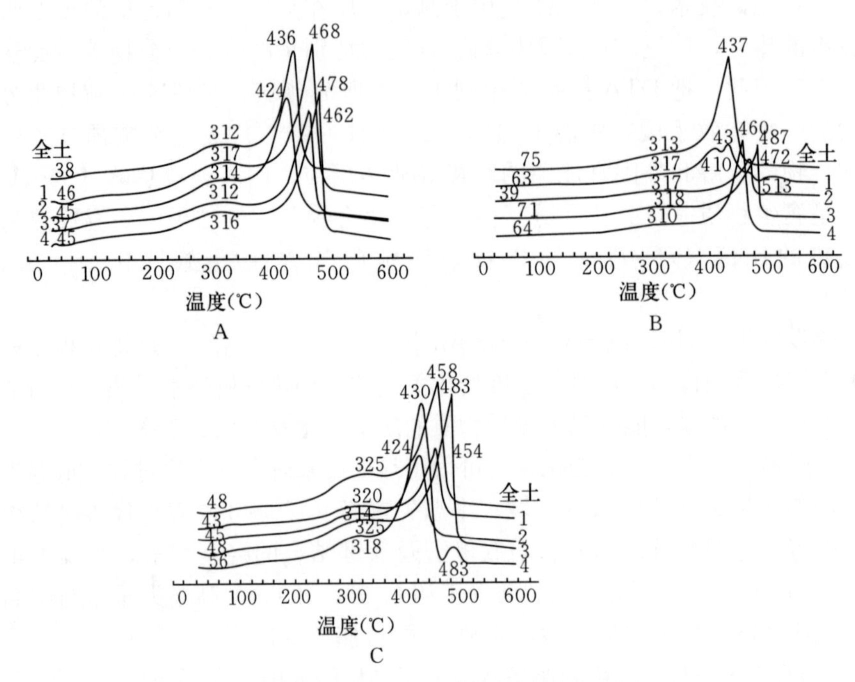

图 2-9　黑土各级团聚体胡敏酸的 DTA

A. 0 d 对照处理　B. 360 d 对照处理　C. 360 d 添加玉米秸秆

1. ＞2 mm　2. 0.25～2 mm　3. 0.053～0.25 mm　4. ＜0.053 mm

对于添加玉米秸秆培养 360 d 的黑土（图 2-9 C），在中温区域放热峰峰形较为明显。不同粒级的胡敏酸的 H_3/H_2 比值与对照有所不同，＜0.053 mm 的 H_3/H_2 最高，在高温区域所释放的热能也最多；其次是 0.25～2 mm，然后是 0.053～0.25 mm，＞2 mm 粒级 H_3/H_2 最低，在高温区域所释放的热能也少（表 2-8），表明＞2 mm 粒级芳香性/脂族性比值最小，＜0.053 mm 粒级芳香性/脂族性比值最大。

表 2-8　黑土各级团聚体胡敏酸的差热分析

处理	时间	粒级	中温放热 (H_2)(kJ/g)	高温放热 (H_3)(kJ/g)	中温放热峰温 (℃)	高温放热峰温 (℃)	H_3/H_2
试前	0 d	全土	4.32	27.83	312	436	6.44
		＞2 mm	4.68	29.68	317	468	6.34
		0.25～2 mm	3.35	26.94	314	424	8.04
		0.053～0.25 mm	4.38	30.29	312	462	6.92
		＜0.053 mm	4.07	31.56	316	478	7.75

（续）

处理	时间	粒级	中温放热 (H_2)(kJ/g)	高温放热 (H_3)(kJ/g)	中温放热峰温 (℃)	高温放热峰温 (℃)	H_3/H_2
对照	360 d	全土	1.23	45.49	313	437	36.98
		>2 mm	1.43	8.27	319	410～513	5.78
		0.25～2 mm	4.54	29.84	317	472	6.57
		0.053～0.25 mm	3.18	35.55	318	487	11.18
		<0.053 mm	2.14	42.72	324	460	19.96
添加玉米秸秆	360 d	全土	4.6	30.75	235	458	6.68
		>2 mm	5.2	28.67	320	454	5.51
		0.25～2 mm	3.5	37.12	326	453	10.61
		0.053～0.25 mm	3.46	32.3	325	483	9.34
		<0.053 mm	1.74	38.24	318	430	21.98

为了比较同一粒级中 360 d 的添加玉米秸秆与对照处理的 DTA，具体作图 2-10 分析。在>2 mm 粒级的比较中，对照处理的>2 mm 粒级胡敏酸在高

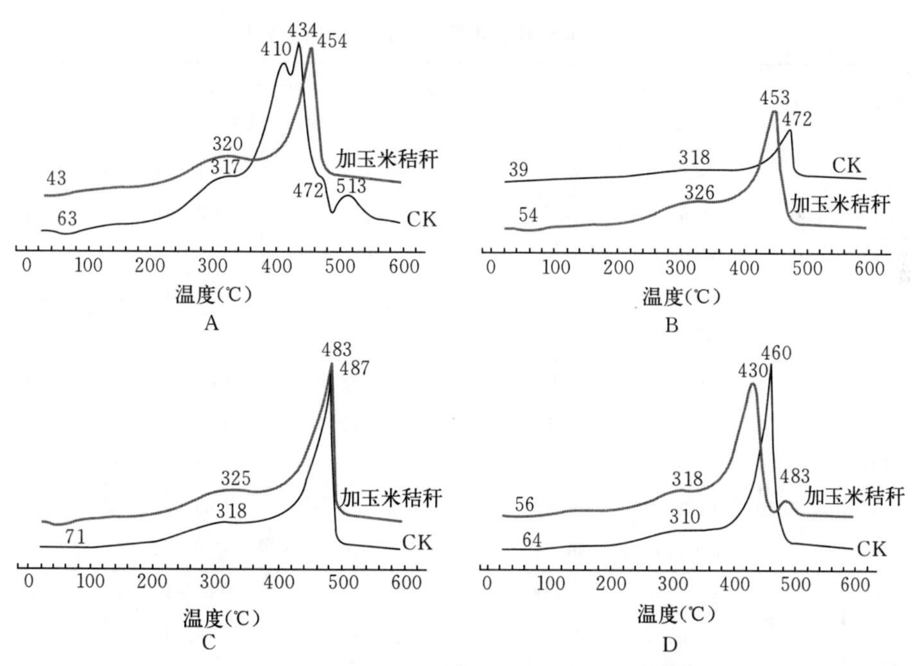

图 2-10　360 d 对照和添加玉米秸秆处理各粒级团聚体胡敏酸的 DTA

A. >2 mm 大团聚体　B. 0.25～2 mm 大团聚体

C. 0.053～0.25 mm 微团聚体　D. <0.053 mm 粉/黏粒

温放热区域出现了四个放热峰（图 2－10 A），H_3/H_2 高于添加玉米秸秆处理（表 2－8）；在 0.25～2 mm 粒级的比较中，添加玉米秸秆黑土的 0.25～2 mm 粒级胡敏酸高温放热峰温为 453 ℃，比对照峰温降低，峰强增加（图 2－10B），在高温区放热能及 H_3/H_2 均比对照增加（表 2－8），表明添加玉米秸秆后，0.25～2 mm 粒级芳香性/脂族性比值增强；在 0.053～0.25 mm 粒级的比较中，添加玉米秸秆黑土 0.053～0.25 mm 粒级胡敏酸的中温峰温高于对照，高温峰温低于对照（图 2－10 C），在高温区放热能比对照减少，中温区增加，H_3/H_2 比对照降低（表 2－8）；在＜0.053 mm 粒级的比较中，添加玉米秸秆黑土＜0.053 mm 粒级胡敏酸的中温峰温高于对照，高温峰温低于对照，峰形变宽而钝（图 2－10 D），中、高温区域放热能均减少，H_3/H_2 增加。

2. **热重分析**。对照和添加秸秆的两个处理下的黑土各级团聚体胡敏酸的重量损失，试验数据分析（表 2－9 和图 2－11），除了在低温区域的水分失重外（约占 6%～16%），各级团聚体胡敏酸的失重主要发生在两个阶段，一个为 110～320 ℃中温阶段，另一个为 320～600 ℃高温阶段。中温阶段各级团聚体胡敏酸失重范围在 18%～28%，高温阶段失重较多，达 50%～65%。

表 2－9　黑土各级团聚体胡敏酸的热重分析

处理	时间	粒级	低温(0～110 ℃)失重（W_1）(%)	中温(110～320 ℃)失重（W_2）(%)	高温(320～600 ℃)失重（W_3）(%)	W_3/W_2
试前	0 d	全土	8.71	27.124	51.743	1.91
		＞2 mm	11.54	24.212	59.364	2.45
		0.25～2 mm	9.88	20.695	50.574	2.44
		0.053～0.25 mm	10.10	25.238	59.537	2.36
		＜0.053 mm	6.82	23.647	61.339	2.59
对照	360 d	全土	7.07	18.692	63.713	3.41
		＞2 mm	8.45	18.213	55.230	3.03
		0.25～2 mm	13.97	24.569	61.528	2.50
		0.053～0.25 mm	7.83	22.007	65.674	2.98
		＜0.053 mm	6.68	21.319	65.645	3.08
添加玉米秸秆	360 d	全土	10.16	25.451	57.611	2.26
		＞2 mm	11.40	27.917	59.445	2.13
		0.25～2 mm	10.40	23.060	59.759	2.59
		0.053～0.25 mm	12.19	22.384	60.158	2.69
		＜0.053 mm	6.81	18.544	56.530	3.05

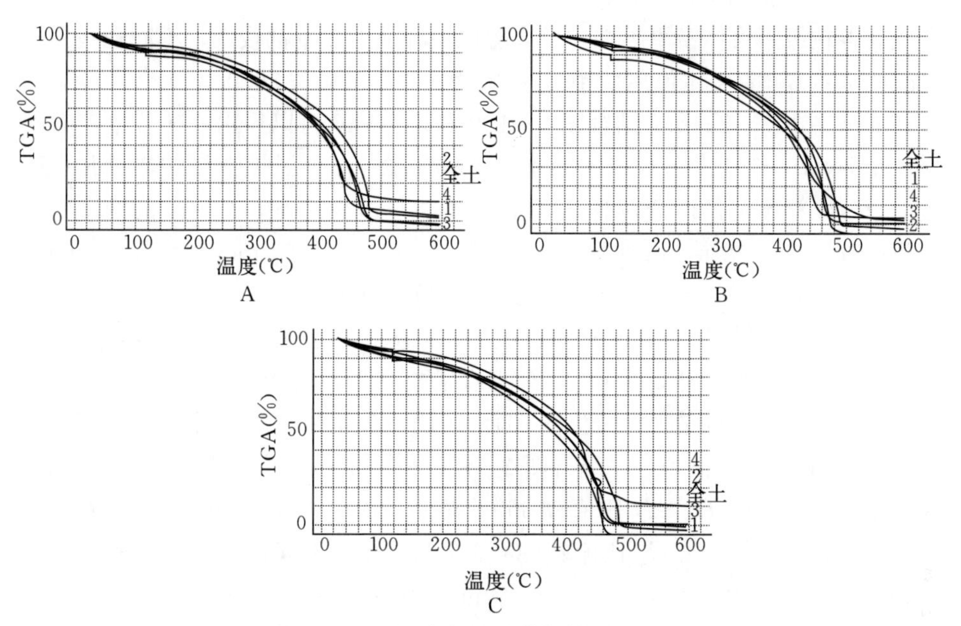

图 2-11 黑土各级团聚体胡敏酸的 TGA

A. 0 d 对照处理 B. 360 d 对照处理 C. 360 d 添加玉米秸秆处理

1. >2 mm 2. 0.25～2 mm 3. 0.053～0.25 mm 4. <0.053 mm

对于未添加玉米秸秆的黑土（图 2-11 A、图 2-11 B），在 0～360 d 培养期间，随着培养时间延长，中温阶段失重数量低于 0 d（0.25～2 mm 粒级除外），高温阶段失重数量除了>2 mm 粒级低于 0 d 外，其他三个粒级都比 0 d 失重多，而且全土及各粒级团聚体的胡敏酸的 W_3/W_2 均比 0 d 升高。表明未添加玉米秸秆的黑土随着培养时间的增加，胡敏酸的芳香性增强，结构变得复杂。培养 360 d 后，<0.053 mm粒级胡敏酸的 W_3/W_2 最大，0.25～2 mm 最小。表明未添加玉米秸秆的黑土培养 360 d 后，<0.053 mm 粒级芳香性/脂族性比值最强，0.25～2 mm最弱。

黑土添加玉米秸秆培养 360 d后（图 2-11C），高温区域>2 mm 团聚体胡敏酸失重数量高于 360 d 对照处理，但 W_3/W_2 低于对照，另外，全土及 0.53～0.25 mm 和<0.053 mm 粒级团聚体胡敏酸失重的数量和 W_3/W_2 低于 360 d 对照处理，表明黑土添加玉米秸秆后芳香性减弱。不同粒级中<0.053 mm 粒级的胡敏酸在中温和高温区域的失重数量都低于其他三个粒级，但其 W_3/W_2 数值最高。四个粒级胡敏酸的 W_3/W_2 随着粒级的减小而增加，表明随着粒级的减小，芳香性/脂族性比值增加。

二、富里酸的热性质

1. 差热分析。根据图 2-12A 和表 2-10，未添加玉米秸秆的黑土在 0 d，全土及各粒级团聚体富里酸在中、高温区域释放的热量都较低，不同粒级中富里酸的 H_3/H_2 特征比值由大到小依次为：>2 mm、<0.053 mm、0.053～0.25 mm、0.25～2 mm。结合图 2-12B 和表 2-10 可以得出，随着培养时间增加至 360 d，全土及各粒级团聚体富里酸在中、高温区域释放的热量几乎都增加，>0.25 mm 的两个粒级富里酸的 H_3/H_2 减少，<0.25 mm 的两个粒级富里酸 H_3/H_2 增加，由大到小依次为：0.053～0.25 mm、<0.053 mm、0.25～2 mm、>2 mm。0.053～0.25 mm 粒级富里酸在高温区域释放的热量最多，峰形宽而钝；>2 mm 粒级富里酸在高温区域释放的热量最少，峰形微弱。黑土添加玉米秸秆 360 d 后，全土富里酸在高温区释放的热量增加，H_3/H_2 比值比对照 360 d 减少（表 2-10），表明添加玉米秸秆培养使全土富里酸的芳香性/脂族性比值减小。结合图 2-12C 和表 2-10 可以得出，>0.25 mm 大团聚体富里酸的 H_3/H_2 比值较 360 d 对照增加，<0.25 mm 的两个粒级的微团聚体富里酸的 H_3/H_2 比值较 360 d 对照减少。不同粒级富里酸的 H_3/H_2 比值由大到小依次为：0.25～2 mm、0.053～0.25 mm（>2 mm）、<0.053 mm。

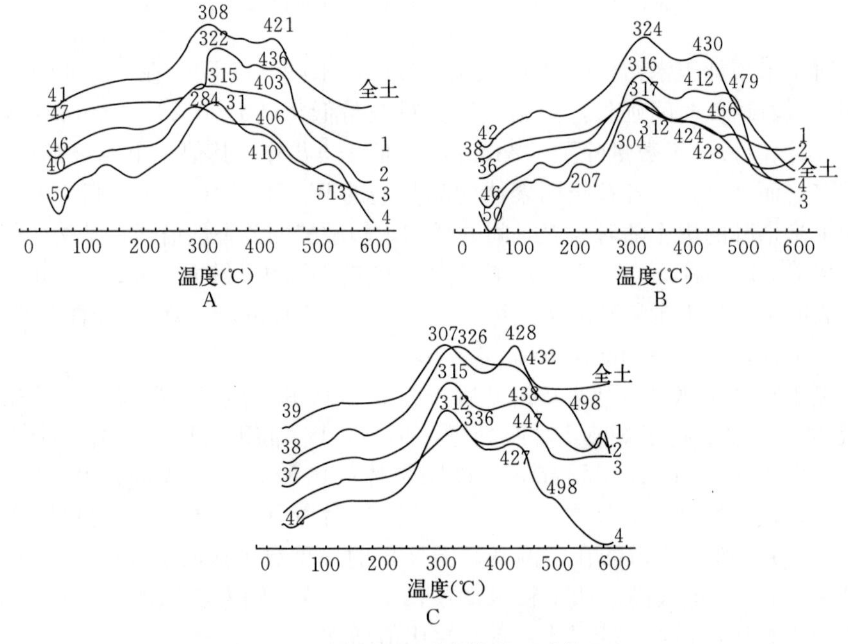

图 2-12 黑土各级团聚体富里酸的 DTA

A. 0 d 对照处理 B. 360 d 对照处理 C. 360 d 添加玉米秸秆处理

1. >2 mm 2. 0.25～2 mm 3. 0.053～0.25 mm 4. <0.053 mm

表 2-10 黑土各级团聚体富里酸的差热分析

处理	时间	粒级	中温放热量 (KJ/g)	高温放热量 (KJ/g)	H_3/H_2
试前	0 d	全土	3.37	2.03	0.60
		>2 mm	2.21	1.52	0.69
		0.25～2 mm	4.25	1.41	0.33
		0.053～0.25 mm	5.35	1.91	0.36
		<0.053 mm	2.69	1.56	0.58
对照	360 d	全土	2.91	2.22	0.76
		>2 mm	9.96	1.47	0.15
		0.25～2 mm	9.46	3.06	0.32
		0.053～0.25 mm	3.77	4.34	1.15
		<0.053 mm	3.68	2.86	0.78
添加玉米秸秆	360 d	全土	7.53	3.96	0.53
		>2 mm	3.82	2.19	0.57
		0.25～2 mm	5.63	3.60	0.64
		0.053～0.25 mm	6.97	3.99	0.57
		<0.053 mm	7.29	2.81	0.39

2. **热重分析。**富里酸除了在 20～110 ℃低温区域水分失重（1.64%～12.33%）外，基本上全土及各级团聚体在高温阶段失重量低于中温阶段（>2 mm除外），表明黑土富里酸分子结构中芳香结构的比例低于脂肪族与羧基结构的比例，其芳构化程度较低（表 2-11）。对于 0 d 未添加玉米秸秆的黑土而言，全土及各粒级团聚体富里酸在中、高温区失重都较少，不同粒级中富里酸的 W_3/W_2 特征比值大小依次为：<0.053 mm、>2 mm、0.053～0.25 mm、0.25～2 mm（图 2-13A 和表 2-11），表明<0.053 mm粉/黏粒粒级富里酸的芳香性最强，0.25～2 mm 大团聚体富里酸的脂族性最强。随着培养时间延至 360 d（图 2-13B 和表 2-11），高温阶段富里酸失重量随着团聚体粒径的减小呈下降趋势，>2 mm大团聚体富里酸失重量分别比 0.25～2、0.053～0.25 和<0.053 mm 团聚体高出 45.31%、47.11%和 69.65%，同时，>2 mm 和<0.053 mm团聚体的 W_3/W_2 比值最高（高出其他团聚体23.91%～42.50%），表明不同团聚体相比，随着团聚体粒径的减小，富里酸的芳香性减弱，>2 mm 团聚体富里酸的芳香性最强。

与对照相比，添加玉米秸秆处理中，全土富里酸在中温阶段失重量比对照高 73.62%，高温阶段失重量低于对照 17.89%，W_3/W_2 比值低于对照 51.85%（图 2-13C 和表 2-11），表明玉米秸秆的施用增加了富里酸的脂族性，与吴景贵等（吴景贵 等，2006；Demyan et al.，2012）研究一致。与不同粒径的团聚体相比，大团聚体（>2 mm 与 0.25～2 mm）中富里酸的 W_3/W_2 比值高于 0.053～0.25 mm 微团聚体和<0.053 mm 粉/黏粒组分（高出 32.73%～93.88%），表明大团聚体富里酸的芳香性高于其他粒级。

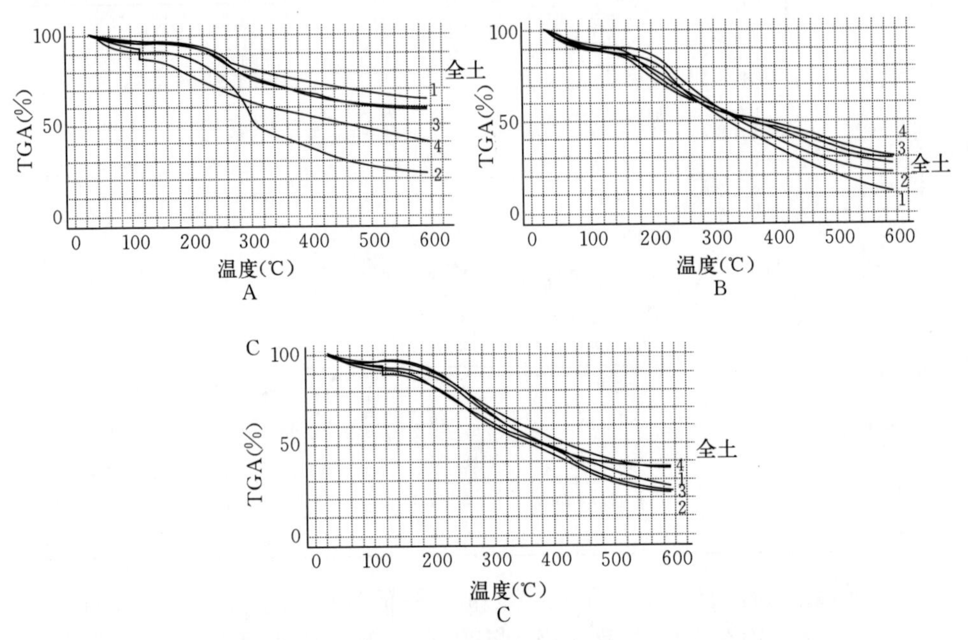

图 2-13　黑土各级团聚体富里酸的 TGA

A. 0 d 对照处理　B. 360 d 对照处理　C. 360 d 添加玉米秸秆处理

1. >2 mm　2. 0.25～2 mm　3. 0.053～0.25 mm　4. <0.053 mm

表 2-11　黑土各级团聚体富里酸的热重分析

处理	时间	粒级	低温(0～110 ℃)失重 (W_1)(%)	中温(110～320 ℃)失重 (W_2)(%)	高温(320～600 ℃)失重 (W_3)(%)	W_3/W_2
试前	0 d	全土	4.06	19.91	8.42	0.42
		>2 mm	1.64	16.02	9.40	0.59
		0.25～2 mm	7.63	46.55	8.88	0.19
		0.053～0.25 mm	4.73	23.92	7.67	0.32
		<0.053 mm	10.46	14.21	12.81	0.90
对照	360 d	全土	7.92	17.02	13.86	0.81
		>2 mm	41.66	12.33	23.70	0.57
		0.25～2 mm	6.45	40.82	16.31	0.40
		0.053～0.25 mm	6.67	35.08	16.11	0.46
		<0.053 mm	11.14	30.47	13.97	0.46

（续）

处理	时间	粒级	低温（0～110 ℃）失重（W_1）（%）	中温（110～320 ℃）失重（W_2）（%）	高温（320～600 ℃）失重（W_3）（%）	W_3/W_2
添加玉米秸秆	360 d	全土	4.01	29.55	11.38	0.39
		＞2 mm	5.71	21.70	20.61	0.95
		0.25～2 mm	5.96	30.94	22.48	0.73
		0.053～0.25 mm	—	39.14	19.09	0.49
		＜0.053 mm	4.13	31.33	17.31	0.55

第六节　添加玉米秸秆对黑土及其团聚体腐殖物质红外光谱与元素组成的影响

通过红外光谱鉴别有机化合物的官能团的存在是一种极其有效的手段。通过分析判断土壤腐殖质红外谱图的以下几个重要的特征吸收频率，可以为我们提供腐殖物质的脂族性和芳香性的强弱等信息：3 400 cm^{-1}为羟基伸缩振动，2 920 cm^{-1}与2 850 cm^{-1}为不对称与对称脂族C—H伸缩振动，1 720 cm^{-1}为羧基的C═O伸缩振动，1 620 cm^{-1}为芳香C═C伸缩振动，1 400 cm^{-1}为脂族C—H变形振动，1 230 cm^{-1}为羧基中—OH的变形振动和C—O伸缩振动，1 034 cm^{-1}为多糖或类多糖物质的C—O伸缩与硅氧化合物的Si—O伸缩振动（窦森，2010）。由于红外光谱中某一吸收峰越强，其所对应的官能团含量也就越高，因此采用分析软件对各官能团的吸收峰进行了积分，用某一峰的面积占特征峰面积的百分比（相对强度）来相对地反映该峰所对应的官能团的比例，并用2 920/1 720［或（2 920＋2 850）/1 720］和2 920/1 620［或（2 920＋2 850）/1 620］比值来反映腐殖质分子的脂族碳/羧基碳和脂族碳/芳香碳的比值。

一、胡敏酸的红外光谱与元素组成分析

1. 胡敏酸的红外光谱分析。 对于未添加玉米秸秆的对照0 d处理而言，与其他粒级相比，＞2 mm粒级胡敏酸的红外谱图显示在2 920 cm^{-1}、2 850 cm^{-1}、1 620 cm^{-1}处吸收峰强度最大（图2－14A），但2 920/1 720比值较小，2 920/1 620比值最大，该粒级胡敏酸的脂族性高；＜0.053 mm粒级胡敏酸的2 920/1 720最低和2 920/1 620比值较低（表2－12），该粒级胡敏酸的芳香性较高。经过360 d培养后，全土胡敏酸的吸收峰在2 920 cm^{-1}和1 620 cm^{-1}处峰强增加（图2－14 B），且2 920/1 620比值减少（表2－12）。表明未添加玉米秸秆的黑土在经过360 d培养后，胡敏酸的芳香性增强，结构复杂化。

土壤添加玉米秸秆培养 360 d 后，与对照相比，全土胡敏酸红外光谱在 2 920 cm^{-1} 和 2 850 cm^{-1} 处吸收峰均较对照变宽，振动加强（图 2－14C），其峰强分别较对照增加了 1.12 倍和 1.45 倍（表 2－12）；全土胡敏酸在 1 720 cm^{-1} 和 1 034 cm^{-1} 处的吸收峰振动较对照减弱（图 2－14C），其峰强分别比对照减少了 24.43%和 10.71%（表 2－12）；在 1 620 cm^{-1} 处吸收峰振动较对照增强，其峰强比对照增加了 21.72%（表 2－12）；2 920/1 720 和 2 920/1 620 比值分别比对照增加了 178.57%和 69.57%。表明土壤添加玉米秸秆后，土壤胡敏酸的脂族碳和芳香碳含量增加，羧基碳含量减少，胡敏酸的脂族性提高。

土壤添加玉米秸秆培养 360 d 后，与对照相比，各级团聚体胡敏酸在 2 920 cm^{-1} 和 2 850 cm^{-1} 处吸收峰分别较对照变宽，振动加强（图 2－14C），吸收峰强分别为 5.24%～10.09%和 0.85%～1.69%，2 920 cm^{-1} 和 2 850 cm^{-1} 处脂族碳峰强分别较对照增加了 26.18%～146.70%和 15.00%～164.06%（表 2－12）；在 1 620 cm^{-1} 处，大团聚体（>2 mm 和 0.25～2 mm）芳香碳吸收峰振动较对照增强，峰形变钝且宽，峰强分别增加了 4.36%和

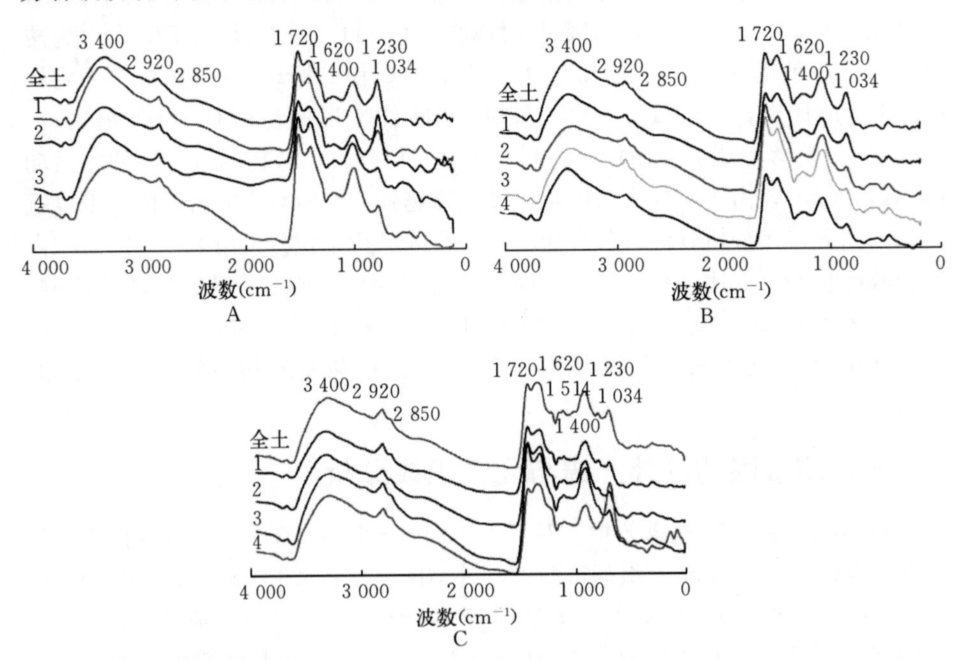

图 2－14　黑土各级团聚体胡敏酸的红外光谱

（关松 等，2017）

A. 0 d 对照处理　B. 360 d 对照处理　C. 360 d 添加玉米秸秆处理

1. >2 mm　2. 0.25～2 mm　3. 0.053～0.25 mm　4. <0.053 mm

56.37%，0.053～0.25 mm 微团聚体和<0.053 mm 粉/黏粒粒级胡敏酸的芳香碳峰强较对照分别减少了 15.26%和 21.62%（表 2-12）；各级团聚体胡敏酸在 1 720 cm^{-1}处峰强减少了 10.32%～54.79%（>2 mm 大团聚体除外）；各级团聚体胡敏酸的 2 920/1 720 与 2 920/1 620 特征比值均比对照提高，分别提高了 42.86%～185.71%和 11.76～141.67%（表 2-12），表明玉米秸秆的添加增加了各级团聚体胡敏酸的脂族性。

表 2-12　黑土各级团聚体胡敏酸的红外光谱主要吸收峰的相对强度（半定量）

处理	时间	粒级	相对强度（%）							比值	
			2 920 cm^{-1}	2 850 cm^{-1}	1 720 cm^{-1}	1 620 cm^{-1}	1 400 cm^{-1}	1 230 cm^{-1}	1 034 cm^{-1}	2 920/1 720	2 920/1 620
试前	0 d	全土	3.34	0.38	25.35	10.76	1.89	24.54	33.74	0.13	0.31
		>2 mm	6.06	1.01	27.19	15.91	1.94	33.63	14.27	0.22	0.38
		0.25～2 mm	7.15	1.43	11.22	24.66	1.62	15.99	37.93	0.64	0.29
		0.053～0.25 mm	5.65	1.01	22.21	25.36	1.85	34.13	9.77	0.25	0.22
		<0.053 mm	3.48	0.53	32.51	12.89	1.69	38.97	9.94	0.11	0.27
对照	360 d	全土	3.88	0.49	28.08	17.17	0.59	29.45	20.35	0.14	0.23
		>2 mm	4.09	0.64	26.52	16.73	3.62	31.24	17.16	0.15	0.24
		0.25～2 mm	3.92	0.56	36.90	11.62	1.64	39.41	5.96	0.11	0.34
		0.053～0.25 mm	4.89	0.80	35.09	18.81	2.35	40.38	4.06	0.14	0.26
		<0.053 mm	4.04	0.63	29.20	15.91	2.77	39.05	8.40	0.14	0.25
添加玉米秸秆	360 d	全土	8.23	1.20	21.22	20.90	1.18	29.10	18.17	0.39	0.39
		>2 mm	10.09	1.69	27.68	17.46	1.20	31.56	10.33	0.36	0.58
		0.25～2 mm	6.94	1.03	30.28	18.17	1.13	34.08	8.38	0.23	0.38
		0.053～0.25 mm	6.17	0.92	31.47	15.94	0.90	37.19	7.41	0.20	0.39
		<0.053 mm	5.24	0.85	13.20	12.47	0.58	20.65	47.00	0.40	0.42

不同粒级团聚体之间相比，土壤添加玉米秸秆培养 360 d 后，大团聚体（>2 mm 和 0.25～2 mm）胡敏酸在 2 920 cm^{-1}、1 620 cm^{-1}处的脂族碳和芳香碳峰强均高于微团聚体（0.053～0.25 mm 和<0.053 mm）（表 2-12）。>2 mm团聚体 2 920/1 620 特征比值最高，脂族性突出；0.25～2 mm 在 1 620 cm^{-1}处吸收峰强高于其他粒级，2 920/1 620 特征比值最低，脂族碳/芳香碳比值最低，芳香性较强；0.053～0.25 mm 微团聚体胡敏酸在 1 720 cm^{-1}处羧基碳峰强最高，2 920/1 720 特征比值最低，其羧基碳含量最高；<0.053 mm粉/黏粒团聚体胡敏酸在 2 920 cm^{-1}、2 850 cm^{-1}、1 720 cm^{-1}、1 620 cm^{-1}处峰强均最低，但在 1 034 cm^{-1}处峰强最高（表 2-12）。

2. 胡敏酸的元素组成分析。胡敏酸纯样品的元素组成主要由C、H、O、N组成，各处理胡敏酸的C含量范围为588.49～757.58 g/kg，O含量为119.00～324.95 g/kg，H含量为40.60～65.08 g/kg，N含量为38.43～58.33 g/kg（表2-13）。一般认为元素分析中H/C和O/C摩尔比值是表征腐殖物质缩合度和氧化程度的指标，H/C的摩尔比值与缩合度成反比，O/C摩尔比值与氧化度成正比（窦森，2010）。从元素摩尔比值来看，对照土壤C/N、H/C和O/C的摩尔比值分别为14.03～16.28、0.81～0.90和0.31～0.40，团聚体之间相比，大团聚体（>2 mm和0.25～2 mm）胡敏酸的H/C摩尔比值比0.053～0.25 mm微团聚体和<0.053 mm粉/黏粒高11.11%，O/C摩尔比值低于微团聚体和粉/黏粒2.78%～9.03%（表2-13），表明对照土壤微团聚体与粉/黏粒胡敏酸的缩合度和氧化度均高于大团聚体。

表2-13 黑土各级团聚体胡敏酸的元素组成

处理	团聚体	元素含量（g/kg）				摩尔比		
		C	H	N	O	C/N	H/C	O/C
对照	全土	606.33	43.26	44.04	306.36	16.06	0.86	0.38
	>2 mm	608.84	45.78	50.61	294.76	14.03	0.90	0.36
	0.25～2 mm	641.12	47.89	45.97	265.02	16.27	0.90	0.31
	0.053～0.25 mm	612.21	41.26	43.88	302.66	16.28	0.81	0.37
	<0.053 mm	597.85	40.60	44.12	317.43	15.81	0.81	0.40
添加玉米秸秆	全土	745.26	57.59	49.31	147.84	17.63	0.93	0.15
	>2 mm	605.47	48.68	42.09	303.76	16.78	0.96	0.38
	0.25～0.2 mm	588.49	48.13	38.43	324.95	17.87	0.98	0.41
	0.053～0.25 mm	757.58	65.08	58.33	119.00	15.14	1.03	0.12
	<0.053 mm	602.71	50.78	51.48	295.03	13.66	1.01	0.37

土壤添加玉米秸秆培养360 d后，全土胡敏酸的C/N和H/C摩尔比值分别比对照高9.78%和8.14%（表2-14），O/C摩尔比值低于对照60.53%，表明添加玉米秸秆降低了黑土胡敏酸的缩合度和氧化度。对于团聚体而言，各级团聚体胡敏酸的H/C摩尔比值分别高出对照6.67%～27.16%；>2 mm和0.25～2 mm大团聚体胡敏酸的C/N和O/C摩尔比值分别比对照高9.83%～19.60%与5.56%～32.26%，0.053～0.25 mm微团聚体与<0.053 mm粉/黏粒胡敏酸的C/N和O/C摩尔比值分别低于对照7.00%～13.60%与7.50%～67.57%。表明与对照相比，土壤中玉米秸秆的添加使各级团聚体胡敏酸的缩合度下降；>2 mm和0.25～2 mm大团聚体胡敏酸的氧化度有所增加，含氮基团减少；0.053～0.25 mm微团聚体与<0.053 mm粉/黏粒胡敏酸的氧化度

下降，含氮基团增加。添加玉米秸秆处理不同粒级团聚体相比，大团聚体（>2 mm和 0.25～2 mm）胡敏酸的缩合度、氧化度均高于 0.053～0.25 mm 微团聚体与<0.053 mm 粉/黏粒，含氮基团少于微团聚体与粉/黏粒。

土壤有机培肥后，测定腐殖物质的含量和化学结构性质常被认为是评价土壤有机质质量、熟化度和稳定性的良好指标（窦森，2010）。黑土添加玉米秸秆培养 360 d 后，土壤胡敏酸的缩合度和氧化度下降（表 2－12），与仇建飞等（仇建飞 等，2011；朱姝 等，2015）研究结果一致。胡敏酸红外光谱表明，添加玉米秸秆使土壤胡敏酸分子结构的羧基碳含量减少（表 2－13），脂族碳和芳香碳含量增加，脂族碳/羧基碳和脂族碳/芳香碳比值提高，添加玉米秸秆增强了土壤胡敏酸分子的脂族性。土壤胡敏酸分子脂族性的提高、缩合度和氧化度的下降都表明添加玉米秸秆使胡敏酸分子结构“年轻化”，活性增加。徐基胜等（2017）采用^{13}C 核磁共振（^{13}C－NMR）技术研究表明，长期稻草还田后，水稻土胡敏酸结构的烷基碳和芳香碳比例均增加，烷氧碳和羧基碳比例减少，与我们的研究结果相似。

总体上，添加玉米秸秆使黑土各级团聚体胡敏酸的脂族性增强，缩合度下降。不同粒级团聚体相比，对于大团聚体（>2 mm 和 0.25～2 mm）而言，添加玉米秸秆使其胡敏酸分子的缩合度、氧化度、脂族链碳和芳香碳含量均高于 0.053～0.25 mm 微团聚体和<0.053 mm 粉/黏粒，表明大团聚体胡敏酸的分子结构复杂于微团聚体和粉/黏粒。Lugato 等（2009）认为大粒级（0.25～2 mm）团聚体富集高分子质量的腐殖物质，可能归因于该粒级富集植物来源的 C。Yamashita 等通过 $\delta^{13}C$ 丰度研究结果表明在>0.25 mm 大团聚体中来源于植物的新 C 含量较高，证实了植物的新 C 含量在大团聚体中占着绝对优势（Yamashita et al.，2006；Verchot et al.，2011）。我们的研究也证实了大团聚体中土壤有机碳显著高于微团聚体和粉/黏粒，与微团聚体相比，大团聚体中的通气孔隙多于微团聚体，在好气条件下，大团聚体中植物残体中的木质素受真菌和放线菌的作用缓慢降解，增加的酚基参与到腐殖质的形成中（李志洪等，2008），有利于大团聚体中植物残体转化形成胡敏酸，是植物来源的胡敏酸。因此，与微团聚体相比，玉米秸秆的添加使大团聚体中胡敏酸的脂族碳与芳香碳含量同时提高，这样的结果并不矛盾，脂族链碳或许来源于植物残体中的脂质部分，而芳香碳或许由植物残体的木质素氧化而成（Wershaw et al.，1996）。

玉米秸秆的添加使<0.053 mm 粉/黏粒组分中胡敏酸拥有最高的 H/C 摩尔比值和最少的脂族碳、芳香碳、羧基碳，表明该粒级胡敏酸分子结构比大团聚体简单，且在 1 034 cm^{-1}处多聚糖碳峰强高出其他粒级团聚体 5～6 倍，表明在<0.053 mm 粉/黏粒组分胡敏酸形成过程中微生物起着决定性作用，是

微生物来源的胡敏酸。我们的研究与 Verchot 等（2011）的研究结果有相似之处，Majumder 等（2010a）研究发现在<0.25 mm 微团聚体中微生物量 ^{14}C 高于 0.25～2 mm 大团聚体，Verchot 等（2011）认为微团聚体（20～53 μm）有机质比其他团聚体（>212 μm 和 53～212 μm）倾向于有较低的羧基碳和芳香碳，且多聚糖碳提高，已糖/戊糖比值（微生物产物信号）高于其他粒级团聚体，已糖/戊糖比值一般随着粒级的减小而增强，粗粒中植物来源的有机质占优势，细粒中来自微生物代谢物的有机质占优势（窦森 等，2011）。

二、富里酸的红外光谱与元素组成分析

1. 富里酸的红外光谱分析。对照及添加玉米秸秆处理的全土与各级团聚体富里酸的红外吸收谱形相似（图 2-15），吸收峰在 3 400 cm^{-1}和 1 034 cm^{-1}处伸缩振动强烈，在 2 920 cm^{-1}、1 720 cm^{-1}、1 230 cm^{-1}处伸缩振动较强，在 1 620 cm^{-1}处伸缩振动弱，表明富里酸芳化度较低，与 TGA 分析一致，但含有大量的多糖、羧基。

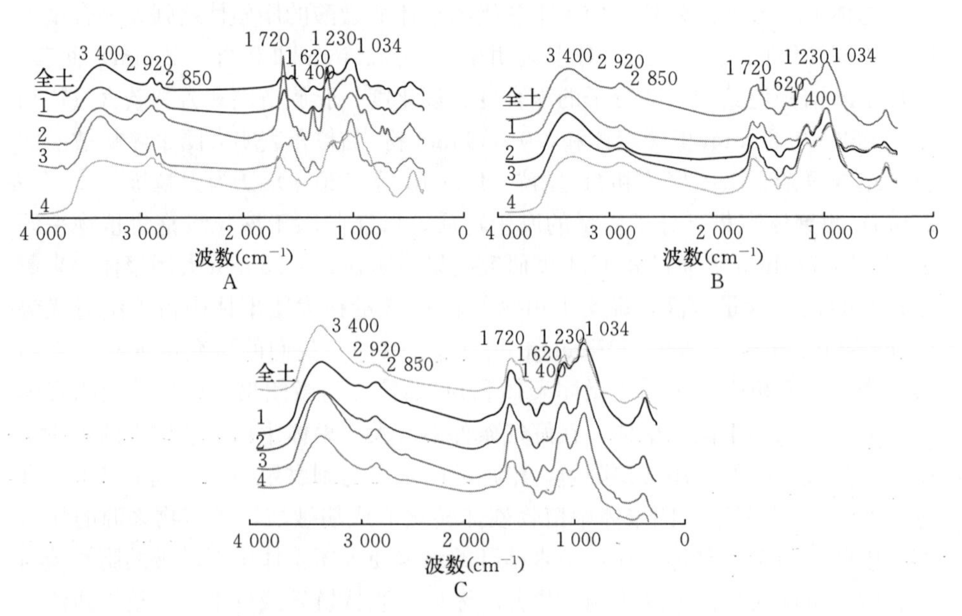

图 2-15 黑土各级团聚体富里酸的红外光谱

（关松 等，2015）

A. 0 d 对照处理 B. 360 d 对照处理 C. 360 d 添加玉米秸秆处理

1. >2 mm 2. 0.25～2 mm 3. 0.053～0.25 mm 4. <0.053 mm

对于未添加玉米秸秆的黑土 0 d 而言，>2 mm 粒级富里酸的红外吸收在 2 920 cm^{-1}、2 850 cm^{-1}、1 400 cm^{-1} 峰强最高（图 2-15 A 和表 2-14），

1 620 cm^{-1}处微弱，2 920/1 620 特征比值最高，脂族性最强；0.25～2 mm 粒级富里酸的 2 920/1 620 比值次之，0.053～0.25 mm 最低，芳香性最强。经过 360 d 培养后，＞2 mm 和 0.25～2 mm 粒级富里酸在 1 620 cm^{-1}处的红外吸收峰明显（图 2－15B），其峰强也都高于其他粒级（表 2－14），且其 2 920/1 620 特征比值比 0 d 减少，而 0.053～0.25 mm 和＜0.053 mm 粒级的 2 920/1 620 特征比值增加，表明随着培养时间的增加，＞0.25 mm 大团聚体富里酸的芳香性增加，0.053～0.25 mm 微团聚体和＜0.053 mm 粉/黏粒富里酸的脂族性增强。就 360 d 对照处理黑土不同粒级团聚体富里酸而言，大团聚体（＞2 mm 和 2～0.25 mm）1 720 cm^{-1}与 1 620 cm^{-1}伸缩振动强于微团聚体（0.053～0.25 mm）与粉/黏粒组分（＜0.053 mm），2 920 cm^{-1}与 1 034 cm^{-1}伸缩振动分别弱于微团聚体和粉/黏粒组分（图 2－15B）。同时，大团聚体中富里酸的 2 920/1 720 和 2 920/1 620 特征比值分别低于微团聚体和粉/黏粒组分（分别低 53.00%～75.94%和 70.91%～96.20%）(表 2－14)，表明大团聚体富里酸的脂族碳/羧基碳和脂族碳/芳香碳特征比值低于微团聚体和粉/黏粒组分，羧基碳和芳香碳含量高于微团聚体和粉/黏粒组分，脂族碳与多糖碳含量低于微团聚体和粉/黏粒组分。

与对照相比，黑土添加玉米秸秆培养 360 d 后，全土富里酸在 2 920 cm^{-1}处的吸收峰强较对照有所增加（11.49%），但在 1 620 cm^{-1}处吸收峰强比对照减少了 68.32%，其 2 920/1 620 特征比值比对照增加了 252.47%（表 2－14），表明玉米秸秆的施用能提高土壤富里酸的脂族性，但芳香性减弱，与 TGA 分析一致。吴景贵等（2006）研究也表明土壤施入玉米根系与玉米秸秆提高了富里酸的脂肪族特征。另外，全土富里酸在 1 720 cm^{-1}和 1 230 cm^{-1}处伸缩振动比对照增强，吸收峰强分别增加 93.90%和 34.24%（图 2－15C 和表 2－14），而 1 034 cm^{-1}处吸收峰强减少 18.69%，其 2 920/1 720 特征比值较对照减少 42.37%。这表明施用玉米秸秆使富里酸分子结构中羧基由羧酸盐形式向氢离子饱和的形式过渡，同时，游离羧基增加（吴景贵 等，2006）。

就添加玉米秸秆处理而言，各级团聚体中富里酸在 1 720 cm^{-1}处伸缩振动比对照增强（增幅达 69.25%～449.58%）（图 2－15C 和表 2－14），1 230 cm^{-1}处吸收峰强较对照有所加强（增幅达 2.61%～34.87%），而 1 034 cm^{-1}吸收峰强度比对照减少 16.58%～40.94%，2 920/1 720 特征比值较对照减少27.66%～86.10%（表 2－14）。这表明玉米秸秆的施用使富里酸的羧基由羧酸盐形式向氢离子饱和的形式过渡，同时，游离的羧基增加（吴景贵 等，2006）。除 0.053～0.25 mm 微团聚体外，其他粒级团聚体富里酸在 2 920 cm^{-1}处的吸收峰强均分别高于对照（为 21.02%～27.99%）；除＜0.053 mm 粉/黏粒组分外，其他三个粒级富里酸在 1 620 cm^{-1}处吸收峰强分别比对照减小 42.62%～81.78%，2 920/1 620特征比值分别比对照增加 34.86%～604.35%（表 2－14）。

表 2-14 黑土各级团聚体富里酸的红外光谱主要吸收峰的相对强度（半定量）

处理	时间	粒级	相对强度（%）							比值	
			2 920 cm^{-1}	2 850 cm^{-1}	1 720 cm^{-1}	1 620 cm^{-1}	1 400 cm^{-1}	1 230 cm^{-1}	1 034 cm^{-1}	2 920/1 720	2 920/1 620
试前	0 d	全土	8.45	1.34	7.71	8.22	6.20	13.84	54.25	1.10	1.03
		＞2 mm	15.71	2.69	22.89	0.10	10.07	8.59	39.95	0.69	150.23
		0.25～2 mm	4.34	0.43	40.18	0.80	9.12	29.87	15.25	0.11	5.39
		0.053～0.25 mm	9.00	1.53	3.79	8.33	6.92	15.79	54.65	2.37	1.08
		＜0.053 mm	13.11	1.37	39.44	2.46	3.19	34.53	5.91	0.33	5.32
对照	360 d	全土	5.22	0.31	8.85	3.22	3.43	19.77	52.39	0.59	1.62
		＞2 mm	5.02	0.17	11.05	10.87	4.50	18.70	49.69	0.45	0.46
		0.25～2 mm	5.90	0.19	12.52	4.86	2.00	24.06	50.48	0.47	1.21
		0.053～0.25 mm	7.60	0.00	4.05	1.83	3.84	25.65	57.03	1.87	4.16
		＜0.053 mm	6.18	0.00	6.17	0.51	2.94	18.44	65.76	1.00	12.11
添加玉米秸秆	360 d	全土	5.82	0.21	17.16	1.02	4.45	26.54	42.60	0.34	5.71
		＞2 mm	6.42	0.24	25.63	1.98	3.16	23.95	38.60	0.25	3.24
		0.25～2 mm	7.14	0.00	21.19	1.73	1.94	25.89	42.11	0.34	4.12
		0.053～0.25 mm	5.87	0.25	22.27	1.05	6.77	26.32	37.47	0.26	5.61
		＜0.053 mm	7.91	0.71	21.74	1.27	4.68	24.87	38.84	0.36	6.23

在添加玉米秸秆处理中，不同粒级团聚体富里酸的红外光谱相比，大团聚体（＞2 mm 和 0.25～2 mm）中富里酸在 1 620 cm^{-1} 处吸收峰强高于微团聚体（0.053～0.25 mm）与粉/黏粒组分（＜0.053 mm）（为 26.59%～46.97%）（图 2-15 C 和表 2-14），微团聚体与粉/黏粒组分中富里酸的 2 920/1 620 特征比值比大团聚体高 36.17%～92.28%（表 2-14）。这表明大团聚体富里酸的芳香性高于微团聚体与粉/黏粒组分，脂族性低于微团聚体与粉/黏粒组分，与 TGA 分析结果一致。这种结果或许与不同粒径团聚体对有机质的物理、化学保护机制有关，对于大团聚体而言，Gryze 等（2005）研究表明土壤中的新鲜有机物能频繁地参与到大团聚体形成过程中。Yamashita 等（2006）通过玉米同位素标记手段证实了＞0.25 mm 大团聚体中含有来源于标记玉米植株的新碳含量较高。由于大团聚体包含了微团聚体和大团聚体内的胶结物质——粗有机质，因此，通常大团聚体比微团聚体包含较高的土壤有机碳含量，主要是由木质素衍生物和其他的大分子像脂类、壳多糖、软木脂、微生物多糖及长链直的碳氢化合物组成的，这些进入大团聚体中的粗有机质大部分被微生物分解，部分未被彻底分解成 CO_2 的有机碳如木质素等可能通过腐殖化过程被转

化成芳香碳含量较高的腐殖物质（Simonetti et al.，2012）。

2. 富里酸的元素组成分析。富里酸的元素组成主要由C、H、O、N组成，全土及各粒级团聚体内富里酸分子含C 355.23～461.13 g/kg，含O 443.9～597.20 g/kg，C含量低于O含量（表2-15）。就对照处理而言，各级团聚体中富里酸的C、H、N含量随着团聚体粒径的减小呈增加趋势，O含量表现为递减，构成富里酸元素组成的C/H、O/C和C/N摩尔比值表现为随着团聚体粒径的减小而呈递减趋势。其中，就富里酸的C/H摩尔比值而言，>2 mm和0.25～2 mm大团聚体分别比0.053～0.25 mm微团聚体高17.27%和10.87%，比<0.053 mm粉/黏粒组分高27.27%和21.57%，表明未添加玉米秸秆土壤中，大团聚体（>2 mm和0.25～2 mm）富里酸分子的缩合程度高于0.25～0.053 mm微团聚体和<0.053 mm粉/黏粒组分。

表2-15　黑土团聚体中富里酸的元素组成（不含水分与灰分）

处理	团聚体	元素含量（g/kg）				摩尔比		
		C	H	N	O	C/N	C/H	O/C
对照	全土	389.16	36.83	26.46	547.55	17.16	0.88	1.06
	>2 mm	355.23	26.79	20.78	597.20	19.94	1.10	1.26
	0.25～2 mm	386.81	31.58	23.47	558.14	19.23	1.02	1.08
	0.053～0.25 mm	424.38	38.93	28.45	508.24	17.40	0.91	0.90
	<0.053 mm	446.88	46.74	32.52	473.86	16.03	0.80	0.80
添加玉米秸秆	全土	424.33	49.21	35.69	490.77	13.87	0.72	0.87
	>2 mm	367.32	34.28	24.44	573.96	17.53	0.89	1.17
	0.25～2 mm	432.17	43.44	31.58	557.66	15.97	0.83	0.97
	0.053～0.25 mm	428.25	41.56	29.65	500.54	16.85	0.86	0.88
	<0.053 mm	461.13	56.83	38.14	443.90	14.11	0.68	0.72

与对照相比，黑土施入玉米秸秆360 d后，全土富里酸中C、H、N含量较对照分别增加了9.04%、33.61%和34.88%，O含量减少了10.37%；其C/H、O/C和C/N摩尔比值比对照分别减少了18.18%、17.92%和19.17%（表2-15），表明黑土中玉米秸秆的施用使富里酸的含氮基团有所增加，但缩合程度与氧化程度有所下降，富里酸的分子结构趋于简单化。Jindaluang等（2013）研究表明C/N比值减小的有机质更易分解。玉米秸秆的添加对不同粒径团聚体中富里酸的元素组成也产生了影响，各级团聚体中富里酸的C、H、N含量较对照相比分别呈现增加的趋势，O含量与C/H、O/C、C/N摩尔比值分别呈下降趋势。特别是>2 mm和0.25～2 mm大团聚体富里酸的H、N含量较对照相比提高幅度较大（H含量分别提高27.96%和37.56%；N含量分别提高17.61%和34.55%），C含量提高幅度较小（分别提高3.40%和

11.73%）（表 2-15）。添加玉米秸秆处理中，对于<0.053 mm 粉/黏粒组分而言，其富里酸的 C/H、C/N 和 O/C 摩尔比值分别低于其他团聚体（分别低 18.07%～23.60%、11.65%～19.51%和 18.18%～38.46%），表明该粒级富里酸的缩合程度和氧化程度低于其他团聚体，但含氮基团高于其他团聚体。Galantini 等（2004）对南美草原土壤通过荧光光谱分析也证实了粉/黏粒中的富里酸是以低缩合度与弱腐殖化程度为特征的，而且粉/黏粒中 N 含量占土壤中全 N 含量的 65%～90%（Jindaluang et al.，2013）。

在对照和添加玉米秸秆两种处理中，就富里酸元素组成的 O/C 摩尔比值而言，>2 mm 和 0.25～2 mm 大团聚体分别比 0.053～0.25 mm 微团聚体高 10.22%～40.00%，分别比<0.053 mm 粉/黏粒组分高 34.72%～62.50%（表 2-15），表明在一定程度上，>2 mm 和 0.25～2 mm 大团聚体富里酸的氧化度高于 0.053～0.25 mm 微团聚体和<0.053 mm 粉/黏粒组分。

根据以上研究，未添加玉米秸秆的黑土，以 0.053～0.25 mm 微团聚体为优势粒级，0.25～2 mm 大团聚体 和 0.053～0.25 mm 微团聚体中土壤有机碳、氮储量最高。黑土添加玉米秸秆，提高了土壤及各级团聚体有机碳含量，促进了土壤的团聚作用，>2 mm 大团聚体成为优势粒级，各级团聚体有机碳、氮储量及其对全土碳、氮的贡献率和净积累的碳、氮分配率均随着团聚体粒径的增大而增加。

添加玉米秸秆增加了黑土及各级团聚体中胡敏酸含量，且 0.25～2 mm 大团聚体中胡敏酸含量高于其他粒级。添加玉米秸秆提高了大团聚体（>2 mm 和 0.25～2 mm）中胡敏酸的芳香碳和氧化度，降低了 0.053～0.25 mm 微团聚体和<0.053 mm 粉/黏粒粒级胡敏酸的芳香碳和氧化度，各级团聚体胡敏酸分子脂族碳均增加，脂族性提高，缩合度下降。黑土添加玉米秸秆培养 360 d后，不同粒径团聚体间相比，大团聚体（>2 mm 和 0.25～2 mm）中胡敏酸分子结构是以最高的缩合度、氧化度、脂族碳与芳香碳含量为特征；<0.053 mm粉/黏粒中胡敏酸分子结构是以最低的脂族碳、芳香碳、羧基碳和最高的多聚糖碳为特征。而添加玉米秸秆黑土大团聚体（>2 mm 和 0.25～2 mm）富里酸分子的结构是以高的氧化度和芳香性为特征。

综上，黑土添加玉米秸秆促进了土壤大团聚体的形成，增加了黑土有机碳和腐殖物质胡敏酸的含量，提高了黑土对土壤有机质的物理和生化保护机制，对于农田实施秸秆还田实现固碳、减少温室气体排放等环境效应具有重要意义。黑土添加玉米秸秆降低了胡敏酸和富里酸分子结构的缩合度和氧化度，且脂族性得到发展，土壤腐殖物质的分子结构“年轻化”，活性增加，腐殖物质品质得到改善与更新，对于提升土壤质量、发挥土壤肥力以实现秸秆还田的农学效应具有重要意义。

第三章　^{14}C 标记小麦秸秆在黑土中固定与转化及其与土壤团聚的动力学

土壤有机质的含量和化学成分受到农业管理措施的影响（Medina et al.，2015）。一般而言，采用传统的集约式耕作会导致土壤中的有机质矿化和损耗，而保护性措施（如减少耕作、有机施肥和残体还田）会增加土壤有机质含量并改变土壤质量（Simonetti et al.，2012）。在许多土壤中，土壤结构发育的动力学与土壤有机质循环密切相关。众所周知，有机质与团聚体形成和稳定具有很密切的关系（Six J，Conant R T，et al.，2002）。颗粒和腐殖化有机材料、植物源多糖、真菌菌丝、根、微生物和微生物分泌物对土壤团聚体形成的影响已被广泛报道（Lee et al.，2009；Sodhi et al.，2009；Bravo - Garza et al.，2010；Lugato et al.，2010；Majumder et al.，2010b）。有机输入物对大团聚体形成的影响大于微团聚体。大团聚体比例随着有机肥料的增加而增加（Gryze et al.，2005；Yang et al.，2007；Lee et al.，2009；Sodhi et al.，2009；Lugato et al.，2010；Lucas et al.，2014）。根据等级理论（Tisdall et al.，1982；Oades et al.，1991），水稳定性微团聚体（0.053～0.25 mm）和粉/黏粒（＜0.053 mm）在不同来源和稳定性的有机化合物作用下相互胶结在一起形成大团聚体（＞0.25 mm）。微团聚体通常是由于持久性的胶结物质（如腐殖质和有机矿物复合物）而稳定，而大团聚体的稳定性受瞬态、新鲜的有机物质（如微生物和植物衍生多糖）或临时胶结物质（如真菌菌丝和根）（Lugato et al.，2010）的影响。因此，较大的团聚体在免耕和作物残体施用下含有更多的土壤有机碳（Choudhury et al.，2014；Liu M Y et al.，2014）。

土壤团聚体是土壤的结构单元，控制着有机质周转和养分循环（Six et al.，2004）。由团聚体结构和矿物表面提供的物理和化学保护机制对于建立和维护土壤有机碳和氮储量至关重要（O'Brien et al.，2013）。另外，有机质的稳定性机制，是多数学者支持的经典腐殖化理论（Piccolo et al.，2016；Hayes et al.，2017；Cao et al.，2018；Olaetxea et al.，2018；Tikhova et al.，2018；Ikeya et al.，2019），植物残体在农业土壤中的降解主要是由微生物介导的，未完全分解为 CO_2 的部分有机残体通过腐殖化过程产生难降解的、大分子的腐殖物质（Stevenson，1994），其超结构组织和疏水性程度控制着生物的可接近性和吸附过程（Song et al.，2013；Piccolo et al.，2001，2016；Paul et al.，2016；Song et al.，2017），因此，有机培肥土壤中有机物料的腐殖化过程被认为是稳定有机质的一种生物化学保护机制（Sarkhot et al.，2007；Simonetti et al.，2012）。但因腐殖物质为碱提取产物，易改变其天然结构而受到质疑（Kelleher et al.，2006；Lehmann et al.，2015），然而，因经典腐殖化理论对有机质化学和基本科学原理的贡献，以及腐殖物质在农学和环境功能上的重要意义（Cui Y F et al.，2017；Guo et al.，2019），这些争议和困惑并未削弱土壤腐殖物质作为有机质替代物的研究（Schnitzer et al.，2011；Nebbioso et al.，2014；Hua et al.，2015；Nebbioso et al.，2015；Di-Donato et al.，2016；Sun et al.，2017；Cao et al.，2018；Drosos et al.，2018；Olaetxea et al.，2018；Xu et al.，2018；Zhao S X et al.，2018；Chi et al.，2019；Guo et al.，2019；Ikeya et al.，2019；Orlova et al.，2019；Wu et al.，2019）。特别是 Cao 等（2018）对来自国际腐殖质协会（IHSS）的标准腐殖物质结构以及 Kelleher 等（2006）提及并研究的佛罗里达泥炭胡敏酸，采用固体 ^{13}C - NMR 定量方法进行了全面研究，通过比较胡敏酸和常见的植物生物聚合物的光谱，在腐殖物质胡敏酸光谱中发现了大量的非质子化芳香碳和氧键碳，而在普通生物分子中不与氢或氧结合的芳香碳很少见（≤10%），从而使腐殖物质有别于植物生物聚合物，这是在以前的质子核磁共振（^{1}H - NMR）为基础的研究（Kelleher et al.，2006）中没有被明显检测到，使所提取的腐殖物质没有与可识别的生物分子区分开。腐殖物质和植物生物聚合物之间的这些独特的结构差异挑战了最近关于腐殖物质是降解生物分子连续体中的普通中间体的说法（Lehmann et al.，2015）。

土壤有机培肥是黑土肥力保育的重要手段，有机物料在土壤中的分解是形成新腐殖物质的前提。鉴于腐殖物质在为作物提供养分、为生物提供能量、保水保肥、促进作物生长和土壤团聚体形成、抑制土传病害等农艺功能，以及减少土壤中化学制品（农药、重金属等）的毒性（Guo et al.，2019）和固碳等环境功能（Cui T T et al.，2017）等方面的重要性，评估新形成的腐殖物质是黑土肥力保育机制研究的重要指标。^{14}C 和 ^{13}C 同位素示踪技术的应用可明确区分原有土壤有机质与植物残体源分解转化形成的新腐殖物质，本研究通过放射性同位素示踪技术将 ^{14}C 标记的小麦秸秆施入黑土培养 360 d，研究外源 ^{14}C 在土壤中的动力学周转，以明确 ^{14}C 植物残体源的腐殖物质的形成与转化。

土壤团聚体是保持有机质及有机质腐殖化的“场所”，鉴于团聚体结构与有机碳转化之间的紧密联系，利用^{14}C同位素示踪技术研究大团聚体的周转动力学是如何决定外源^{14}C在微团聚体中的转移与固定。本研究中，我们假设外源有机碳和团聚体之间的相互作用涉及双向选择作用。一方面，输入土壤中的有机碳的保护随土壤原有和重新构建的团聚体粒径而变化，从而改变外源有机残体的降解以及不同粒径团聚体中腐殖物质的形成。另一方面，有机质组分的差异决定了不同粒径团聚体的稳定性以及被团聚体物理保护的有机质对微生物降解的抗性。这种双向选择过程（或反馈效应）经过一定时间的施肥、灌溉、耕作等农业管理后，最终会达到平衡状态。本研究旨在通过水稳性团聚体中^{14}C标记的小麦秸秆形成腐殖物质胡敏酸和富里酸的同位素分析来阐明这种选择机制，为通过有机培肥等农业管理措施进行黑土肥力保育以及实现碳封存提供理论依据。

第一节　研究方法

采用室内模拟试验方法。黑土同第二章第一节。供试^{14}C标记小麦秸秆由瑞典农业科学大学提供。小麦秸秆的^{14}C放射性活度为3.70×10^{3} kBq/g（以C计），有机碳 470.32 g/kg，全氮 6.40 g/kg，类胡敏酸 25.42 g/kg，类富里酸 34.27 g/kg。培养试验开始前对黑土进行预培养以激发微生物活性，调节土壤含水量至田间持水量的 70%，预培养 7 d后，称取新鲜土壤（相当于 200 g 干土）与过 0.25 mm 筛的^{14}C麦秸 1.00 g 混匀装入 250 mL 烧杯中（每 100 g 土 870.06 kBq），同时为保持微生物的活性，加入^{12}C麦秸 8.00 g，并加入硫酸铵（调 C/N＝25），充分混匀，加蒸馏水至田间持水量的 70%（质量含水量 25.67%），称重后立即置于 2 L 玻璃广口瓶中，密封避光。广口瓶底部加入少量水以保持湿度，并放入装有 10 mL 1 mol/L NaOH 溶液的吸收瓶来捕集$^{14}CO_2$。所有土样在 25 ℃的恒温室中恒湿培养，在培养第一周每天更换吸收瓶，第二周每 2 d 更换一次，第三周每 3 d 更换一次，以后每周更换吸收瓶（Majumder et al.，2010b）。取样时间：分别在 60 d、180 d、360 d 取样分析。团聚体分级与腐殖物质分组同第二章第一节的一和二。样品^{14}C的放射性的测定：2.5 mL 闪烁液加入 0.5 mL 的 NaOH 吸收液中。避光 24 h 后，通过液体闪烁计数仪（Tricarb2 800）测定^{14}C放射性活度（DPM）（包括收集在 NaOH 中的$^{14}CO_2$，胡敏酸的^{14}C，富里酸的^{14}C），差减法获得土壤中残留^{14}C的放射性活度。植物样品^{14}C放射性活度测定是通过在过量的氧气条件下于氧化仪（Packard Model 507）燃烧，$^{14}C-CO_2$用 15 mL NaOH 捕获，然后通过液体闪烁计数仪测定植物样品^{14}C放射性活度。

第二节　添加小麦秸秆对黑土团聚体形成及其有机碳含量的影响

一、土壤水稳性团聚体组成

施用作物残体改变了土壤团聚体的形成和大小的分布。图 3-1 表明，在未添加小麦秸秆的土壤团聚体组成中，0.053～0.25 mm 微团聚体为优势粒级，达到 38.66%，>2 mm 大团聚体最少。土壤添加小麦秸秆培养 360 d 后，与全土相比，>2 mm和 0.25～2 mm 大团聚体比例分别增加了 298.34%和 76.28%，而 0.053～0.25 和<0.053 mm 团聚体分别减少了 29.49%和 77.77%，0.25～2 mm 大团聚体成为优势粒级，这表明小麦秸秆作为有机胶结物质在其转化过程中，微团聚体被团聚进入了大团聚体。这一结果与以往研究一致（Gryze et al.，2005；Alagoz et al.，2009；Sodhi et al.，2009；Bravo-garza et al.，2010；Lugato et al.，2010；O' Brien et al.，2013）。

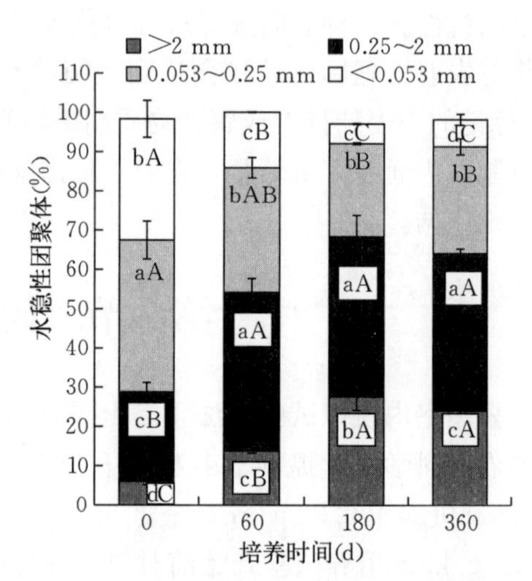

图 3-1　土壤添加小麦残体培养期间各级团聚体比例随时间的变化

注：不同小写字母表示在相同培养时间内不同粒级团聚体比例之间差异显著（$P<0.05$）；大写字母表示相同粒级团聚体比例在不同培养时间之间差异显著（$P<0.05$），下同。

二、土壤水稳性团聚体有机碳含量

如图 3-2 所示，未添加与添加小麦秸秆处理有机碳均主要分布在>2 mm 团聚体中，0.053～0.25 mm 和<0.053 mm 团聚体中有机碳量最低，二者间差异不显著。土壤添加小麦秸秆培养 60 d 时，全土及各级团聚体中有机碳显著增加（0.053～0.25 mm 微团聚体除外）；培养 60～360 d 期间，>2 mm 大团聚体有机碳显著减少，其他粒级团聚体中有机碳变化不显著。

大团聚体（>2 mm 和 0.25～2 mm）表现出最高的固碳能力，表明大团聚体比微团聚体含有更多的有机碳（Cambardella et al.，1993；Puget et al.，1995；Ashagrie et al.，2007；Choudhury et al.，2014；Smith et al.，2015）。田间使用^{13}C 自然丰度的研究表明大团聚体是在新鲜有机残体作用下形成的

(Puget et al., 1995; Angers et al., 1996; Six et al., 1998; Yamashita et al., 2006)，微团聚体和粉/黏粒可由不同来源的有机化合物（包括源于有机残体的粗颗粒有机质）胶结进一步形成大团聚体（Tisdall et al., 1982; Simonetti et al., 2012）。因此，大团聚体包含较高含量的有机碳。然而，这部分有机碳在大团聚体是不稳定的，其分解速率大于微团聚体（Elliott, 1986; Cambardella et al., 1993; Puget et al., 1995），可能归因于有机质的化学性质和较大的孔隙孔径以及在原有或新形成的大团聚体中微生物的可及性（Tan et al., 2014; Vogel et al., 2015）。但是，即使在大团聚体中粗颗粒有机质（POM）部分分解，大团聚体仍然包含较高含量有机碳。在0.053～0.25 mm微团聚体中，有机碳更稳定，这归因于微团聚体具有较多孔径小于0.2 μm的孔隙，从而限制了微生物的可及性（Simonetti et al., 2012）。至于＜0.053 mm粉/黏粒粒级中稳定的有机碳，主要归因于有机质与矿物表面的相互作用，如嵌入膨胀性层状硅酸盐晶层空间（如伊利石和蒙脱石），并通过各种有机-无机矿物缔合作用进行吸附（Simonetti et al., 2012）。但是，与大团聚体相比，粉/黏粒粒级有机碳较少，这种差异主要是由于有机-无机复合体碳的饱和或粉/黏粒矿物对有机分子的化学吸附能力的限制（Feng et al., 2014）。

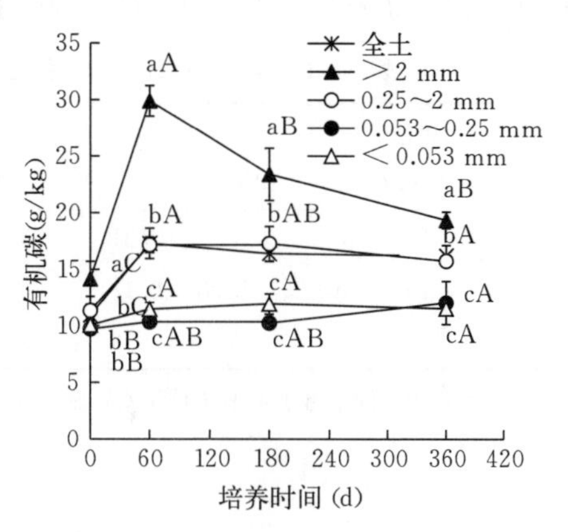

图3-2　土壤添加小麦残体培养期间团聚体有机碳的动态变化

第三节　添加^{14}C小麦秸秆对黑土残留^{14}C及其团聚体中胡敏酸^{14}C和富里酸^{14}C形成的影响

一、土壤残留^{14}C、胡敏酸^{14}C和富里酸^{14}C

小麦秸秆^{14}C分解过程中产生的被捕获在NaOH中的$^{14}CO_2$的放射性活度被动态测定。结合图3-3和表3-1，培养7 d和28 d时，施用的有小麦秸秆^{14}C的矿化率分别为35%和47%，然后分解速率显著放缓；培养360 d后，有56%的植物残体^{14}C分解，3.2%和6.2%的小麦秸秆^{14}C分别转化为土壤胡敏酸^{14}C和富里酸^{14}C，在土壤残留^{14}C中，胡敏酸^{14}C和富里酸^{14}C分别占7.11%和13.77%，表明小麦秸秆分解期间新形成的富里酸多于胡敏酸，而其余 80%以有机残体分解的中间物质和胡敏素的形式存在。

表 3-1　黑土中来源于小麦秸秆^{14}C的胡敏酸^{14}C和富里酸^{14}C

时间 (d)	残留^{14}C 占^{14}C输入（%）	胡敏酸^{14}C 占^{14}C输入（%）	富里酸^{14}C 占^{14}C输入（%）	胡敏酸^{14}C 占^{14}C残留（%）	富里酸^{14}C 占^{14}C残留（%）
60	49.28a (1.92)	2.22c (0.04)	3.26b (0.08)	4.51b (0.24)	6.62b (0.41)
180	46.33a (2.10)	2.69b (0.12)	3.35b (0.25)	5.79ab (0.51)	7.26 (0.87)
360	45.19a (2.15)	3.20a (0.33)	6.20a (0.69)	7.11a (1.06)	13.77a (2.16)

注：每列中不同字母表示不同时间差异显著（$P<0.05$）。括号中数值为平均值的标准偏差。

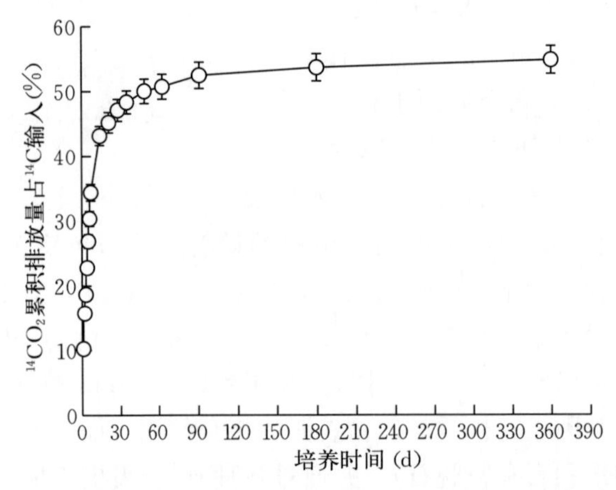

图 3-3　添加^{14}C标记小麦秸秆的土壤的$^{14}CO_2$累积排放量

二、团聚体中胡敏酸^{14}C和富里酸^{14}C的分布

就放射性活度而言，黑土添加^{14}C小麦秸秆培养期间团聚体中胡敏酸^{14}C和富里酸^{14}C随着团聚体粒径的增大而增加（图 3-4）。>2 mm 大团聚体胡敏酸^{14}C（每 100 g 团聚体 43～65 kBq）和富里酸^{14}C（每 100 g 团聚体 56～74 kBq）的放射性活度最高，而微团聚体（0.053～0.25 mm）和粉/黏粒粒级（<0.053 mm）胡敏酸^{14}C（每 100 g 团聚体 4～7 kBq）和富里酸^{14}C（每100 g 团聚体 9～12 kBq）的放射性活度最低。<0.25 mm 团聚体组分中的胡敏酸^{14}C和富里酸^{14}C的放射性活度仅分别为>2 mm 大团聚体的 8%～16%和 14%～20%，这是因为新形成的腐殖物质大部分被保存在主要由微团聚体组成的大团聚体中，归因于土壤结构的重建和微生物激发效应（Bongiovanni et al.，2006；Zeki et al.，2009；Bravo-Garza et al.，2010；Simonetti et al.，2012）。

随着培养时间的延长，对于胡敏酸^{14}C的放射性活度而言，大团聚体（>2 mm

和 0.25～2 mm）中胡敏酸^{14}C下降，＜0.053 mm 粉/黏粒粒级小幅增加，而 0.053～0.25 mm 微团聚体保持稳定。相反，在培养期间，＞0.053 mm 的所有团聚体粒级的富里酸 ^{14}C 的放射性活度均增加，＜ 0.053 mm 粉/黏粒粒级富里酸^{14}C 放射性活度没有显著变化。

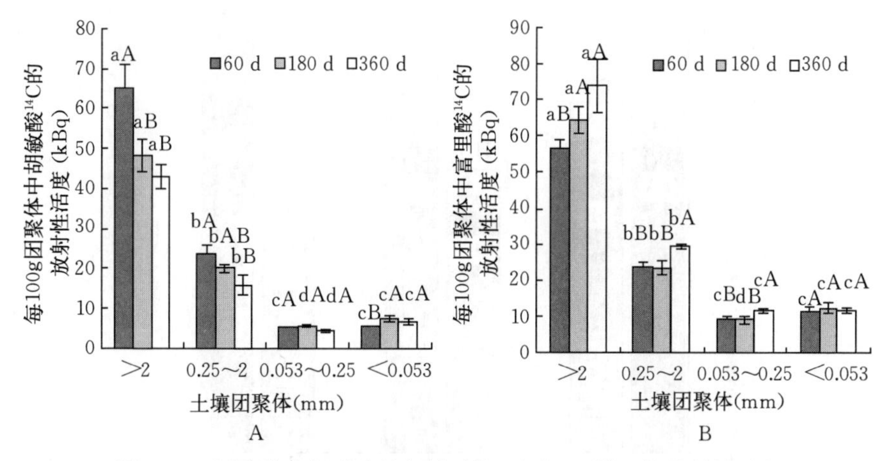

图 3－4　团聚体中新形成的胡敏酸^{14}C和富里酸^{14}C的放射性活度

三、团聚体中胡敏酸^{14}C和富里酸^{14}C占总^{14}C输入的比例

根据图 3－5，在土壤中培养 60 d，在＞2 mm 粒级中，7％和 6％的小麦秸秆^{14}C分别转化形成胡敏酸 ^{14}C 和富里酸 ^{14}C，而在 0.25～2 mm 粒级中形成较少（3％）。在＜0.25 mm 粒级中，只有^{14}C 输入的 0.6％和 1.1％～1.3％被分别转化形成胡敏酸 ^{14}C 和富里酸 ^{14}C。60 d ～360 d，＞2 mm 和 0.25～2 mm 大团聚体中胡敏酸^{14}C减少，富里酸^{14}C增加。360 d，＞2 mm 和 0.25～2 mm 大团聚体中胡敏酸^{14}C 分别占总^{14}C 输入量的 5％和 2％，富里酸^{14}C 分别占总输入量的 9％和 3％。

从整体上看，在不同粒级团聚体中，胡敏酸^{14}C 和富里酸 ^{14}C 分别占^{14}C 输入的 0.5％～4.9％和 1.3％～8.5％。在培养 180 d 后，富里酸 ^{14}C 比例多于胡敏酸 ^{14}C，应归因于恒定的 25 ℃和 70％的田间持水量条件下的好氧降解。Banerjee 等（1977）提出具有高含水量但非饱和土壤对富里酸的形成有利，而淹水土壤（即厌氧条件）对胡敏酸的形成有利。生物量的转化也受到土壤矿物的影响，D'Acqui 等（1998）报道了在蒙脱土矿物中 25 ℃培养 30 d，有机物料的分解较快，产生的腐殖化材料主要是低分子质量的富里酸。相比之下，在高岭石材料中转化较慢，留下了大量的有机残体碳和大分子的胡敏酸等物质。伊利石和蒙脱石是本试验土壤中两种主要的次生黏土矿物。因此，次生矿物类型和培养条件（较高的温度和较高的含水量）可能是微生物活动培养过程中促进富里酸多于胡敏酸形成的主要因素。

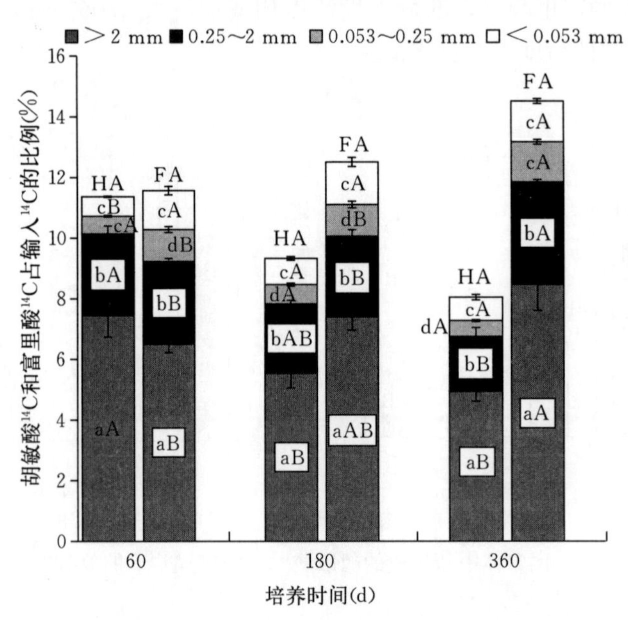

图 3-5　团聚体中胡敏酸^{14}C 和富里酸^{14}C 占输入^{14}C 的比例

（Guan et al.，2015）

注：HA 为胡敏酸；FA 为富里酸。

四、团聚体中胡敏酸^{14}C 和富里酸^{14}C 的比值

如图 3-6 所示，全土中胡敏酸^{14}C/富里酸^{14}C 比值在 60～180 d 呈上升趋势，然后下降。这个结果表明胡敏酸^{14}C 最初的形成速度高于富里酸^{14}C，但随后胡敏酸^{14}C 随着培养时间延长而分解。在 1 年的培养期间内，>0.25 mm 粒级胡敏酸^{14}C/富里酸^{14}C 比值高于<0.25 mm 粒级，大团聚体（>2 mm 和 0.25～2 mm）中该比值不断减少，而微团聚体（0.053～0.25 mm）和< 0.053 mm 粉/黏粒粒级是波动的。在 60～180 d，微团聚

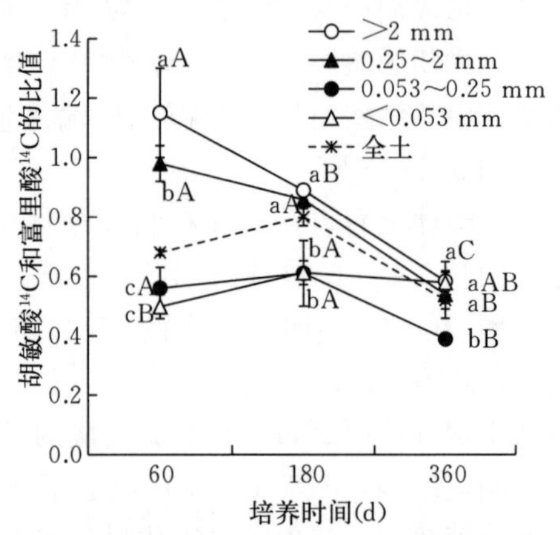

图 3-6　不同团聚体粒级中胡敏酸^{14}C 和富里酸^{14}C 的比值

（Dou et al.，2020）

体的胡敏酸^{14}C/富里酸^{14}C比值稳定，在180～360 d内，胡敏酸^{14}C/富里酸^{14}C比值有所下降，归因于富里酸^{14}C数量的增加而胡敏酸^{14}C是稳定的。结果表明，在微团聚体中，胡敏酸相对不易分解而微团聚体之间的有机物质形成的富里酸被分配或吸附进入微团聚体中。胡敏酸在微团聚体中的稳定性可能是由于其抗性（Simonetti et al.，2012）以及微团聚体的微米和纳米尺度的孔隙，限制了微生物的可接近性，从而物理保护作腐殖物质（McCarthy et al.，2008；Zhuang et al.，2008）。在180～360 d，＜0.053 mm粒级无变化而0.053～0.25 mm粒级显著降低。

第四节　添加^{14}C小麦秸秆对黑土团聚体中有机质转化的动态影响

不同粒级团聚体中均检测到新形成的胡敏酸和富里酸。在培养第60 d，在＞0.25 mm团聚体中胡敏酸^{14}C放射性活度最高（图3-4），在培养60～360 d，胡敏酸^{14}C放射性活度减弱而富里酸^{14}C放射性活度增强（$P<0.05$）。这一趋势表明，在大团聚体中，随着培养时间增加，新形成的胡敏酸^{14}C降解，形成更多的富里酸^{14}C。在Filip和Tesařova（2004）的研究中，从草甸土壤和森林土壤中提取的胡敏酸作为养分的补充来源或作为碳/氮唯一的来源被添加进入同一土壤中，用于培育土著微生物群落。他们发现，在半有氧条件下长达一年的培养，添加的胡敏酸以9%～63%的速率降解（包括微生物利用），这取决于个体培养物的营养条件和胡敏酸的来源，土壤残留胡敏酸的元素组成和结构发生改变，如碳含量、C/N比例和芳香结构的增加。Brunetti等（2007）报道了脂肪族和多糖结构及有机输入物中含硫和氮官能团的类胡敏酸组分可被部分纳入土壤原生胡敏酸中。先前的研究和本研究表明，残留胡敏酸的组成、结构及其性质发生改变，例如，抗微生物分解能力更强。与微团聚体相比，大团聚体对胡敏酸免于降解的保护作用较弱，可能是由于大团聚体内部的较大孔隙以及微生物进入大团聚体的可及性（Tan et al.，2014；Vogel et al.，2015）。Stevenson（1982）提出在植物残体分解过程中，胡敏酸比富里酸更早形成。富里酸要么转化为胡敏酸，要么可能是胡敏酸的降解产物。目前，胡敏酸与富里酸之间的关系和转化机制尚不清楚（窦森 等，2008）。

在60～180 d，胡敏酸^{14}C和富里酸^{14}C数量无变化，微团聚体的胡敏酸^{14}C/富里酸^{14}C比值稳定，在180～360 d内，胡敏酸^{14}C/富里酸^{14}C比值有所下降，归因于富里酸^{14}C数量的增加而胡敏酸^{14}C是稳定的（图3-4至图3-6）。结果表明，在微团聚体中，胡敏酸相对不易分解而微团聚体之间的有机物质生成的富里酸被分配或吸附进入微团聚体中。胡敏酸在微团聚体中的稳定性可能是由于其抗性（Simonetti et al.，2012）以及微团聚体的微米和纳米尺度的孔隙，限制了微生物的可接近性有机酸的物理保护作用对（McCarthy et al.，2008；Zhuang et al.，2008）。此外，Zhang 等（2012）研究表明，当胡敏酸和富里酸浓度大于 20 mg/L（以 C 计）时，胡敏酸在高岭土和蒙脱土上的吸附量大于富里酸，主要通过疏水相互作用而形成，而富里酸吸附在蛭石上的数量大于胡敏酸。胡敏酸与蒙脱土矿物之间的疏水相互作用可能是导致粉/黏粒（＜0.053 mm）组分中胡敏酸 ^{14}C 以及胡敏酸 ^{14}C /富里酸 ^{14}C 比值在 60～180 d 增加的原因，因为本研究供试黑土富含蒙脱石矿物。之后，胡敏酸 ^{14}C 及胡敏酸 ^{14}C /富里酸 ^{14}C 比值稳定下来可能主要归因于表面结合位点的饱和。

综上，本研究对在 25 ℃和 70％田间持水量有氧培养条件下，1 年期间植物残体碳在四种水稳性团聚体组分中的固定与转化的动态过程进行了研究。在土壤中添加小麦残体会引起土壤团聚体结构重建，0.25～2 mm 大团聚体为优势粒级。新形成的胡敏酸和富里酸主要保存在大团聚体组分中（＞2 mm 和 0.25～2 mm），且其含量随着团聚体粒径从＜0.053 mm 至＞2 mm 的增加而增加。微团聚体（0.053～0.25 mm）中碳固定增加延续了大约 180 d，这意味着需要时间用于有机碳的生物化学或从微团聚体间转移到微团聚体内的迁移过程需要时间。粉/黏粒组分中新形成的胡敏酸含量高于微团聚体（0.053～0.25 mm）。在培养期间，在大团聚体中（＞2 mm 和 0.25～2 mm）以胡敏酸为形式的碳固定减少，同时，在 0.053～0.25 mm 微团聚体中保持稳定，在＜0.053 mm 粉/黏粒组分略有增加。相反，在培养期间＞0.053 mm 所有团聚体中富里酸增加。研究结果表明，在全土中新胡敏酸与新富里酸的比值首先增加然后下降，表明在大团聚体的形成过程中，团聚体的重构决定了固定有机碳的稳定性和含量。本研究表明了团聚体粒径大小或多级结构是影响有机碳固定能力的关键机制。

第四章　秸秆还田对黑土团聚体有机碳含量的影响——基于多级团聚体结构的物理和化学保护作用

黑土不仅是中国，也是全球最宝贵的耕地资源。由于多年来对黑土资源的高强度利用，黑土耕地质量退化，有机质含量下降（魏丹 等，2016）。土壤有机碳（SOC）与土壤物理、化学和生物学特性密切相关，是土壤质量的关键组成部分之一（He et al.，2015）。我国作物秸秆资源丰富，秸秆含有大量碳、氮、磷、钾及各种微量营养元素，秸秆还田是资源再利用的一种重要方式，作为增加土壤固碳和提高土壤有机碳水平的重要措施已经得到推广应用，从而达到藏碳于土、减少温室气体排放的目的。秸秆还田后，易分解有机物质进行矿化分解，增加农田土壤养分，含氮化合物与难分解的木质素等物质在微生物作用下进行缓慢且复杂的变化过程，形成抗微生物分解的腐殖物质，从而提高和更新土壤有机质（徐蒋来 等，2016；崔婷婷 等，2014；朱姝 等，2015）。

在农田土壤，土壤有机碳也代表着大气中二氧化碳潜在的汇，因此，从农田固碳角度考虑，我们希望秸秆还田后稳定性土壤有机碳含量高，以利于碳固定。一方面，土壤有机碳稳定性与有机质化学组成密切相关，为此，有些学者（He et al.，2015；Zhu et al.，2015；徐蒋来 等，2016；王虎 等，2014；史康婕 等，2017）研究了秸秆还田对土壤有机碳的活性组分产生的影响，与稳定的土壤有机碳相比，易分解的活性碳对管理措施的变化响应更快、更敏感，可作为土壤有机碳变化的早期指标。另一方面，土壤团聚体的物理保护产生的生物与有机碳的空间隔离是土壤有机碳主要稳定机制之一，较大团聚体（>250 μm）中土壤有机碳分解需要足够的空气和水，孔隙度的减少直接阻碍分解进程；微团聚体内（20～250 μm）的孔隙，如小于细菌所能通过的限度（3 μm）时，土壤有机碳降解只能依靠胞外酶向基质扩散，对生物来说这是极大的耗能过程，土壤有机碳分解因而降低；在黏沙粒或微团聚体级别（<20 μm）中，土壤有机碳与金属氧化物等黏土矿物的相互作用占主导（刘

中良 等，2011）。因此，具有多级层次结构的土壤团聚体作为土壤结构的基本单元，具有微尺度复杂性，通过将土壤有机碳闭蓄在团聚体内，微生物、细胞外酶和氧气难以接近（物理保护），以及通过多价阳离子吸附土壤有机碳到土壤矿物表面（矿物结合态有机碳）（化学保护）等机制（Sarkhot et al.，2017）保护土壤有机碳免于分解，从而有助于碳封存。土壤有机碳在土壤团聚体多级层次结构中的位置决定了土壤有机碳的固定与转化（Li et al.，2016）。

已有一些研究（He et al.，2015；朱姝 等，2015；郝翔翔 等，2013；谢钧宇 等，2015；李委涛 等，2016）表明秸秆还田促进了土壤>250 μm 大团聚体的形成，从而提高了大团聚体对土壤的储存比例，增加水稳性团聚体的稳定性。而不同粒径团聚体在微尺度上还具有多级层次结构特点，更有助于稳定土壤有机碳（O'Brien et al.，2013）。按照团聚体多级形成机制（Tisdall et al.，1982），微团聚体在有机胶结物质作用下向大团聚体逐级连续层次性形成，微团聚体内土壤有机碳越来越被封闭，免遭微生物分解，大团聚体内闭蓄态微团聚体的土壤有机碳相对更加稳定（Oades et al.，1984；Six et al.，1998），因此，大团聚体可以固定更多的土壤有机碳（Six et al.，2004）。近年来，为了深入研究团聚体对土壤有机碳的不同保护机制，Six 等（Six J，Callewaevt P，et al.，2002）采用密度/物理分组手段把土壤有机碳库分组为颗粒有机碳（POC）和矿物结合态有机碳（MOC），根据这些有机碳对外界因素的敏感性和周转速度，颗粒有机碳是活性有机碳库的一部分，对农田管理措施最为敏感，矿物结合态有机碳为惰性有机碳库（彭新华 等，2004），稳定性强，有利于长期碳固定。因此，我们采用团聚体物理分组结合土壤有机碳密度分组方法研究秸秆还田对黑土团聚体土壤有机碳的影响，探讨团聚体对土壤有机碳的物理化学保护作用，为有机培肥措施下农田生态系统固碳机制提供理论依据。

第一节　研究方法

田间试验位于吉林省农业科学院国家黑土土壤肥力和肥料效益长期定位监测试验基地（北纬 43°34′50″，东经 124°42′56″，H=178 m）。试验区气候为温带湿润大陆性气候，年平均气温 5.6 ℃，年平均降水量 500～600 mm。土壤来源于黄土状沉积物，为典型黑土（美国农业部土壤分类为薄层湿软土），具有壤质黏土质地，pH 为 5.7。在 0～20 cm 层中，有机碳含量为 16.0 g/kg，总氮含量为 1.51 g/kg，总磷含量为 0.79 g/kg，速效钾含量为 176 mg/kg。试验共设秸秆配施化肥（秸秆+NPK）和未施秸秆（CK）2 个处理，3 次重复，随机排列。每年玉米收获后秸秆粉碎还田，深度为 10～15 cm，还田量7 t/hm^2，化肥常规施肥量 N 225 kg/hm^2、P_2O_5 82.5 kg/hm^2、K_2O 82.5 kg/hm^2。小区面积

104 m^2，每区 16 垄，垄距 0.65 m、垄长 10 m。土样采于 2015 年 10 月，采样深度 0～10 cm。土壤团聚体/有机质密度分组采用 O'Brien 和 Jastrow（2013）方法。其分组流程图见图 4-1，具体分组方法如下：

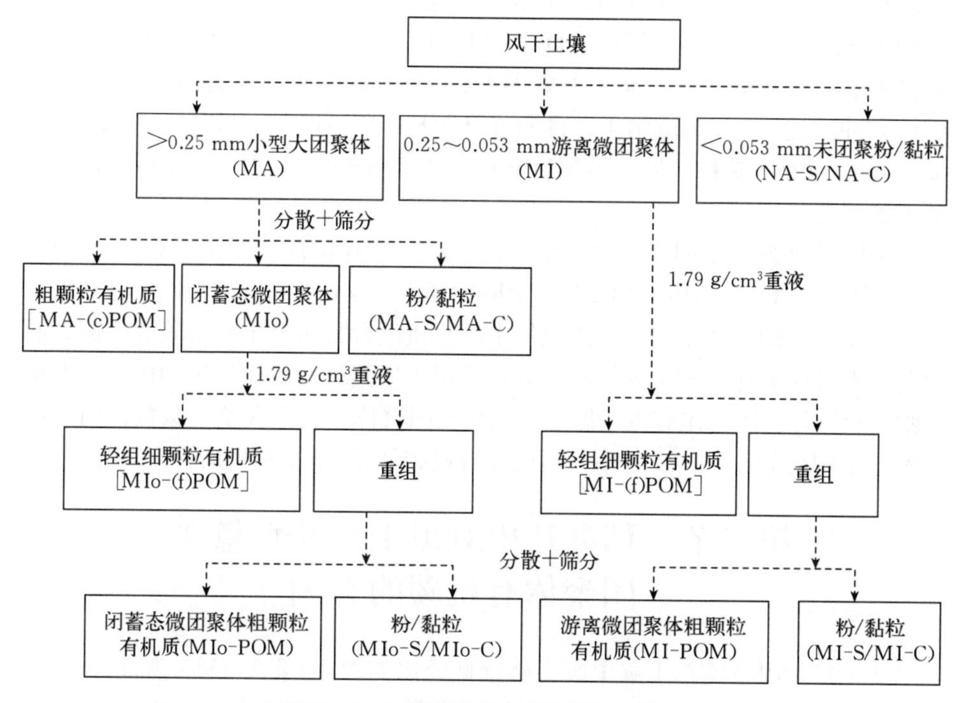

图 4-1 土壤团聚体/有机质分组流程

1. **水稳性团聚体分组。**风干土样 25 g，置于团聚体自动筛分仪套筛（孔径为 0.25 mm 和 0.053 mm）最上层，去离子水浸润 5 min，振荡 2 min（30 次/min），上下振幅为 3 cm，将筛上的团聚体冲洗到烧杯中，获得>0.25 mm 大团聚体（MA）、0.053～0.25 mm 游离微团聚体（MI），<0.053 mm 未团聚的粉/黏粒组分通过离心，沉淀为未团聚粉粒（NA-S）（22 ℃下 270×g，3 min），上清液中加 10 mL 0.25 mol/L $CaCl_2$+$MgCl_2$ 溶液，絮凝胶体 48 h 后离心（22 ℃下 2 000×g，10 min），沉淀为未团聚黏粒（NA-C）。各级团聚体置于 50 ℃条件下烘干，称重。

2. **>0.25 mm 大团聚体分组。**称取 MA 样品 10 g，去离子水浸没 10 min，倒入套筛（孔径为 0.25 mm 和 0.053 mm）上并加入 50 个直径为 4 mm 玻璃珠后振荡（186 次/min），其间用去离子水不断冲洗，得到 MA 内 POM [MA-(c) POM]（>0.25 mm）、闭蓄态微团聚体（MIo）（0.053～0.25 mm）和粉/黏粒（MA-S/MA-C）（<0.053 mm），MA-S 与 MA-C 的分离方法

同上。

3. **游离微团聚体与大团聚体内闭蓄态微团聚体的密度/物理分组。**将 10 g MI 样品加入密度为 1.79 g/cm^3 NaI 重液中上下翻转 5 次，浸没 5 min，以确保未被封闭的颗粒有机质（POM）充分浮选，离心（1 173×g，30 min），得到轻组的细颗粒有机质［MI－（f）POM］（0.053～0.25 mm），MI 重组部分用去离子水洗除重液后，加入去离子水和 20 个玻璃珠，振荡 16 h（186 次/min），冲洗过 0.053 mm 筛子，得到重组 MI 内 POM（MI－POM）（0.053～0.25 mm）和粉/黏粒（MI－S/MI－C）（<0.053 mm），MI－S 和 MI－C 的分离方法同上。

MIo 的分组方法同 MI，得到轻组的细颗粒有机质［MIo－（f）POM］、重组 MIo 内 POM（MIo－POM）、MIo 内粉粒（MIo－S）和黏粒（MIo－C）。

为了反映储存在不同粒径团聚体中的有机碳含量占全土有机碳的份额，同时与某粒径团聚体有机碳含量相区分，采用了团聚体有机碳储量的概念（谢钧宇 等，2015）。团聚体有机碳储量＝该粒径团聚体有机碳含量×该粒径团聚体所占土壤的质量比例；贡献率＝团聚体有机碳储量/全土有机碳含量×100%。

第二节　秸秆还田对黑土及其水稳性团聚体有机碳的影响

不同粒径团聚体在土壤中所占质量百分比如图 4－2 A，MA 为优势粒级，质量比例为 55.4%～61.4%；其次为 MI，质量比例为 25.2% ～31.9%；NA－C 所占比例微小，为 0.55%～0.65%。与 CK 相比，秸秆＋NPK 处理 MA 粒级比例增加了 15.0%，差异显著（$P<0.05$），而 MI、NA－S 和 NA－C 质量百分比均较 CK 减少了 10.3%～21.0%，差异显著（$P<0.05$），秸秆还田有利于土壤>0.25 mm 大团聚体的形成。

就不同粒径团聚体而言，CK 和秸秆＋NPK 处理中 NA－C 结合的有机碳含量分别为 35.69 g/kg 和 43.80 g/kg，分别比其他粒级团聚体有机碳含量（17.34～18.99 g/kg 和 17.23～21.55 g/kg）高 88.0%～105.8%和 103.2%～154.2%（图 4－2 B），但归因于 NA－C 在全土中所占质量比例极小（图 4－2 A），储存在 NA－C 中的有机碳储量仅为 0.23～0.25 g/kg（图 4－2 C）。各粒径团聚体有机碳储量随着团聚体粒径的增大而增加，MA 中有机碳储量最高，比其他粒级团聚体高 1.72～51.0 倍，可见，>0.25 mm 大团聚体有机碳储量对全土有机碳的贡献率最大，达 57.3%～68.3%（图 4－2 D）。

与 CK 相比，秸秆＋NPK 处理的全土有机碳含量较 CK 增加了 9.50%（图 4－2 C），MA 和 NA－C 粒级有机碳含量分别较 CK 增加 13.5%和 22.7%

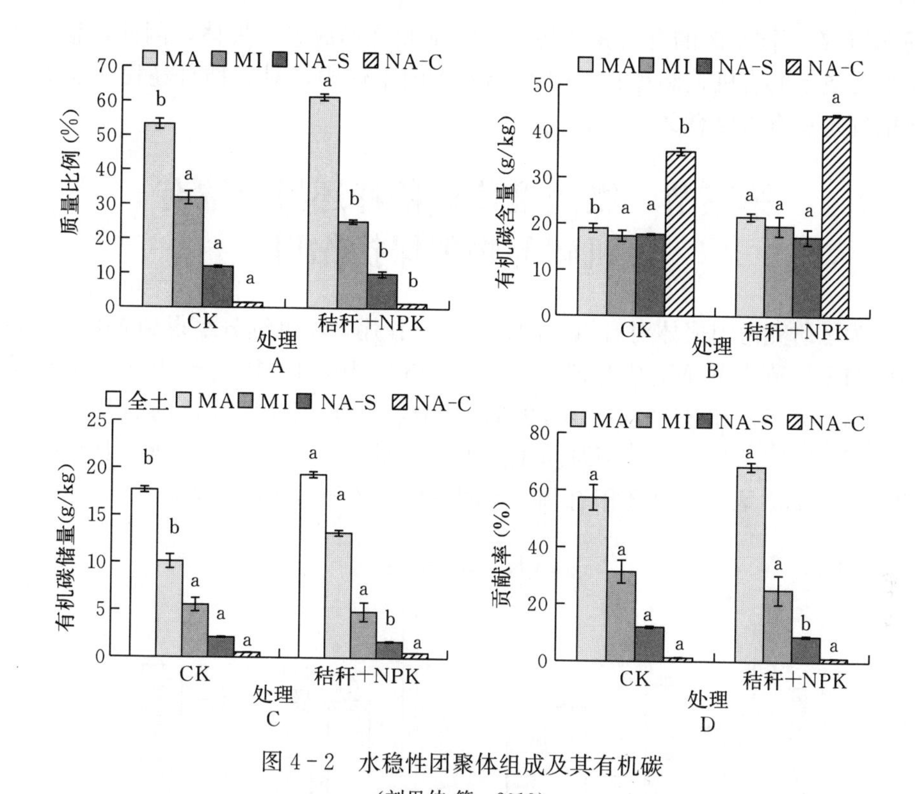

图 4-2　水稳性团聚体组成及其有机碳

（刘思佳 等，2019）

注：MA 为大团聚体；MI 为游离微团聚体；NA-S 为未团聚粉粒；NA-C 为未团聚黏粒。小写字母表示不同处理之间差异显著（$P<0.05$）。

（图 4-2 B），差异显著（$P<0.05$）。秸秆+NPK 处理的 MA 中有机碳储量显著高出 CK 31.0%（图 4-2 C），NA-S 粒级有机碳储量低于 CK 19.2%，差异显著（$P<0.05$），其他粒级有机碳储量与 CK 无显著差异。

本研究的结果表明，秸秆还田增加了土壤有机碳含量，促进>0.25 mm 大团聚体的形成，且大团聚体中有机碳储量及其贡献率均显著提高，与先前的研究一致（朱姝 等，2015；李凯 等，2009；Zheng et al.，2015；Zhao S et al.，2016；Zhong et al.，2017）。事实上，有机碳增加与富含有机碳的大团聚体数量增加密切相关（Tisdall et al.，1982），虽然大团聚体不能直接长期保护有机碳，但可以固定更多有机碳，并通过大团聚内的有机胶结物质与土壤的相互作用可促进大团聚体内闭蓄态微团聚体的形成，从而为微团聚体对有机碳的长期保护提供了保证（刘中良 等，2011）。秸秆还田土壤>0.25 mm 大团聚体较 CK 增加，而游离微团聚体、未团聚的粉粒/黏粒比例比 CK 减少（图 4-2 A），符合团聚体多级形成理论（Tisdall et al.，1982），微团聚体和粉/黏粒在不同来源的有机胶结物质作用下胶结形成大团聚体，因此，秸秆还田后，更多的有机碳储存在＞0.25 mm 大团聚体中，对于秸秆还田土壤有机碳的固定具有重要意义。

第三节　微团聚体对秸秆还田土壤有机碳的物理保护作用

为了研究微团聚体对有机碳的物理保护作用，将继续分组得到 MIo，并将 MIo 与上一节中的 MI 结合研究见图 4－3。MIo 和 MI 占全土比例分别为 27.5%～36.5%和 25.2%～31.9%，其中，秸秆＋NPK 处理的 MIo 质量比例高于 CK 32.5%，MI 粒级质量比例比 CK 低 21.0%，差异显著（$P<0.05$）（图 4－3 A），表明秸秆还田有利于大团聚体内微团聚体的形成。

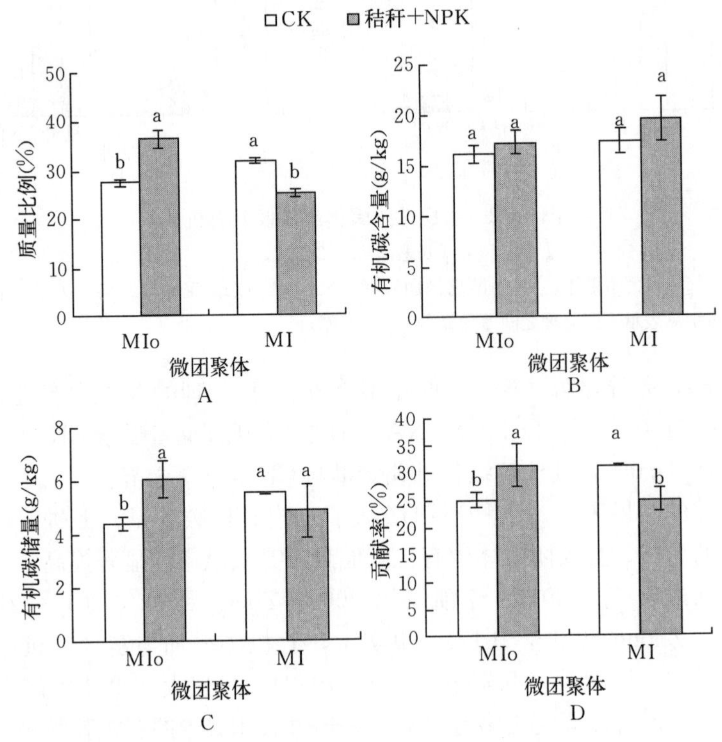

图 4－3　微团聚体质量比例及其有机碳

注：MIo 为闭蓄态微团聚体；MI 为游离微团聚体。

不同处理 MIo 与 MI 之间的有机碳含量差异不显著（图 4－3 B）。MIo 与 MI 中有机碳储量分别为 4.44～6.08 g/kg 和 4.86～5.54 g/kg（图 4－3 C），

储存在微团聚体（MIo＋MI）中的有机碳储量和对全土有机碳的贡献率分别为 CK：9.98 g/kg 与 56.5%；秸秆＋NPK：10.94 g/kg 与 56.5%。与 CK 相比，秸秆＋NPK 处理 MIo 的有机碳储量比 CK 高 36.9%，差异显著（$P<0.05$）（图 4-3 C）。就 CK 处理而言，MIo 的有机碳储量及其对全土有机碳含量的贡献率低于 MI，而秸秆＋NPK 处理中，MIo 粒级有机碳储量及其对全土有机碳含量的贡献率均比 MI 高 25.1%（图 4-3 C、D），表明秸秆还田后，与游离微团聚体相比，更多的有机碳储存于大团聚体内的闭蓄态微团聚体中。

虽然有机碳增加是与富含有机碳的大团聚体数量相关，但长期有机碳固定是有赖于微团聚体中有机碳的稳定性（Tisdall et al.，1982）。本研究结果表明，秸秆还田后，MIo 的质量比例和有机碳储量均较 CK 都有所提高，MIo 的有机碳储量比 MI 多，反映了秸秆还田有利于大团聚体内微团聚体的形成，与 MI 相比，更多有机碳储存在 MIo 中，归因于 MIo 作为＞0.25 mm 大团聚体中所占份额较大的组分，MIo 数量及其有机碳储量的增加，进一步加强了秸秆还田有机碳的稳定性。按照团聚体形成等级理论（Tisdall et al.，1982），一方面，在空间尺度上，土壤团聚体在有机胶结物质作用下由微团聚体向大团聚体逐级连续层次性形成；另一方面，大团聚体内部颗粒有机质在分解过程中，有机碎片与微生物黏液及黏土颗粒包裹在一起，也会在大团聚体内形成微团聚体，闭蓄态微团聚体的增加，使有机碳越来越被封闭，而免遭微生物攻击。鉴于不同粒径团聚体具有不同的孔隙结构，微团聚体保护的有机碳比大团聚体有更高的稳定性和较慢的周转（Li et al.，2016），因此，闭蓄态微团聚体中的有机碳相对更加稳定（Oades，1984；Six et al.，1998）。Denef 等（2007）甚至提出，闭蓄态微团聚体可以成为潜在有机碳固定的指标。

第四节　粉/黏粒矿物对秸秆还田土壤有机碳的化学保护作用

矿物结合态有机碳是有机物质分解的最终产物与土壤粉粒和黏粒矿物相结合的有机碳，稳定性较强（王朔林 等，2015）。粉/黏粒矿物具有较大比表面积和较多永久电荷，MOC 通过化学吸附到粉/黏粒矿物表面或通过多价阳离子桥的连接而使有机碳与矿物紧密结合（刘满强 等，2007），因此，MOC 是稳定的（Denef et al.，2007），是化学保护的有机碳（Sarkhot et al.，2007），归属于惰性有机碳库，周转时间一般几十甚至几千年（彭新华 等，2004），对于土壤碳固定和土壤有机碳库的稳定性具有重要的作用。

为了研究秸秆还田后有机碳的稳定性，我们把 MA、MIo 和 MI 继续分散，从而得到 MA-S/MA-C、MIo-S/MIo-C 和 MI-S/MI-C 粒级。各团聚体内粉粒和黏粒粒级分别占全土质量百分比为 9.97%～29.4%和 0.58%～6.81%，粉粒数量比黏粒多 1.69～17.4 倍（图 4-4 A）。就>0.25 mm 大团聚体整体而言，秸秆+NPK 处理中 MA-S/MA-C 与 MIO-S/MIo-C 的质量比例之和（66.3%）高于 CK 处理（48.7%），MI-S/MI-C 和 NA-S/NA-C 的质量比例分别比 CK 低 14.2%和 16.1%，表明秸秆还田后，游离微团聚体和未团聚的粉粒/黏粒被团聚进入大团聚体中。

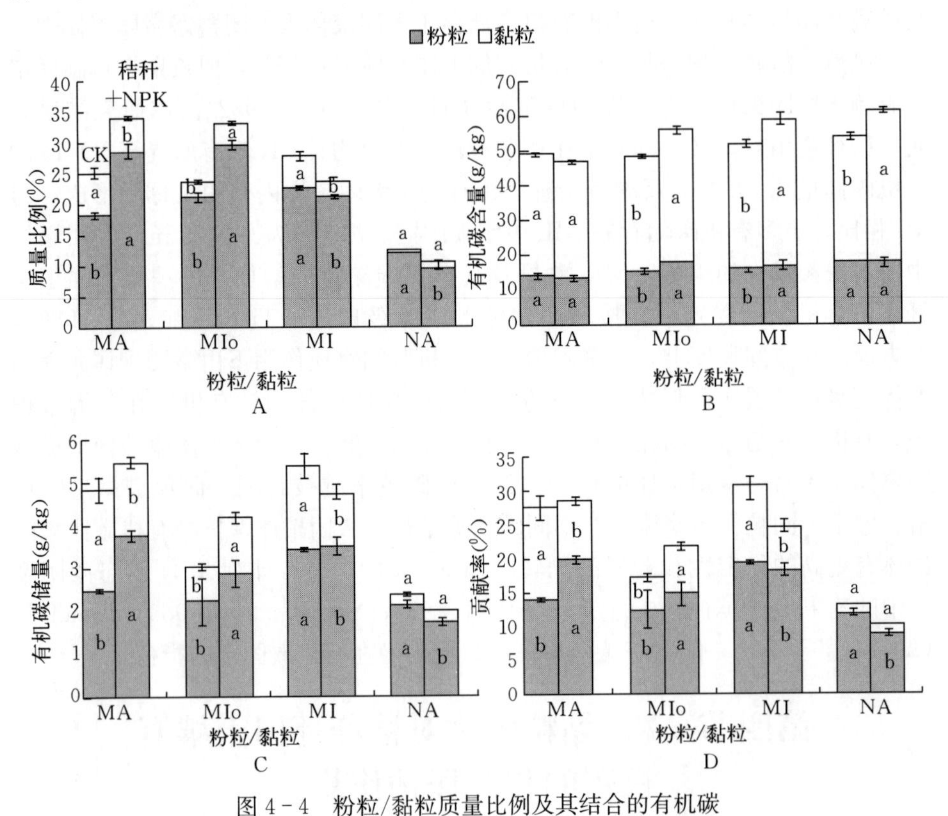

图 4-4 粉粒/黏粒质量比例及其结合的有机碳

注：MA 为大团聚体；MIo 为闭蓄态微团聚体；MI 为游离微团聚体；NA 为未团聚的粉/黏粒。

就粉粒和黏粒而言，由图 4-4 B 可以看出，黏粒有机碳含量（33.37～41.96 g/kg）高于粉粒（13.23～17.72 g/kg），但粉粒占全土的质量比例比黏粒多 1.69～17.4 倍（图 4-4 A），因此，粉粒有机碳储量（1.71～3.78 g/kg）及对全土有机碳的贡献率（8.83%～10.5%）均高于黏粒（0.23～2.37 g/kg 和 1.31%～13.4%）（图 4-4 C、D）。

不同团聚体中的矿物结合态有机碳（MOC）之间比较，MA-S/MA-C 与 MI-S/MI-C 的有机碳储量及其贡献率（4.74～5.46 g/kg；24.5%～30.3%）分别高于 MIo-S/MIo-C（3.03～4.19 g/kg；17.2%～21.7%）和

NA－S/NA－C粒级（1.96～2.35 g/kg；10.1%～13.3%），NA－S/NA－C的有机碳储量最少（图4－4 C、D）。

不同处理之间相比，就>0.25 mm大团聚体的粉粒/黏粒而言，包括MA－S/MA－C和MIo－S/MIo－C两部分，秸秆＋NPK处理中MA－S/MA－C和MIo－S/MIo－C粒级有机碳储量均分别高于CK（高12.7%～38.0%），MI－S/MI－C和NA－S/NA－C的有机碳储量均分别低于CK（图4－4 C）。如果把MA－S/MA－C和MIo－S/MIo－C的有机碳储量相加，秸秆＋NPK处理大团聚体中MOC储量（9.65 g/kg）及其贡献率（49.9%）分别大于CK（7.88 g/kg和44.6%）（图4－4 C、D），表明秸秆还田后提高了>0.25 mm大团聚体内MOC储量及其对全土有机碳的贡献率，有利于秸秆还田有机碳的稳定。如果分别将两个处理所有团聚体中的MOC储量做加和，秸秆＋NPK处理MOC储量（16.35 g/kg）比CK（15.58 g/kg）提高了4.97%。

本研究表明，尽管秸秆＋NPK的总MOC储量较CK的提高幅度较小，但MOC对全土有机碳的贡献率近50.0%（图4－4 D），因此，MOC的增加对秸秆还田有机碳的稳定与固定具有重要意义。而且>0.25 mm大团聚体中秸秆＋NPK处理的MOC储量比CK高22.5%，MI－S/MI－C和NA－S/NA－C中秸秆＋NPK处理的有机碳储量低于CK，秸秆还田后>0.25 mm大团聚MOC储量的提高有利于秸秆还田有机碳的稳定，且储存在MIo中的MOC更加稳定，归因于团聚体对有机碳的“双重包封”。

第五节　团聚体对秸秆还田土壤颗粒有机质的物理保护作用

颗粒有机质（POM）是有机残体向土壤腐殖质转化的中间产物，即颗粒有机质处于半分解状态，对田间管理措施的响应更为敏感（王朔林 等，2015）。颗粒有机质受团聚体保护的程度对秸秆还田土壤碳固定的影响是不能被忽视的，提高团聚体颗粒有机质含量应是抑制有机碳分解的重要途径。

在水稳性团聚体中，CK和秸秆＋NPK处理中不同类型颗粒有机质占土壤的质量比例分别为0.04%～3.37%和0.13%～6.51%，两个处理各自颗粒有机质的总和占土壤的质量比例分别为7.76%和12.0%（图4－5 A），秸秆＋NPK处理颗粒有机质的质量比例比CK高55.2%。各处理颗粒有机碳储量总和与贡献率分别为4.50～8.11 g/kg和25.5%～41.9%（图4－5 C、D），秸秆＋NPK的颗粒有机碳储量总和与贡献率分别比CK多80.2%和64.5%。

不同类型的颗粒有机质之间相比，MA－（c）POM质量比例高于其他颗粒有机质（图 4－5 A），且 MA－（c）POM 中颗粒有机碳储量（2.20～4.97 g/kg）及其对全土有机碳的贡献率（12.5%～25.7%）分别比其他颗粒有机质高 0.69～21.6 倍和 0.69～31.3 倍（图 4－5 C、D）。经过重液浮选后获得的轻组颗粒有机质［包括 MIo－（f）POM 和 MI－（f）POM］占全土的质量百分比极低，为 0.04%～0.16%（图 4－5 A），但其有机碳含量高达218～282 g/kg（图 4－5 B），充分反映了轻组颗粒有机质主要为有机残体颗粒，因其质量比例极低，MIo－（f）POM 和 MI－（f）POM 的有机碳储量及其对全土有机碳的贡献率较低，分别为：CK 处理，0.07～0.10 g/kg 和 0.39%～0.55%；秸秆＋NPK 处理，0.29～0.44 g/kg 和 1.51%～2.29%（图 4－5 C、D）。

对于微团聚体颗粒有机质而言，秸秆＋NPK 处理中 MIo－POM 与 MI－POM之和的质量比例、有机碳储量及其贡献率分别比 MA－（c）POM 低 19.5%、64.4%和 64.4%（图 4－5）。

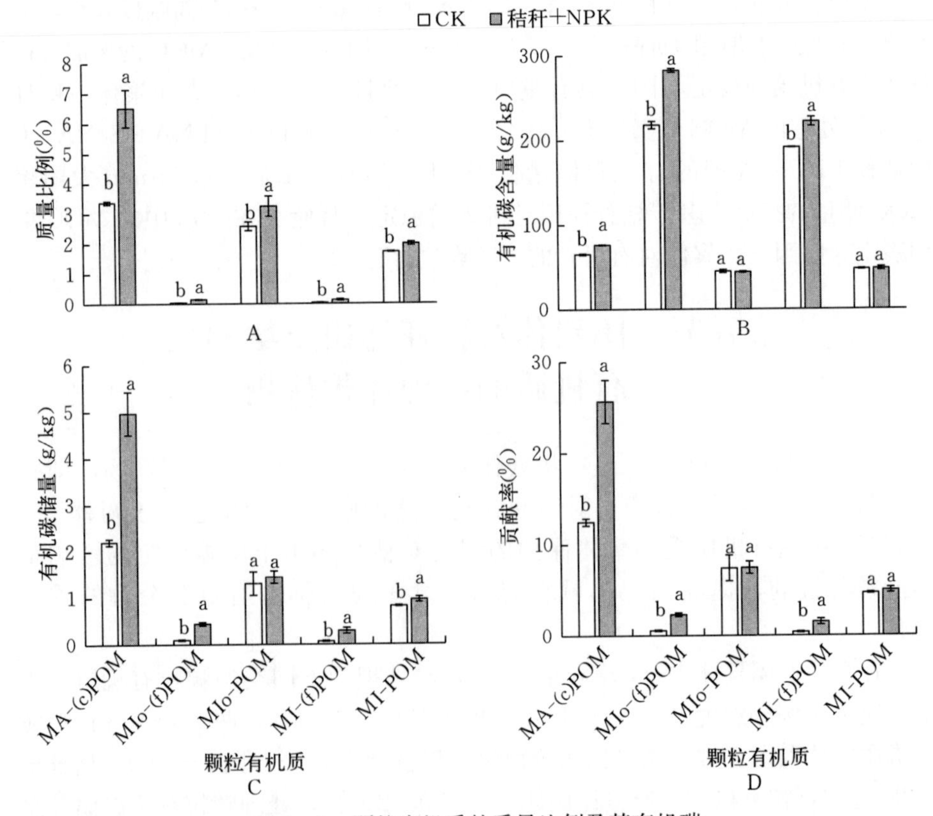

图 4－5　颗粒有机质的质量比例及其有机碳

注：MA－（c）POM 为大团聚体内粗颗粒有机质；MIo－（f）POM 为闭蓄态微团聚体轻组细颗粒有机质；MIo－POM 为闭蓄态微团聚体内颗粒有机质；MI－（f）POM 为游离微团聚体轻组细颗粒有机质；MI－POM 为游离微团聚体内颗粒有机质。

与CK相比，秸秆+NPK处理中，不同团聚体中颗粒有机质的质量比例、有机碳储量和贡献率高于CK（MIo-POM的有机碳储量和贡献率除外）（图4-5）。

在本研究中，秸秆还田后各级团聚体总颗粒有机质占全土的质量比例、其颗粒有机碳储量和贡献率较CK都有所提高，说明秸秆还田土壤固碳潜力提高。不同类型颗粒有机质的稳定性程度应有所不同，秸秆还田后存在于>0.25 mm大团聚体内粗颗粒有机质［MA-（c）POM］的质量比例、颗粒有机碳储量及其对全土有机碳的贡献率远高于CK以及其他颗粒有机质。MA-(c) POM是植物残体的半分解产物，不稳定（Li et al.，2016），是活性有机碳库的一部分，虽然大团聚体不能直接长期保护M A-（c）POM，但秸秆残体以粗颗粒有机质形式更多地被固定在大团聚体中，可促进大团聚体内闭蓄态微团聚体的形成，从而为微团聚体对有机碳的长期保护提供了保证（刘中良 等，2011），微团聚体的物理保护才是长期稳定有机碳的主要机制（Denef et al.，2007）。

综上，5年连续的田间秸秆还田试验显著提高了黑土有机碳含量，大幅度提高了水稳性团聚体内颗粒有机碳储量，矿物结合态有机碳储量小幅提高。同时，秸秆还田显著促进了大团聚体（>0.25 mm）的形成，增加了大团聚体中有机碳储量，高达62.5%的有机碳储存于大团聚体中，其中，34.9%的有机碳以粗颗粒有机质形式存在于大团聚体中。尽管大团聚体不能直接长期保护粗颗粒有机质，但通过在大团聚体中固定这些有机胶结物质，促进了大团聚体内闭蓄态微团聚体（0.053～0.25 mm）的形成，从而为微团聚体对有机碳的长期保护提供了保证。基于团聚体保护机制，黑土秸秆还田后有机碳的稳定性提高，秸秆还田措施对于土壤固碳和有机碳库的稳定性具有重要意义。

第五章　玉米秸秆与黑土不同混合方式对腐殖物质组成及结构特征的影响

作物秸秆作为一种重要的可再生生物能源、工农业生产资源以及可利用化学资源，含有丰富的营养元素（高利伟 等，2009）。焚烧等处理方式不仅使秸秆中的有机碳和养分资源不能得到充分利用，而且也会造成大气环境的污染，加速全球变暖。因此，秸秆还田日益受到重视（Monforti et al.，2015；Mourtzinis et al.，2015）。目前，秸秆还田的方式主要为直接还田和间接还田。间接还田方式中，堆沤还田的优点在于可形成大量的腐熟肥料，利于土壤理化性状的改良，缺点在于费时费工，技术难度高，推广困难，目前应用并不广泛。过腹还田科学、环保，有利于资源循环利用，可以增加土壤有机质和养分，但目前的农业生产以机械化为主，家畜数量已大量减少，应用也不广泛。直接还田方式中，秸秆覆盖还田是美国农业部主推方式（Li H et al.，2018），也是国外秸秆利用的主导方式，不仅可以减少土壤水分蒸发（于晓蕾 等，2007）、平抑土壤温度，长期实施秸秆覆盖还可以增加土壤有机质。但覆盖还田不利于机械操作，影响出苗、减温、病虫害，进而降低作物产量（董智 等，2013；宫秀杰 等，2017）。秸秆翻压还田是农业农村部主推模式（Li H et al.，2018），也最受农民欢迎。翻压还田可以全部保留秸秆营养物质，通过粉碎或深翻与土壤接触加速秸秆腐解，更加有效改善土壤理化性状，增加土壤有机质提高土壤肥力，实现作物增产。无疑，秸秆还田是保持和提高土壤有机质含量的重要途径。

表层土壤（即耕作层）易受耕作的干扰，透气性、透水性和微生物活性均高于亚表层，其中含有较多新形成的胡敏酸，氧化度和缩合度较低；而亚表层较少受到耕作和有机残渣的干扰，透气性和微生物活性较低，有机物质经过多年积累和腐解，氧化度和缩合度较高且均高于表层。亚表层中施入秸秆，在开沟、添加秸秆、还土于沟的这些过程中，难免会将一些秸秆或亚表层土壤与表层土壤混合，加之土壤水运动带动养分流动，表层和亚表层会同时受到秸秆深还的影响（朱姝 等，2015）。闫洪奎等（2017）研究已经表明，秸秆还田可以影响土壤肥力并对作物产量产生积极的影响。张鹏等（2011）研究表明，随土层深度的增加，土壤总有机碳含量降低。目前，秸秆还田研究多集中于秸秆覆盖和浅施对土壤结构（赵红 等，2009；Spaccini et al.，2001）、微生物活性（Giacomini et al.，2007）和有机碳含量（刘玲 等，2014；郑立臣 等，2006）的影响；朱姝等（2016）研究表明，秸秆覆盖或表层浅施对土壤有机质（尤其是腐殖质）的积累作用不明显，这归因于秸秆与土壤接触不充分，表层浅施致秸秆常呈“团状”于土壤中，且这两种模式不利于解决耕层变浅、亚表层有机质亏缺等问题。张艳鸿等（2016）研究表明：秸秆还田及配施化肥能够促使20～40 cm 土层土壤腐殖物质含碳量显著增加；秸秆深还能使胡敏酸的芳香结构比例和脂族链烃的比例增加。近年来黑土耕地不仅数量逐渐减少，而且质量也逐渐下降，机械化深松与秸秆还田结合是补充土壤有机质，并形成深厚、肥沃、健康的表土层（耕作层和亚表层）的最重要技术手段之一（窦森，2019）。以上研究多建立在单一秸秆还田模式下的纵向研究，关于不同秸秆还田模式对土壤腐殖质组成及其结构特征影响的横向比较研究较少。因此，本研究通过模拟不同秸秆还田模式的室内试验，研究了玉米秸秆与土壤不同混合方式对土壤腐殖质组成及其分子结构的影响，以期为秸秆还田培肥土壤及还田模式选择与推广提供科学理论与实践依据。

第一节　研究方法

供试土壤于 2017 年 5 月采于吉林省长春市吉林农业大学教学实验站玉米连作农田（北纬 43°48′43.57″，东经 125°23′38.50″），土壤类型为黑土。气候条件为北温带大陆性半湿润季风气候，四季气温变化显著，7 月为最热的月份，平均气温约为 23 ℃，年均气温约为 4.8 ℃，夏季降雨量大，集中于 7、8 月份，占年降水量的 60%以上。土壤基本性质为有机质 24.75 g/kg，全氮 1.16 g/kg，碱解氮 79.95 mg/kg，有效磷 28.89 mg/kg，速效钾 98.93 mg/kg 和 pH 6.56。供试玉米秸秆（包括玉米叶片和茎秆）过 2 mm 筛，玉米秸秆基本性质为有机碳 457.58 g/kg，全氮 11.91 g/kg，C/N 为 44.82。

培养试验：设不添加秸秆的对照（CK）、秸秆与土壤充分混合（SI）、秸秆覆盖（SM）、秸秆埋置于土层中间（SE）4 个处理。试验开始于 2017 年 5 月，秸秆添加率为 0.45%（占风干土重），以模拟秸秆全量还田（12 t/hm^2），添加尿素调节 C/N 为 20，含水量调至田间持水量的 60%，25 ℃恒温培养，培养时间为 180 d，定期采用称重法对土壤含水量进行校正。

胡敏酸提取与纯化采用 IHSS（国际腐殖质协会）推荐方法（邵满娇 等，2018）。称取过 2 mm 筛风干土样 100 g，按土水比 1∶10 加入 0.1 mol/L 的 HCl，低速离心后弃掉上清液。在氮气条件下加 0.1 mol/L NaOH 调至土水比

1∶10，用1 mol/L NaOH调至pH＝13～14，此溶液为可提取腐殖物质溶液。用6 mol/L的HCl酸化可提取腐殖物质溶液（pH＝1.0），沉淀用0.1 mol/L的KOH溶解，之后用适量1 mol/L的KOH调节pH＝13～14，溶液高速离心，保留上清液。用6 mol/L的HCl调节上清液pH＝1.0，放置12～16 h后高速离心，弃掉上清液后用30 mL的HCl（0.1 mol/L）＋HF（0.3 mol/L）浸泡沉淀，室温下振荡过夜后高速离心，弃掉上清液。电渗析除去氯离子，旋转蒸发、冻干去其水分，即为纯胡敏酸样品。胡敏酸样品的元素分析、差热分析和热重分析、傅立叶变换红外光谱分析同第二章。

第二节　秸秆与黑土不同混合方式对土壤有机碳及其组分的影响

一、土壤有机碳含量

SI、SE、SM及CK处理土壤有机碳含量分别为16.21 g/kg、15.03 g/kg、14.86 g/kg和14.42 g/kg（图5-1），秸秆与土壤不同混合处理均可以提高土壤有机碳含量。与CK相比，SI、SE和SM处理土壤有机碳含量分别增加12.41%、4.23%和3.05%，其中SI、SE处理与CK处理相比差异达显著水平（$P<0.05$），SM处理与CK间无显著差异，表明秸秆与土壤充分混合和秸秆埋置处理有利于土壤有机碳快速提升。秸秆还田为土壤微生物的生长繁殖、代谢活动提供了充足的碳源，从而导致土壤微生物量碳含量增加，同时秸秆与土壤充分混合可加速微生物对秸秆分解和有机碳的积累（董珊珊 等，2017）。大量研究表明秸秆翻压还田通过粉碎和深翻与土壤接触可加速秸秆腐解，显著增加土壤有机碳，更加有效改善土壤理化性状，提高土壤肥力，实现作物增产（Zhang et al.，2015；梁尧 等，2016；Zhang et al.，2017；Xu et al.，2019）。而短期秸秆覆盖还因对土壤有机碳含量无显著影响（Dossou - Yovo et al.，2016）。

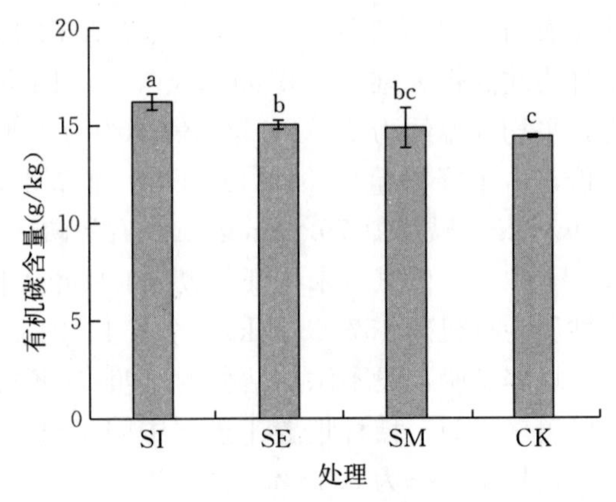

图5-1　秸秆与土壤不同混合方式对土壤有机碳含量的影响

注：SI为秸秆与土壤充分混合；SE为秸秆埋置于土层中间；SM为秸秆覆盖；CK为对照。不同小写字母表示各处理间差异显著（$P<0.05$）。

二、土壤腐殖物质碳含量

与CK相比，SI处理的胡敏酸、富里酸和胡敏素含量分别增加了30.82%、13.68%和17.57%（表5-1）；SE处理分别增加21.15%、8.02%和8.79%；SM处理分别增加11.83%、1.89%和4.67%，各处理腐殖质各组分有机碳含量均有不同程度增加，其中SI处理胡敏酸和胡敏素含量较CK处理相比差异达显著水平（$P<0.05$）。PQ值是胡敏酸在可提取腐殖质中所占的比例，用以表示土壤有机质腐殖化程度（董珊珊 等，2017），与CK相比，SI、SE和SM处理PQ值分别增加7.29%、6.18%和5.25%，但各处理间无显著差异（表5-1）。

表5-1　秸秆与土壤不同混合方式对土壤腐殖质有机碳含量和PQ值的影响

处理	胡敏酸（g/kg）	富里酸（g/kg）	胡敏素（g/kg）	PQ（%）
SI	3.65±0.20a	2.41±0.47a	6.29±0.33a	60.23±2.78a
SE	3.38±0.30ab	2.29±0.42a	5.82±0.26ab	59.61±4.50a
SM	3.12±0.18bc	2.16±0.34a	5.60±0.54ab	59.09±3.64a
CK	2.79±0.11c	2.12±0.24a	5.35±0.33b	56.14±6.98a

注：SI为秸秆与土壤充分混合；SE为秸秆埋置于土层中间；SM为秸秆覆盖；CK为对照。同列不同小写字母表示各处理间差异显著（$P<0.05$）。

李硕等（2015）研究表明，玉米秸秆混入土壤可使其与土壤的接触更加均匀，增加了土壤与秸秆的接触面积，激发土壤微生物活性，秸秆分解与转化速率增加（Henriksen et al.，2002），有利于腐殖物质的形成，应是本研究秸秆与土壤充分混合处理腐殖物质显著高于CK的原因。董珊珊等（2017）研究表明秸秆浅施还田显著提高土壤腐殖物质的含量，与我们的研究一致。

第三节　秸秆与黑土不同混合方式对胡敏酸结构特征的影响

一、胡敏酸的热重分析与差热分析

各处理胡敏酸的差热分析和热重分析如图5-2所示，各处理图谱相似，但略有不同。半定量分析如表5-2所示，相比于CK，各处理胡敏酸的中温放热及高温放热均有不同程度的增加，其中SI处理与CK间差异显著（$P<0.05$），中、高温放热分别增加105.1%和109.5%；各处理中温失重及高温失重均显著提高，SI、SE和SM处理的中温与高温失重分别较CK增加了

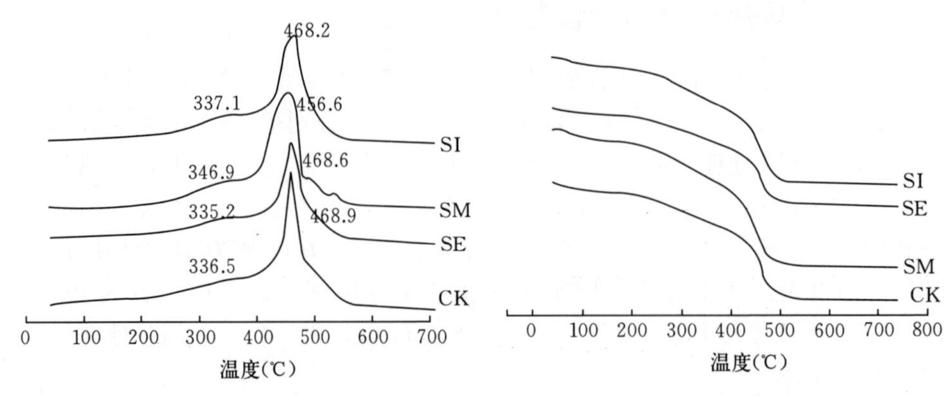

图 5-2　秸秆与土壤不同混合方式对胡敏酸的 DTA、TGA 曲线的影响

SI. 秸秆与土壤充分混合　SE. 秸秆埋置于土层中间　SM. 秸秆覆盖　CK. 对照

46.31%与 120.3%、56.90%与 30.13%和 138.7%与 120.7%，可见，尽管 SM 处理对胡敏酸含量没有产生显著影响，但对胡敏酸的分子结构组成产生了较大影响。各处理下胡敏酸的放热量高/中比值和失重高/中比值均小于 CK，具体表现为 CK>SM>SE>SI，而且秸秆与土壤不同混合方式之间相比，秸秆覆盖处理胡敏酸的放热量高/中比值和失重高/中比值最高（$P<0.05$）。这些结果表明秸秆与土壤不同混合方式提高了胡敏酸的脂族性，热稳定性下降，添加玉米秸秆处理之间相比，秸秆覆盖处理胡敏酸的芳香性和热稳定性最高。

表 5-2　秸秆与土壤不同混合方式对土壤胡敏酸放热和失重的影响

处理	放热量（kJ/g）		高温/中温	失重（mg/g）		高温/中温
	中温	高温		中温	高温	
SI	0.201±0.059a	2.506±0.238a	12.50±0.03c	164.0±4.23ab	257.8±1.10b	1.57±0.32c
SE	0.114±0.038b	1.682±0.013ab	14.81±0.01c	116.8±2.86b	229.3±9.87b	1.96±0.51b
SM	0.126±0.013b	1.924±0.016ab	15.34±0.01b	177.7±5.68a	388.8±1.62a	2.19±0.47ab
CK	0.098±0.016b	1.196±0.165b	19.25±0.05a	74.44±6.14c	176.2±10.1b	2.37±0.99a

注：SI 为秸秆与土壤充分混合；SE 为秸秆埋置于土层中间；SM 为秸秆覆盖；CK 为对照。同列不同小写字母表示各处理间差异显著（$P<0.05$）。

二、胡敏酸的红外光谱分析

秸秆与土壤不同混合方式对胡敏酸 FTIR 的影响如图 5-3，其主要吸收峰的相对强度见表 5-3。与 CK 相比，秸秆与土壤不同混合方式处理对 2 920 cm^{-1}处脂族碳与 1 620 cm^{-1}处芳香碳无显著影响，SI 处理分别提高了

2 850 cm^{-1} 处脂族碳和 1 720 cm^{-1} 处羧基碳 86.96%和 85.89%，其（2 920＋2 850）/1 720的脂族碳/羧基碳和（2 920＋2 850）/1 620的脂族碳/芳香碳的特征比值分别降低 29.07%和提高 25.00%，而 SE 处理显著提高 2 850 cm^{-1} 处脂族碳 2.24 倍，其（2 920＋2 850）/1 720 和（2 920＋2 850）/1 620 的特征比值分别提高 80.86%和 37.50%，表明秸秆与土壤充分混合与秸秆埋置处理提高了胡敏酸的脂族性。秸秆与土壤不同混合方式处理之间相比，SI 处理胡敏酸的（2 920＋2 850）/1 720 比值最低，胡敏酸的氧化度最高；SE 处理的（2 920＋2 850）/1 720 和（2 920＋2 850）/1 620 的特征比值均为最高，胡敏酸脂族性最强；而 SM 处理的（2 920＋2 850）/1 620 的特征比值，胡敏酸的芳香性最强。与差热分析和热重分析一致（图 5－2）。Brunetti 等（2007）认为有机肥的施用降低了土壤胡敏酸的结构缩合度，增强了脂族性，减弱了芳香性，并使得胡敏酸结构趋于脂族化，与本研究结果相似。

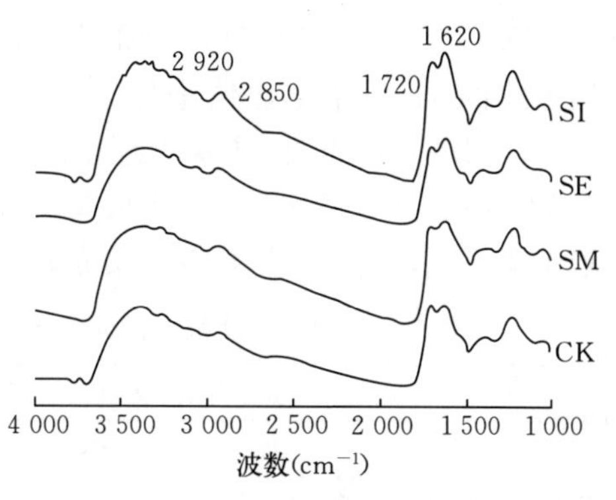

图 5－3 秸秆与土壤不同混合方式对土壤中胡敏酸的红外光谱图的影响

注：SI 为秸秆与土壤充分混合；SE 为秸秆埋置于土层中间；SM 为秸秆覆盖；CK 为对照。

表 5－3 秸秆与土壤不同混合方式对红外光谱主要吸收峰的相对强度的影响

处理	相对强度（%）				比值	
	2 920 cm^{-1}	2 850 cm^{-1}	1 720 cm^{-1}	1 620 cm^{-1}	(2 920+2 850)/1 720	(2 920+2 850)/1 620
SI	4.51±1.32a	0.86±0.06ab	8.96±2.69a	13.37±0.56a	0.61±0.06c	0.40±0.08ab
SE	4.72±1.09a	1.49±0.66a	3.82±0.57b	14.79±3.50a	1.69±0.18a	0.44±0.06a
SM	3.68±0.87a	0.42±0.31b	3.73±0.09b	14.20±1.06a	1.10±0.24b	0.29±0.05b
CK	3.32±0.63a	0.46±0.18b	4.82±1.51b	12.32±4.54a	0.86±0.36c	0.32±0.07ab

注：SI 为秸秆与土壤充分混合；SE 为秸秆埋置于土层中间；SM 为秸秆覆盖；CK 为对照。同列不同小写字母表示各处理间差异显著（$P<0.05$）。

三、胡敏酸的元素组成分析

通常以 H/C 和 O/C 摩尔比值来表征胡敏酸分子结构缩合度和氧化度强弱的指标，H/C 摩尔比值越小表明胡敏酸芳香化程度越高，反之则表明胡敏酸含有的脂肪族化合物越多。各处理元素组成变化如表 5－4 所示，与 CK 相比，各处理纯化胡敏酸元素组成中的C含量显著增加了1.57%～4.48%，O含量显著下降了5.71%～11.51%，SI处理胡敏酸的H、N含量均有所增加。各处理胡敏酸的H/C摩尔比值增加了2.47%～4.59%，O/C减少了1.52%～10.15%，其中SI处理与CK处理相比差异达显著水平（$P<0.05$），说明秸秆与土壤不同混合方式处理促进土壤胡敏酸的脂族化，缩合度和氧化度降低，结构趋于简单化，其中以秸秆与土壤充分混合处理作用最显著。

表5-4 秸秆与土壤不同混合方式对土壤胡敏酸元素组成的影响

处理	元素含量（g/kg）				摩尔比	
	C	H	N	O	H/C	O/C
SI	531.9±1.77a	52.46±1.29a	38.87±1.73a	376.7±3.80c	1.184±0.01a	0.531±0.01b
SE	520.8±4.27b	50.35±0.20b	36.05±0.82a	392.8±7.85bc	1.160±0.02ab	0.566±0.02ab
SM	517.1±1.97c	50.19±0.67b	34.63±2.57a	401.4±3.74b	1.165±0.03ab	0.582±0.01a
CK	509.1±5.13 d	48.01±1.51b	37.65±1.71a	425.7±10.95a	1.132±0.03b	0.591±0.02a

注：SI为秸秆与土壤充分混合；SE为秸秆埋置于土层中间；SM为秸秆覆盖；CK为对照。同列不同小写字母表示各处理间差异显著（$P<0.05$）。

董珊珊等（2017）认为，秸秆还田后，土壤微生物数量和活性增加，土壤中结构复杂的胡敏酸在微生物代谢过程中被分解，使胡敏酸结构稳定性降低，且秸秆分解向土壤输入大量氨基化合物、碳水化合物、脂肪化合物和芳香化合物，使胡敏酸脂族C—H和芳香族C═C伸展增强，脂肪族和芳香族结构增加，从而导致新形成的胡敏酸氧化度和缩合度较低，结构趋于简单化、年轻化。

综上，在短期培养条件下，秸秆与土壤充分混合和秸秆埋置于土层中间处理显著提高土壤有机碳和胡敏酸含量，胡敏酸脂族性增加，氧化度和缩合度降低，热稳定性下降，对提升土壤肥力具有重要作用。

第六章　长期秸秆与化肥配施连续还田对黑土团聚体胡敏酸含量和结构特征的影响

植物残体进入土壤后，大部分被微生物分解，部分有机碳通过腐殖化过程被转化成腐殖物质，腐殖物质被认为能抗微生物分解归因于它们的化学组成，特别是富含芳香的和脂族的结构（Simonetti et al.，2012），从而有利于土壤固碳。土壤有机碳大约占全球土壤碳储量的62%，而且其中至少50%是腐殖物质（Pramanik et al.，2014）。其中，胡敏酸分子结构复杂，分子质量较大，芳化度较高，在土壤有机碳固定、养分储蓄和土壤结构的保持方面具有重要作用。秸秆还田会影响到土壤团聚体的形成以及胡敏酸含量与化学组成（李凯等，2009），从而影响胡敏酸的活性。从提升土壤肥力和固碳角度考虑，我们希望秸秆还田提高胡敏酸含量，胡敏酸分子结构得到更新。本研究就10年长期秸秆连续还田至黑土表层（0～20 cm）对黑土表层（0～20 cm）和亚表层（20～40 cm）水稳性团聚体及其有机碳以及胡敏酸含量与质量的影响进行研究，以评价秸秆浅施对黑土表层与亚表层土壤肥力的影响，寻求提升黑土肥力保育的多方途径。

第一节　研究方法

试验区域位于吉林省长春市吉林农业大学资源与环境学院微区试验田，土壤类型为亚纲黑土类。该地区位于北半球中纬度地带，具有四季分明、干湿适中的气候特征。最热的月份为7月，平均气温为23 ℃。日照时间可达2 688 h，年平均降水量617 mm，夏季降雨量占年降水量的60%以上。秋季温差较大，风速与春季相比较小（刘永欣，2014）。微区试验于2005年开始，试验微区为钢筋水泥槽，每个处理随机设3个重复区，每区面积为2.1 m×1.1 m=2.31 m^2，随机排列，共分24个微区，种植作物为玉米。试验开始时土壤有机质、全氮、全磷和速效钾含量分别为 21.22 g/kg、1.46 g/kg、0.52 g/kg和 167.2 mg/kg，pH 为 6.5。

田间试验共设对照（不施肥）和玉米秸秆与化肥配施（1/3 秸秆还田+化肥）2 个处理，分别用 CKd 和 FS 来表示，各处理 3 次重复。供试玉米秸秆采自新城大街西侧吉林农业大学试验田，将采集到的玉米秸秆经剪裁、烘干（50～70 ℃）和粉碎后，过 0.42 mm（40 目）筛后还田（李凯，2009）。1/3 秸秆还田至 0～20 cm 表层，等同于 2 t/hm^2 秸秆还田，化肥按正常量施用，纯 N 200 kg/hm^2，P_2O_5 100 kg/hm^2，K_2O 100 kg/hm^2。土壤样品采集时间为 2014 年 7 月，样品采集深度为表层 0～20 cm 和亚表层 20～40 cm。采样时供试土壤的基本性质见表 6-1。

表 6-1 黑土土壤的基本性质

处理	土层 (cm)	有机质 (g/kg)	碱解氮 (mg/kg)	有效磷 (mg/kg)	速效钾 (mg/kg)	pH	电导率 (mS/cm)	含水量 (%)
CKd	0～20	26.93	67.43	14.50	82.07	6.44	0.170 0	19.38
	20～40	22.98	42.00	14.30	58.33	5.76	0.205 0	12.27
FS	0～20	32.92	105.93	18.01	112.59	5.94	0.117 3	17.80
	20～40	24.87	70.47	16.82	105.81	6.02	0.120 2	16.27

第二节 秸秆与化肥配施对黑土团聚体及其有机碳的影响

一、表层土壤团聚体组成

根据图 6-1，CKd 处理中，表层土壤>2 mm、0.25～2 mm、0.053～0.25 mm 和<0.053 mm 粒级团聚体的含量分别为 8.37%、36.54%、33.02% 和 21.68%，0.25～2 mm 团聚体含量最高，与其他粒径团聚体相比差异显著（$P<0.01$），为优势粒级，>2 mm 团聚体含量最低。与 CKd 处理相比，FS 处理的土壤表层 0.25～2 mm 大团聚体含量增加了 35.03%，<0.053 mm 粉/黏粒组分减少了 44.42%，差异显著（$P<0.01$），其他团聚体含量与 CKd 处理相比差异不显著。同时，FS 处理中，0.25～2 mm 团聚体仍是优势粒级（$P<0.01$），各级团聚体含量由大至小依次为：0.25～2 mm、0.053～0.25 mm、<0.053 mm、>2 mm，各粒级团聚体间差异显著（$P<0.01$），与 CKd 处理规律相同。

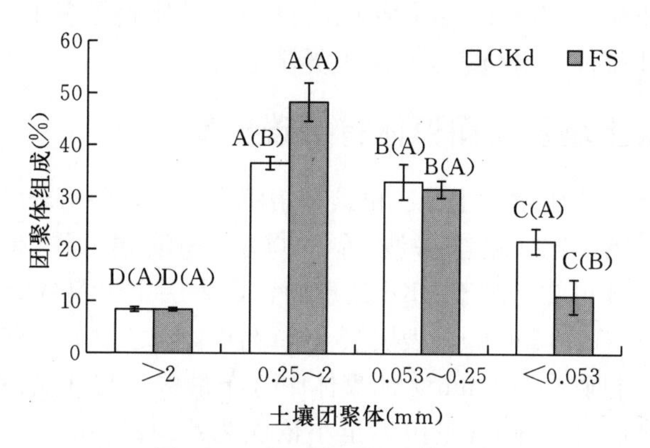

图 6-1　黑土表层团聚体组成

注：不同字母表示同一处理不同粒径团聚体间差异显著（P<0.01）；括号内不同字母表示同一粒径团聚体内不同处理间差异显著（P<0.01）。CKd 表示未施肥的对照，FS 表示 1/3 秸秆还田与化肥配施。

二、亚表层土壤团聚体组成

由图 6-2 可知，在 CKd 处理中，亚表层土壤>2 mm、0.25～2 mm、0.053～0.25 mm 和<0.053 mm 粒级团聚体的含量分别为 8.48%、45.12%、28.16%和 15.06%，各级团聚体的百分含量随着粒级的减小呈现出先增加后降低的趋势，各粒级团聚体之间差异显著（P<0.01），0.25～2 mm 团聚体为优势粒级。对于 FS 处理而言，<0.053 mm 粉/黏粒组分含量小于 CKd 处理，差异显著（P<0.01），0.25～2 mm、0.053～0.25 mm 团聚体含量有高于 CKd 处理的趋势，但差异不显著。FS 处理各级团聚体含量由大至小依次为：0.25～2 mm、0.053～0.25 mm、<0.053 mm、>2 mm，各粒级团聚体间差异显著（P<0.01），与 CKd 处理规律相同。

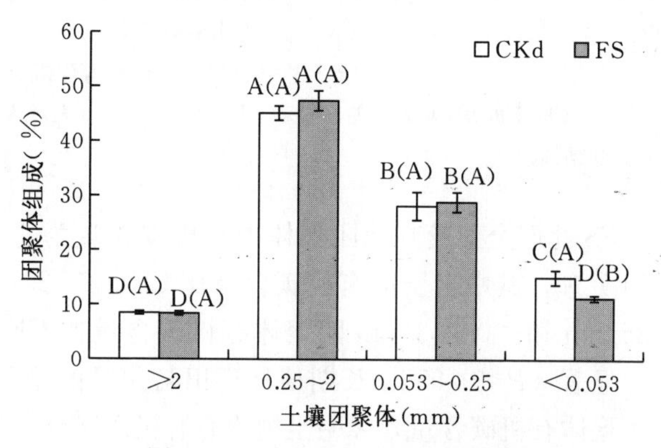

图 6-2　黑土亚表层团聚体组成

注：不同字母表示同一处理不同粒径团聚体间差异显著（P<0.01）；括号内不同字母表示同一粒径团聚体内不同处理间差异显著（P<0.01）。CKd 表示未施肥的对照，FS 表示 1/3 秸秆还田与化肥配施。

与表层土壤相比（图 6-1、6-2），CKd

处理中亚表层土壤0.25～2 mm粒级团聚体的含量比表层多14.11%，亚表层土壤其他粒级团聚体含量与表层土壤差异不显著。

三、表层土壤及其团聚体有机碳含量

玉米秸秆还田作为增加土壤有机碳和培肥土壤的重要措施已经得到了推广应用（吴景贵 等，2006；李海波 等，2008；杨滨娟 等，2014；王虎 等，2014）。由图6-3可知，对于CKd处理而言，表层全土及各级团聚体中有机碳含量为12.48～19.15 g/kg。表层黑土各级团聚体之间土壤有机碳含量存在一定的差异，有机碳在>2 mm大团聚体中分布最多，与其他各级团聚体差异显著（$P<0.05$），有机碳含量由大至小依次为：>2 mm、0.053～0.25 mm（<0.053 mm）、0.25～2 mm，其中，0.053～0.25 mm与<0.053 mm之间差异不显著，与0.25～2 mm之间差异显著（$P<0.05$）。

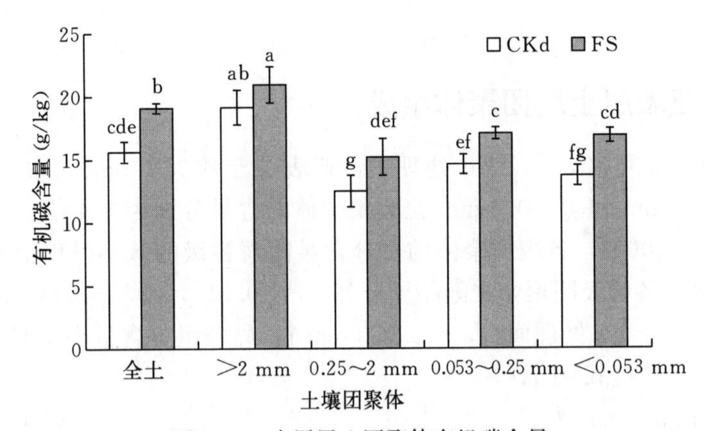

图6-3　表层黑土团聚体有机碳含量

注：不同字母表示处理间差异显著（$P<0.05$）。CKd表示未施肥的对照，FS表示1/3秸秆还田与化肥配施。

FS处理全土及其他团聚体中有机碳含量为15.18～20.93 g/kg，均高于CKd处理，其中全土的有机碳含量比CKd多22.70%，0.25～2 mm、0.053～0.25 mm和<0.053 mm团聚体有机碳含量比CKd高出16.57%～31.23%，差异显著（$P<0.05$）。长期秸秆还田与化肥配施显著增加了表层土壤及其各级团聚体有机碳含量，表明土壤原有有机碳矿化损失（激发效应）量小于秸秆碳积累量，与王虎等（2014）研究一致。FS处理各级团聚体之间相比，>2 mm大团聚体中有机碳含量最多，0.25～2 mm团聚体中有机碳含量最少（$P<0.05$），0.053～0.25 mm与<0.053 mm之间差异不显著（图6-3）。虽然>2 mm大团聚体中有机碳较对照相比提高幅度较小，但是表层黑土有机碳主要分布在>2 mm 大团聚体中。大团聚体中有机质在好气条件下，微生物活性增强，其有机质不稳定更易分解（Franzluebbers，1997；Cambardella et al.，1993），或许是>2 mm 大团聚体中有机碳较对照相比提高幅度较小的原因。而由于微团聚体中孔隙的保护，有较多有机碳积累在 0.053～0.25 mm 微团聚体中。秸秆还田与化肥配施使<0.053 mm 粉/黏粒中有机碳含量大幅度提高，归因于<0.053 mm 组分由粉粒与黏粒组成，具有较大的比表面积和较高的永久表面电荷，能够吸附和稳定有机碳（刘满强，2007）。

四、亚表层黑土及其团聚体有机碳含量

由图 6－4 可知，CKd 处理中，黑土亚表层各粒级团聚体有机碳含量表现为有机碳含量随着粒径的减小有减少的趋势，其中，>2 mm 与0.25～2 mm 之间差异不显著，但分别与 0.053～0.25 mm、<0.053 mm 团聚体之间差异显著（P<0.05），有机碳主要分布在>2 mm 与 0.25～2 mm 大团聚体中，比 0.053～0.25 mm 微团聚体和<0.053 mm 粉/黏粒组分高出 8.05%～29.02%。

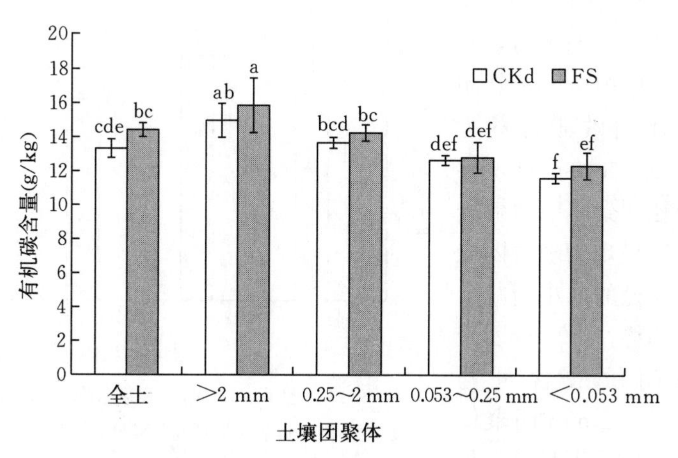

图 6－4　黑土亚表层团聚体有机碳含量

注：不同字母表示处理间差异显著（P<0.05）。CKd 表示未施肥的对照，FS 表示 1/3 秸秆还田与化肥配施。

亚表层 FS 处理中全土及其各级团聚体中有机碳含量与 CKd 处理相比，有增加趋势，但差异不显著，归因于表土进行秸秆还田，而亚表层土壤没有外源植物残体进入。FS 处理各级团聚体之间相比，有机碳含量由大至小依次为：>2 mm、0.25～2 mm、0.053～0.25 mm（<0.053 mm），0.053～0.25 mm 与<0.053 mm 之间差异不显著，其他团聚体之间差异显著（P<0.05）（图 6－4）。

与表层土壤相比（图 6－3、6－4），亚表层土壤 CKd 和 FS 两种处理中，全土及其各级团聚体中有机碳含量均低于表层土壤 6.08%～26.93%。一方面，枯枝落叶等植物残体通过自然方式进入的是土壤表层，施用植物残体等有机培肥方式也是在土壤表层进行，因此，亚表层土壤中没有外源的植物残体补充，有机残体碳积累有限；另一方面，在表层土壤秸秆还田处理时，会增大土

壤扰动强度，有利于根系分泌物及微生物活性基质进入亚表层，可能会促进亚表层原有有机碳矿化（激发效应）（王虎 等，2014），从而导致亚表层土壤及其团聚体有机碳含量低于表层。

第三节 秸秆与化肥配施对黑土及其团聚体中胡敏酸含量的影响

一、表层黑土及其团聚体胡敏酸含量

根据图 6－5，对于 CKd 处理而言，表层土壤中全土及其团聚体胡敏酸含量为 3.15～4.49 g/kg，各粒径团聚体中胡敏酸含量呈现为随着团聚体粒径的减小而减少的趋势。＞2 mm团聚体胡敏酸含量与 0.25～2 mm 团聚体之间差异不显著，但与 0.053～0.25 mm 微团聚体之间差异显著（P＜0.05）。与其他粒级团聚体相比，＜0.053 mm 粉/黏粒组分胡敏酸含量最低，差异显著（P＜0.05）。

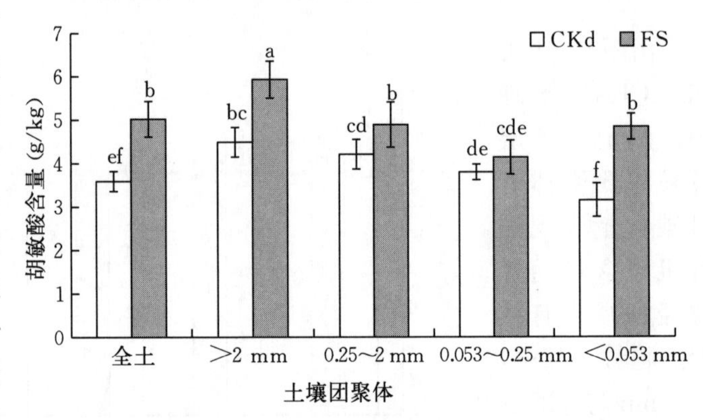

图 6－5 黑土表层团聚体胡敏酸含量

注：不同字母表示处理间差异显著（P＜0.05）。CKd 表示未施肥的对照，FS 表示 1/3 秸秆还田与化肥配施。

对于 FS 处理而言，全土及其各级团聚体中胡敏酸含量分别比 CKd 处理高 8.95%～53.65%（图 6－5）。其中，全土、＞2 mm、0.25～2 mm 和＜0.053 mm 团聚体中胡敏酸含量提高幅度较大，分别提高 39.83%、32.07%、16.15%和 53.65%。对于不同粒级团聚体而言，胡敏酸含量由大至小依次为：＞2 mm、0.25～2 mm（＜0.053 mm）、0.053～0.25 mm。秸秆还田与化肥配施后，＜0.053 mm 粉/黏粒中胡敏酸含量提高幅度最大，与 0.25～2 mm 大团聚体之间差异不显著，虽然低于＞2 mm 大团聚体，但高于 0.053～0.25 mm 微团聚体（图 6－5），由于＜0.053 mm 组分由粉粒与黏粒组成，具有较大的比表面积和较高的永久表面电荷，能够吸附和稳定有机碳（刘满强 等，2007），与 0.053～0.25 mm 微团聚体相比，或许归因于＜0.053 mm 粉/黏粒组分具有强的表面吸附（化学保护）特性，使该粒级有利于胡敏酸的形成和积累。

二、亚表层黑土及其团聚体胡敏酸含量

由图6-6可以看出，对于CKd处理而言，亚表层黑土及其团聚体中，胡敏酸含量为2.58～3.87 g/kg，各级团聚体中胡敏酸含量由大至小依次为：>2 mm、0.25～2 mm、0.053～0.25 mm（<0.053 mm），亚表层黑土胡敏酸主要分布在大团聚体（>2 mm和0.25～2 mm）中。

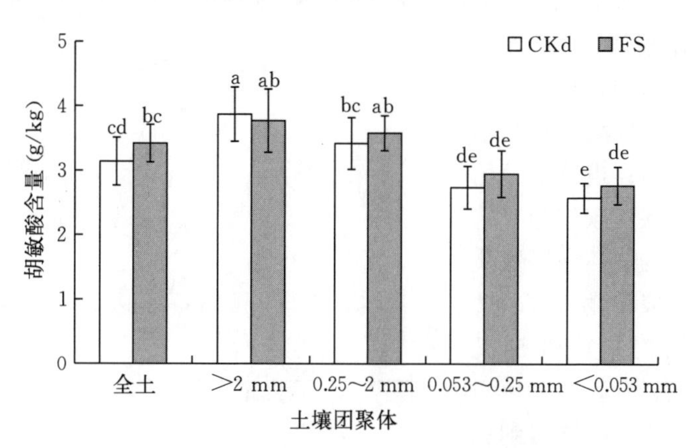

图6-6　亚表层黑土团聚体胡敏酸含量

注：不同字母表示处理间差异显著（$P<0.05$）。CKd表示未施肥的对照，FS表示1/3秸秆还田与化肥配施。

FS处理中，亚表层黑土全土及其各级团聚体胡敏酸含量为2.78～3.79 g/kg，与CKd处理相比差异不显著，归因于秸秆还田在表土进行，而亚表层土壤没有得到秸秆碳源。FS处理中，不同粒径团聚体相比，与CKd处理规律相同，胡敏酸主要分布在大团聚体中（>2 mm和0.25～2 mm）。

与表层土壤相比（图6-5、6-6），亚表层黑土的CKd处理和FS处理中，全土及其各级团聚体的胡敏酸含量均比表层黑土减少了12.85%～19.15%和26.03%～42.20%，归因于亚表层土壤中没有外源的植物残体补充，新形成的胡敏酸积累有限。因此，亚表层土壤胡敏酸“较老”需要将有机肥施入亚表层进行培肥，更新胡敏酸以增加亚表层土壤肥力。

第四节　秸秆与化肥配施对黑土及其团聚体中胡敏酸结构特征的影响

一、全土胡敏酸的红外光谱与元素组成分析

1. 全土胡敏酸的红外光谱分析。黑土全土中胡敏酸的红外光谱见图6-7，其特征吸收峰相对强度具有一定差异性（表6-2）。不同处理之间相比，0～20 cm表层和20～40 cm亚表层的FS处理在2 920 cm^{-1}和2 850 cm^{-1}处脂族碳的相对强度较CKd处理有较大幅度提高（提高18.66%～99.63%），而且FS处理的2 920/1 720和2 920/1 620比值分别高于Ckd处理。表明秸秆还田促使

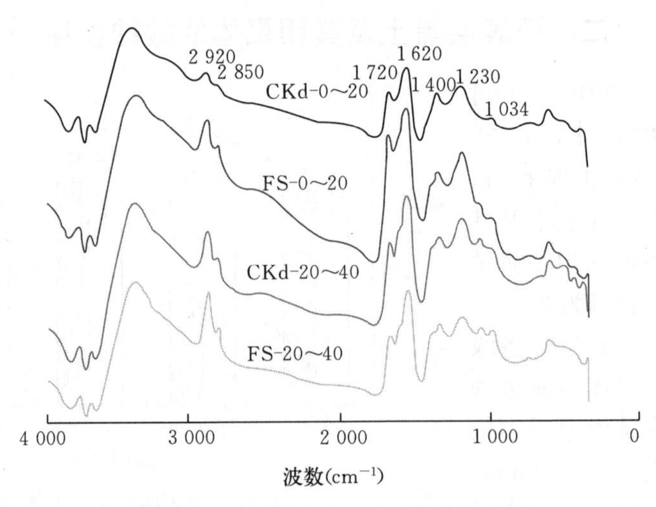

图 6-7　黑土全土中胡敏酸的红外光谱

注：CKd 表示未施肥的对照，FS 表示 1/3 秸秆还田与化肥配施。

表层和亚表层土壤胡敏酸的脂族碳/羧基碳和脂族碳/芳香碳比值增加，胡敏酸的脂族性提高，疏水基碳增多；也反映了秸秆脂族性碳作为腐殖物质的前体向腐殖质的形成转化，致胡敏酸结构脂族性提高（邵满娇 等，2018），腐殖物质品质得到更新。非极性脂族链烃和芳香类成分使腐殖物质具有疏水性（Cui et al.，2017a），这种疏水性能够阻止降解酶的进入（Song et al.，2013），使腐殖物质对微生物分解具有特别的抗性，从而有利于土壤有机碳的稳定，反映了秸秆还田土壤的固碳效应。

表 6-2　黑土全土胡敏酸的红外光谱主要吸收峰的相对强度

土层 cm	处理	相对强度（%）				比值	
		2 920 cm^{-1}	2 850 cm^{-1}	1 720 cm^{-1}	1 620 cm^{-1}	2 920/1 720	2 920/1 620
0～20	CKd	7.545	3.709	15.05	18.56	0.501	0.406
	FS	9.032	4.401	17.28	18.14	0.523	0.498
20～40	CKd	8.200	3.996	12.35	17.85	0.664	0.459
	FS	16.37	7.333	8.751	16.99	1.871	0.964

注：CKd 表示未施肥的对照，FS 表示 1/3 秸秆还田与化肥配施。

2. 全土胡敏酸的元素组成分析。胡敏酸由 C、H、O、N 和 S 等元素组成，其主体是由羧基（—COOH）和羟基（—OH）取代的芳香族结构。施肥前后黑土全土中胡敏酸的元素组成见表 6-3。与 CKd 处理相比，FS 处理表层全土 C、H 和 N 元素含量增加，O 元素含量减少，H/C 和 N/C 摩尔比有所增加，O/C 摩尔比降低，表明秸秆与化肥配施土壤胡敏酸分子的缩合度和氧化度降低，含氮基团增加。就不同土层而言，FS 处理胡敏酸的 C、H 含量和 H/C 摩尔比都表现为 0～20 cm 表层高于 20～40 cm 亚表层，而 O 含量和 O/C 摩尔比为表层低于亚表层。表明有机培肥土壤亚表层胡敏酸分子的缩合度较高，氧化度较低，胡敏酸“较老”。

表 6-3　黑土全土中胡敏酸的元素组成（无水无灰基）

处理	土层 (cm)	C (g/kg)	H (g/kg)	N (g/kg)	O (g/kg)	摩尔比		
						H/C	N/C	O/C
CKd	0～20	598.4	50.66	38.50	312.4	1.016	0.055 1	0.391 6
	20～40	584.4	50.64	43.21	321.7	1.040	0.063 4	0.412 9
FS	0～20	609.5	52.02	43.36	295.1	1.024	0.061 0	0.363 1
	20～40	601.4	48.39	43.24	307.0	0.966	0.061 6	0.382 8

注：CKd 表示未施肥的对照，FS 表示 1/3 秸秆还田与化肥配施。

二、黑土团聚体中胡敏酸的红外光谱与元素组成分析

1. 黑土团聚体中胡敏酸的红外光谱分析。黑土团聚体中胡敏酸的红外光谱如图 6-8 所示，吸收峰相对强度如表 6-4 所示。就 0～20 cm 表层而言，与 CKd 处理相比，FS 处理较大幅度降低了 2 920 cm^{-1}和 2 850 cm^{-1}处>2 mm 大团聚体和 0.25～0.053 mm 微团聚体中胡敏酸的脂族碳强度 29.20%～47.83%，而 1 620 cm^{-1}处芳香碳强度分别提高了 2.60 倍和 13.83%，其 2 920/1 620 特征比值大幅度下降，表明长期秸秆还田显著提高了土壤>2 mm 大团聚体和 0.053～0.25 mm 微团聚体胡敏酸的芳香性，与 Simonetti 等（2012）研究结果相似，该结果表明施用 44 年粪肥土壤大团聚体和微团聚体胡敏酸的芳香碳增加。而在本研究中，0.25～2 mm 大团聚体和<0.053 mm 粉/黏粒粒级胡敏酸的脂族碳强度增加了 38.66%～62.11%，特别是<0.053 mm 粉/黏粒粒级胡敏酸的芳香碳和羧基碳分别减少了 61.20%和 12.56%，其 2 920/1 620和 2 920/1 720 特征比值大幅度提高，表明长期秸秆还田土壤中与黏土矿物颗粒结合的胡敏酸是以高含量脂族碳和低含量含氧官能团为特征的。Spielvogel 等（2008）认为被不同大小矿物颗粒吸附的有机碳化学组成不同，芳香族碳对有机碳的贡献随粒径的减小而减少，而烷基碳则随着粒径的增大而减少（Han et al.，2016），Lützow 等（2006）研究结果也表明粉/黏粒矿物结合的有机质以脂族碳为主，这些研究结果均与本研究相似。

需要提及的是，尽管秸秆还田至 0～20 cm 表层对 20～40 cm 亚表层土壤有机碳和胡敏酸含量没有产生显著影响，但对亚表层土壤胡敏酸分子结构产生了一定的影响，各级团聚体胡敏酸的 2 920/1 620 和 2 920/1 720 特征比值分别提高了 20.63%～43.10%和 134.5%～193.9%（0.053～0.25 mm 微团聚体胡敏酸的 2 920/1 620 特征比值除外），亚表层胡敏酸的脂族碳/羧基碳和脂族碳/芳香碳比值提高，脂族性增加。

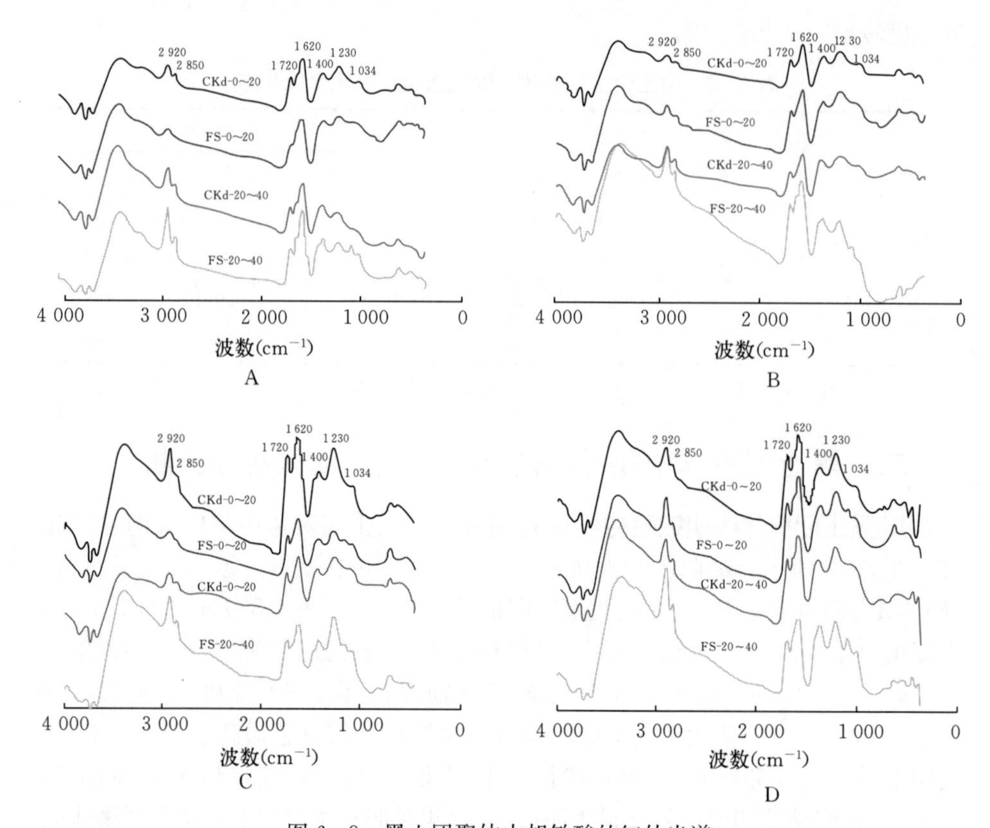

图 6-8 黑土团聚体中胡敏酸的红外光谱

注：A、B、C、D分别代表>2 mm、0.25～2 mm、0.053～0.25 mm 和<0.053 mm 4 个粒级团聚体的红外光谱。CKd 表示未施肥的对照，FS 表示 1/3 秸秆还田与化肥配施。

表 6-4 黑土团聚体中胡敏酸的红外光谱主要吸收峰的相对强度

土层	处理	粒级	相对强度（%）				比 值		
			2 920 cm^{-1}	2 850 cm^{-1}	1 720 cm^{-1}	1 620 cm^{-1}	2 920/1 720	2 920/1 620	2 920/2 850
0～20 cm	CKd	>2 mm	6.368	3.376	5.300	5.610	1.202	1.135	1.886
		0.25～2 mm	4.322	1.900	11.96	17.71	0.361	0.244	2.275
		0.053～0.25 mm	12.22	6.206	8.370	15.11	1.460	0.809	1.969
		<0.053 mm	7.819	4.261	6.610	17.86	1.183	0.438	1.835
	FS	>2 mm	4.512	1.984	9.650	20.20	0.468	0.223	2.274
		0.25～2 mm	5.991	3.077	5.850	18.26	1.024	0.328	1.947
		0.053～0.25 mm	6.791	3.239	6.720	17.20	1.011	0.395	2.097
		<0.053 mm	12.17	6.606	5.780	6.930	2.106	1.756	1.842

（续）

土层	处理	粒级	相对强度（%）				比　值		
			2 920 cm⁻¹	2 850 cm⁻¹	1 720 cm⁻¹	1 620 cm⁻¹	2 920/1 720	2 920/1 620	2 920/2 850
20～40 cm	CKd	>2 mm	10.82	4.895	5.050	19.16	2.143	0.565	2.210
		0.25～2 mm	10.96	4.152	5.500	18.04	1.993	0.608	2.640
		0.053～0.25 mm	8.489	4.468	5.350	8.020	1.587	1.058	1.900
		<0.053 mm	10.97	4.913	5.140	15.81	2.134	0.694	2.233
	FS	>2 mm	13.70	6.667	5.300	10.34	2.585	1.325	2.055
		0.25～2 mm	15.53	7.616	6.000	8.720	2.588	1.781	2.039
		0.053～0.25 mm	8.153	3.825	3.590	21.36	2.271	0.382	2.132
		<0.053 mm	19.15	10.64	6.570	10.55	2.915	1.815	1.799

注：CKd 表示未施肥的对照，FS 表示 1/3 秸秆还田与化肥配施。

2. **黑土团聚体中胡敏酸的元素组成分析。**施肥前后黑土各粒级团聚体中胡敏酸的元素组成见表 6－5。针对不同粒级来说，FS 处理表层土壤中除>2 mm粒级团聚体中 C 元素低于 CKd 处理外，其他 3 个粒级明显高于对应的 CKd 各粒级；FS 处理亚表层土壤中除<0.053 mm 粒级团聚体中 C 元素低于 CKd 处理外，其他 3 个粒级明显高于对应的 CKd 各粒级。FS 处理后微团聚体 C 元素增加量多于大团聚体。

表 6－5　黑土团聚体中胡敏酸的元素组成（无水无灰基）

处理	粒级	元素含量（g/kg）				摩尔比		
		C	H	N	O	H/C	N/C	O/C
CKd（0～20 cm）	>2 mm	604.2	50.45	38.47	306.9	1.002	0.054 6	0.381 0
	0.25～2 mm	605.1	50.45	43.00	301.4	1.001	0.060 9	0.373 6
	0.053～0.25 mm	608.2	48.72	39.43	303.7	0.961	0.055 6	0.374 5
	<0.053 mm	592.9	47.81	39.30	319.9	0.968	0.056 8	0.404 7
CKd（20～40 cm）	>2 mm	575.9	49.60	37.34	337.1	1.033	0.055 6	0.439 0
	0.25～2 mm	601.1	46.64	41.75	310.5	0.931	0.059 5	0.387 4
	0.053～0.25 mm	606.0	48.02	42.40	303.5	0.951	0.060 0	0.375 6
	<0.053 mm	608.5	48.38	40.26	302.9	0.954	0.056 7	0.373 4
FS（0～20 cm）	>2 mm	593.5	49.21	42.84	314.5	0.995	0.061 9	0.397 5
	0.25～2 mm	611.9	47.46	41.56	299.0	0.931	0.058 2	0.366 5
	0.053～0.25 mm	622.9	47.09	40.30	289.7	0.907	0.055 5	0.348 9
	<0.053 mm	617.4	48.90	44.70	289.0	0.950	0.062 1	0.351 1

（续）

处理	粒级	元素含量（g/kg）				摩尔比		
		C	H	N	O	H/C	N/C	O/C
FS（20～40 cm）	＞2 mm	602.3	49.48	40.76	307.5	0.986	0.058 0	0.382 9
	0.25～2 mm	609.4	47.33	40.21	303.0	0.932	0.056 5	0.372 9
	0.053～0.25 mm	614.7	46.58	43.48	295.3	0.909	0.060 6	0.360 3
	＜0.053 mm	595.1	45.94	40.56	318.4	0.926	0.058 4	0.401 3

注：CKd 表示未施肥的对照，FS 表示 1/3 秸秆还田与化肥配施。

从各元素比值来看，FS 处理表层各粒级 H/C 略低于 CKd 对应的各粒级，H/C 由大到小依次为＞2 mm、＜0.053 mm、0.25～2 mm、0.053～0.25 mm；表层 FS 处理＞2 mm和＜0.053 mm 粒级的 N/C 摩尔比值高于 CKd，在一定程度上反映了秸秆残体较多的被土壤颗粒包裹团聚进入大团聚体，以及粉/黏粒矿物对秸秆分解产物的较强吸附性；而 O/C 比值除＞2 mm 粒级略高于 CKd 外，其他粒级均低于对应的 CKd 各粒级比值。总体来说，秸秆与化肥配施致表层各级团聚体胡敏酸的缩合度提高，氧化度下降。对于亚表层胡敏酸而言，不同粒级团聚体间相比，亚表层 CKd 中 H/C 由大到小依次为＞2 mm、＜0.053 mm、0.053～0.25 mm、0.25～2 mm，总体上＞2 mm 大团聚体中胡敏酸的 H/C 略高于＜0.25 mm 微团聚体；亚表层 FS 处理的 H/C 由大到小依次为＞2 mm、0.25～2 mm、＜0.053 mm、0.053～0.25 mm，＞0.25 mm 大团聚体中胡敏酸的 H/C 明显高于＜0.25 mm 微团聚体。与亚表层 CKd 相比，除了 FS 处理 0.25～2 mm 粒级的 H/C 和＜0.053 mm 粒级的 O/C 外，其他粒级团聚体胡敏酸的 H/C 和 O/C 摩尔比值都不同程度下降，总体来说，秸秆与化肥配施后亚表层各级团聚体胡敏酸的缩合度提高，氧化度下降。

综上，供试黑土 0～20 cm 表层和 20～40 cm 亚表层具有良好的土壤结构，均以 0.25～2 mm 大团聚体为优势粒级。10 年长期秸秆配施化肥还田至表层，进一步提高了表层土壤 0.25～2 mm 大团聚体数量，增加了表层土壤及其各级团聚体中有机碳和胡敏酸含量，但对亚表层土壤团聚体组成及其有机碳和胡敏酸含量无显著影响。10 年秸秆配施化肥还田至表层，表层土壤胡敏酸的 H/C 摩尔比提高，O/C 摩尔比降低，脂族碳/羧基碳和脂族碳/芳香碳的特征比值增加，秸秆还田降低了耕层土壤胡敏酸的缩合度和氧化度，脂族性和疏水性提高。与表层土壤相比，亚表层土壤有机碳和胡敏酸含量低，且胡敏酸的缩合度高，亚表层胡敏酸较“老”，有机培肥不能仅限于传统的 0～20 cm 表层，有必要对 20～40 cm 亚表层土壤进行有机培肥。

第七章　不同二氧化碳浓度对黑钙土微生物量与有机质的影响

大气中的CO_2、CH_4和N_2O等温室气体浓度在近百年平均上升速率加快，特别是CO_2浓度在2017年的平均值达到了404 g/m^3，比工业革命前大气CO_2浓度280 g/m^{3}增加了45%，这主要归因于人类活动的影响。1959—2016年，化石燃料的燃烧及工业生产导致了345×10^{15} g（以C计）的CO_2排放，森林砍伐和土地利用变化导致的CO_2排放约为75×10^{15} g，在人为累积排放量中，其中185×10^{15} g（45%）积聚在大气中，95×10^{15} g（23%）被海洋吸收，135×10^{15} g（32%）被陆地生物圈所吸收（张含，2018）。据估计，到2050年前后大气CO_2浓度将达到450～550 g/m^3，政府间气候变化专门委员会（IPCC）预测21世纪末大气CO_2浓度将升高至700 g/m^3。植被是陆地生态系统的重要组成部分，也是生态系统中物质循环和能量流动的枢纽，而CO_2是植物光合作用的底物，CO_2浓度的变化可以直接影响植物的光合作用及其下游的发育过程（金奖铁 等，2019），因此，CO_2浓度在地球大气环境中升高速率之快，会改变植物光合作用和根系呼吸作用，进而影响植物的生长发育和生理生态过程，也会造成温度、降雨量及其分布等气候因子的变化，这种直接或间接的改变会影响土壤碳库的积累以及土壤的养分循环（安少荣，2018）。

一方面，有研究认为CO_2浓度升高，增强了地上植物的光合作用，使大气通过光合作用向植物体内输入的同化碳增加，凋落物中同化碳的增加会输入给土壤更多的碳素。这种通过CO_2浓度增加，改变了土壤-植物系统中碳通量的变化，使输入土壤碳量增加，从而促进了微生物的活性。马红亮、朱建国等（2004）采用FACE试验研究表明，在低氮条件下，大气CO_2浓度升高使土壤表层可溶性碳含量增加，土壤5～15 cm的可溶性碳含量倾向于降低。徐国强等（2002）研究了稻田土壤微生物对CO_2浓度增加的响应规律，指出CO_2浓度增高，促进了土壤中有机碳的输入，为土壤微生物提供了更多的可降解底物，促进了微生物的活性，从而促进了土壤的呼吸作用，反而增加了土壤有机质的矿化速率。罗艳（2003）的研究也认为CO_2浓度升高增加了碳的有效性，刺激了土壤微生物的生长和活性，从而加强了土壤的呼吸作用。另一方面，有学者认为 CO_2 浓度升高，增加了土壤的碳通量，使 C/N 提高，微生物分解与合成所需的氮素缺乏，从而抑制了微生物的呼吸。Cotrufo（1995）的研究表明桦树细根残体在 CO_2 倍增下腐解速率明显降低。这是由于 CO_2 浓度升高，进入土壤中的碳量增加，C/N 增加造成微生物生长受氮限制，使植物残体分解速率降低。Hu（2001）等研究发现，如果将 CO_2 浓度升高条件下的根呼吸视为不变，在生长季晚期测量微生物呼吸，升高的 CO_2 会使每单位生物量中的非自养微生物的呼吸下降，而且这种下降是显著的。对此，Hu 认为升高的 CO_2 浓度改变了植物对氮的利用方式，从而改变了植物和微生物之间的联系，使微生物分解变慢，增加了系统的氮积累。

土壤有机质的形成与转化，主要是一个生物化学过程，影响土壤有机质形成与转化的因素很多，但从热力学角度，这些土壤条件因素完全可以简化为水活度、氧分压和二氧化碳分压三个参数（窦森，2010）。大气中温室气体 CO_2 浓度的增加所引起的气候变化，反过来会影响土壤有机质的分解与转化（黄耀等，2002）。因土壤有机质含量不仅对农业的可持续发展具有重要意义，而且直接影响着人类的生存和各种生物生存环境的稳定性。因此，深入研究各种驱动因素如 O_2、CO_2 浓度等对土壤有机质的影响具有极其重要的意义。相关的多数研究是建立在土壤-植物系统中进行的，CO_2 浓度升高通过增加植物同化碳使根系生物量增加，从而使土壤中碳量输入增加。这是 CO_2 浓度升高对土壤有机质的间接影响，本研究采用室内模拟试验排除地上作物的输入碳因素干扰，研究添加玉米秸秆的黑钙土有机质对不同浓度 CO_2 和 O_2（包括极端浓度设置）的动态反馈，为阐明土壤腐殖物质的形成、转化机制与驱动因素之间的关系提供理论依据，有可能为温室效应研究提供新的资料。

第一节　研究方法

黑钙土采自吉林省农安县新刘家镇（北纬 44°11′39.7″，东经 125°07′58.5″），为自然黑钙土，采样深度为 0～40 cm。将土壤风干并过 2 mm、1 mm、0.25 mm筛备用。土壤基本性质如下：土壤有机碳 18.2 g/kg，全氮 1.3 g/kg，碱解氮 86.5 mg/kg，有效磷 17.0 mg/kg，pH 8.0，C/N 为 14。供试秸秆为玉米秸秆，采自吉林农业大学试验站玉米田。烘干、粉碎，过 60 目筛。该玉米秸秆含有机碳为 442.3 g/kg，全氮为 5.6 g/kg，C/N 约为 79。

采用室内模拟试验，设不加玉米秸秆的对照 CK、8 个不同 O_2 浓度和 CO_2 碳浓度处理，3 次重复（表 7－1）。每个处理黑钙土（风干土）150 g，玉米秸秆加入量为 4%。将风干土在不加有机物料的情况下加入蒸馏水调至田间持水量的70%左右，预培养1周以激活土壤微生物。然后将玉米秸秆和土壤混匀，加入硫酸铵（调C/N=20），加蒸馏水至田间持水量的70%，装入250 mL烧杯中。将各处理样品置于不同浓度CO_2和O_2培养条件下的密闭的塑料桶内，在桶的两侧上下各打一个孔，插入套有胶管的玻璃管，并用凡士林密封，下孔通气，上孔排气。用氧气、二氧化碳气体测定仪（CYES-Ⅱ型）检测桶内O_2和CO_2的浓度。短期培养时每6 h调节桶内气体浓度，30～60 d每1 d调节一次气体浓度，60 d后每3 d调节一次气体浓度。每次取样后重新调节各处理的气体浓度。由于各处理样品置于密闭桶内，桶内湿度较为恒定，当水分减少3 g时再补水。动态取样时间：0.5 d、1 d、3 d、7 d、15 d、30 d、60 d、90 d、180 d、270 d。

表7-1　土壤培养试验处理

处理	O_1	O_2	O_3	O_4（C_1）	O_5	C_2	C_3	C_4	CK
O_2（%，*V/V*）	0	5	10	21	85	21	21	21	21
CO_2（%，*V/V*）	0.03	0.03	0.03	0.03	0.03	5	10	70	0.03
含水量（g/kg）					323±20				
温度（℃）					25				

注：O_4和C_1为同一处理；正常大气浓度O_4为21%，CO_2为0.03%；CK为不加玉米秸秆的处理。O_2浓度控制精度为±2%，CO_2浓度控制精度为±2%。

第二节　不同二氧化碳和氧气浓度对土壤微生物量碳的影响

有机物料在土壤中分解、转化以及形成土壤腐殖物质都离不开土壤微生物的作用，土壤微生物是土壤有机质和土壤养分转化和循环的动力，是土壤有机质转化的执行者，土壤微生物量碳（Soil Microbial Biomass Carbon，SMBC）是土壤有机碳的灵敏指示因子（沈宏 等，1997）。土壤微生物与环境条件关系密切，它们的生命活动受环境因素的制约，温度、水分、土壤pH及土壤通气状况（氧气）均会影响土壤微生物的活性（李阜棣 等，1993），从而影响土壤有机质的周转。

一、不同O_2浓度对土壤微生物量碳的影响

在短期0～30 d培养期间，各处理SMBC均保持较高水平且各处理间差异不显著（图7-1）。这是由于土壤在未加入玉米秸秆时进行了1周预培养，激活了土壤微生物，加入玉米秸秆后，在短期内为各处理土壤微生物都提供了充

足有效的速效碳源，激发了微生物生长。特别是 O_2 浓度为0%的SMBC并不因其无氧环境而低于有氧处理，相反在0～15 d的短期培养期间一直保持较高含量。一方面，该处理在加入玉米秸秆之前经过1周预培养，激活了土壤微生物。另一方面，微生物分为自养微生物和异养微生物，自养微生物营养类型包括光能和化能无机营养两类型，化能无机营养微生物以 CO_2 为碳源，从氧化无机化合物中取得能量，这类微生物除了 O_2 外，还能利用无机物（如硝酸盐和硫酸盐等）作为电子受体进行无氧呼吸（如亚硝酸或硝酸细菌、硫细菌和硫化细菌等）。在本研究中，土壤样品加入了一定量 $(NH_4)_2SO_4$，以调节土壤C/N，该处理在培养期间有强烈的 H_2S 气体味道，或许就是由于无氧条件下存在硫化细菌分解 $(NH_4)_2SO_4$ 所致。综上所述，或许可以解释无氧条件下也拥有较高SMBC原因。但随着培养时间的延长(30～90 d)，有机物质被大量分解之后，厌氧呼吸作用减弱，所以长期培养期间氧气为0%的处理SMBC低于有氧处理，但仍高于对照（图7-2）。

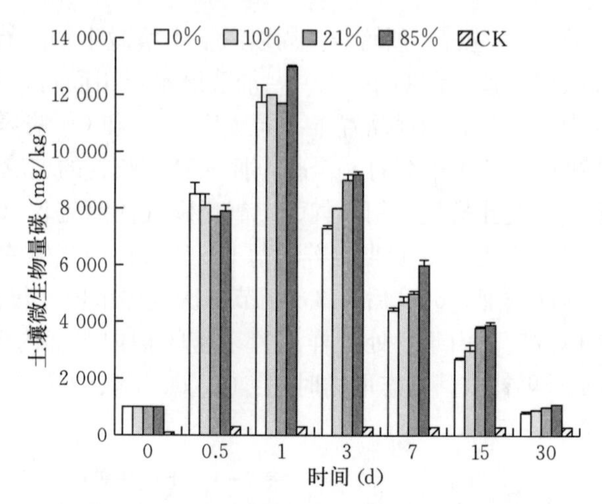

图7-1　0～30 d短期培养期间 O_2 培养条件下土壤微生物量碳含量

在30～270 d长期培养期间，SMBC表现为随着 O_2 浓度升高而增加的趋势（图7-2）。在有氧条件下，土壤中主要氧化剂是土壤空气中的 O_2 能促进土壤化学与生物化学作用，且土壤生物化学过程的方向与强度，在很大程度上取决于土壤空气和溶液中 O_2 含量。而土壤空气中的 O_2 主要来自大气 O_2 之间的气体交换，由于土壤空气与大

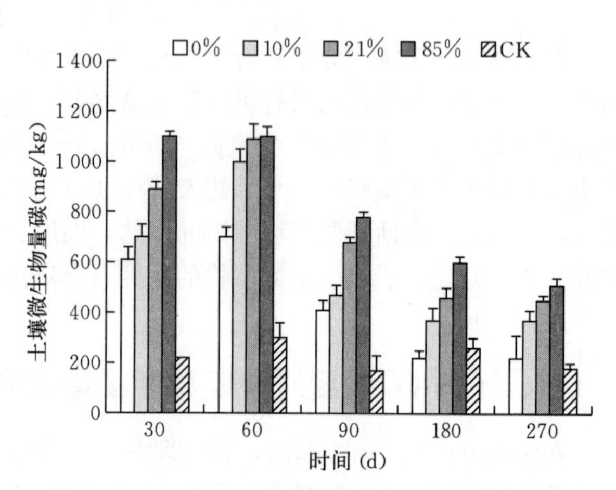

图7-2　30～270 d长期培养期间 O_2 培养条件下土壤微生物量碳含量

气中 CO_2 和 O_2 浓度存在着分压差，大气中 O_2 浓度越高，驱使土壤空气中 CO_2 气体分子不断向大气扩散，而 O_2 分子不断从大气向土壤扩散。土壤中的主要还原性物质是有机质，尤其是新鲜未分解的有机质（黄昌勇，2013），因此，当土壤中加入大量新鲜有机物料的时候，土壤微生物因获得大量速效碳源而活动旺盛，好气性微生物的活动需要耗氧，大气中 O_2 浓度越高，微生物活动越强烈。

二、不同 CO_2 浓度对土壤微生物量碳的影响

在短期培养 0～15 d 期间，加入玉米秸秆的各处理之间 SMBC 差异不显著（图 7－3）。在玉米秸秆加入土壤短期内提供给土壤微生物的速效碳源大量增加，从而刺激了好气微生物的大量繁殖，好气微生物进行呼吸作用、微生物分解有机物质都会产生大量 CO_2，充满土壤空气，因此在培养初期，外源有机质输入、土壤空气中都充满 CO_2 的前提下，各处理 SMBC 差异不显著。

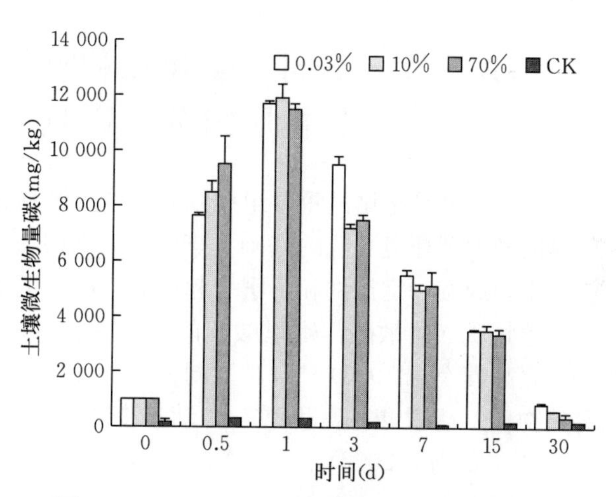

图 7－3　0～30 d 短期培养期间 CO_2 培养条件下土壤微生物量碳含量

30～270 d 不同 CO_2 浓度处理 SMBC 大小顺序为：0.03%＞10%＞70%（图 7－4）。随着培养时间的延长，外源有机质逐渐耗尽，在微生物活动不旺盛的情况下，环境中恒定的 CO_2 含量高低势必会影响土壤空气中 CO_2 含量，从而影响到 SMBC。一方面，在微生物的合成过程

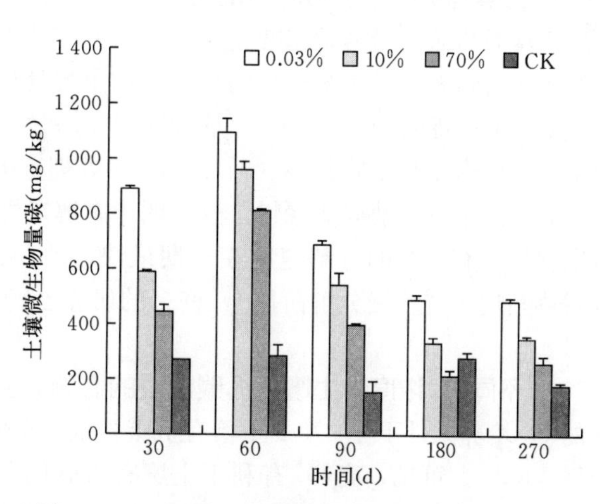

图 7－4　30～270 d 长期培养期间 CO_2 培养条件下土壤微生物量碳含量

中，尽管好气性微生物的碳源只有很少量来自 CO_2，但 CO_2 又是必要的，因此 CO_2 浓度升高可能会导致土壤微生物体内 C/N 的增加，当氮素供应不足时，土壤微生物的呼吸会受到抑制，从而影响 SMBC。另一方面，CO_2 浓度升高，增加了大气中的 CO_2 分压，土壤空气与大气之间产生压力梯度，促使土壤空气与大气之间进行气体交换，使土壤空气中 CO_2 浓度增加，由于土壤空气中，CO_2 与 O_2 浓度是相互消长的，CO_2 浓度增加，O_2 浓度就会降低，再加上好气性微生物活动耗氧，氧化还原电位下降，必然会抑制土壤微生物的活性。因此，SMBC 随着 CO_2 浓度的增加而减少。

第三节　不同二氧化碳和氧气浓度对土壤有机质组分的影响

土壤有机质是土壤的重要组成物质，使土壤具有结构性和生物性，从而实现土壤的肥力和环境功能的基础（李学垣，2001）。国内外不少学者把有机物料施入土中或按一定比例和土壤一起培养，研究了整个腐解过程中土壤有机质以及腐殖物质（胡敏酸、富里酸）的动态变化（窦森 等，1992；王旭东 等，2000；赵高霞 等，1995）。但对不同的 O_2、CO_2 浓度条件下，土壤有机质以及腐殖物质（胡敏酸、富里酸）的动态变化的研究则刚刚开始（于水强 等，2003；平立凤 等，2002）。

一、土壤有机碳含量

1. 土壤有机碳含量随时间的变化。不同培养时间不同 CO_2 和 O_2 浓度各处理土壤有机碳含量的动态变化规律如图 7－5 与图 7－6 所示。由于玉米秸秆的有机碳含量较高，玉米秸秆的加入增加了各处理有机碳含量，0.5 d 各处理均比对照 CK 提高 70%～78%。随着培养时间的延长，不同培养时间各处理全土有机碳含量呈下降趋势。0～30 d，各处理有机碳含量下降幅度较大，30 d 以后有机碳下降趋势较为缓慢。这说明未腐解有机物的施用，可以增加土壤有机质含量。有机物的分解速度在初期最快，即存在着一个“快速分解阶段”，以后逐渐进入“缓慢分解阶段”，许多的研究已经证实了这一点（张晋京 等，2001）。

2. 不同 O_2 浓度对土壤有机碳含量的影响。从图 7－5 可以看出，不同浓度的 O_2 培养条件下至 270 d 土壤有机碳含量大小依次为：0%（5%、10%）＞21%＞85%。可见，高 O_2 有利于土壤有机碳的分解，使有机碳残留量较低。由于土壤中主要的氧化剂是 O_2，而土壤中主要的还原性物质是有机质。O_2 含量高的处理有利于好气性微生物的生长，促进了微生物对有机质的分解，因

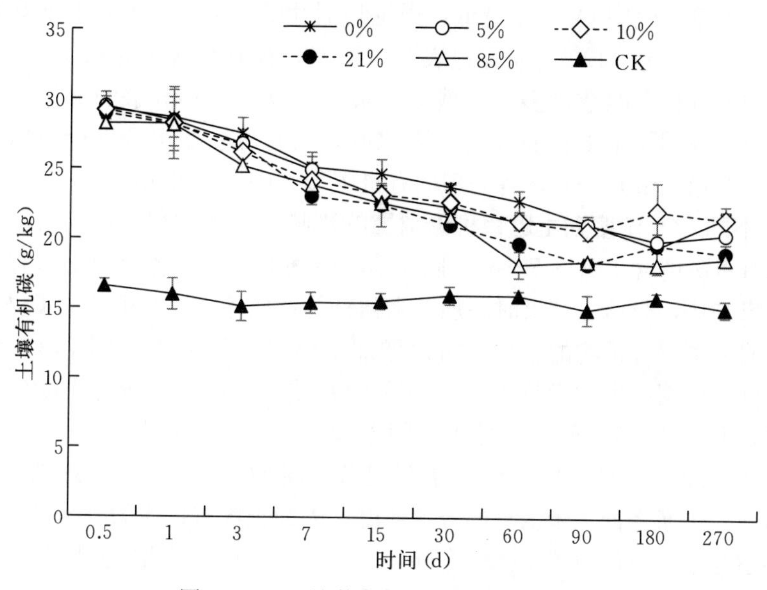

图 7-5　O_2 培养条件下土壤有机碳含量

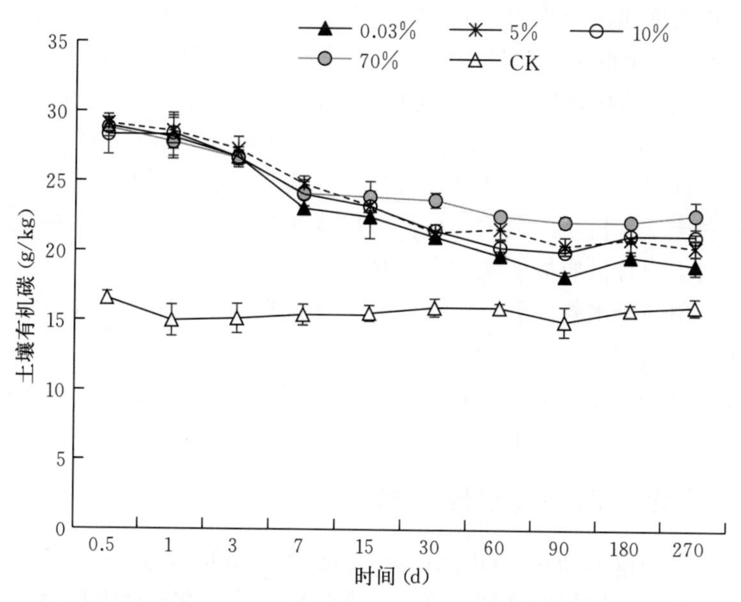

图 7-6　CO_2 培养条件下土壤有机碳含量

此，土壤有机碳含量下降较多。理论上，厌氧条件下，厌氧微生物是以无机物做营养源进行无氧呼吸，有机质分解慢，残留有机碳量高，Arrouays (1995) 研究表明土壤有机碳与黏粒含量呈明显的正相关 ($R^2=0.83$)，表明土壤质地越黏重，土壤空气中 O_2 含量越低，微生物活性受到抑制，不利于土壤有机质的分解。车玉萍等（1995）研究也表明^{14}C-麦秆在黏粒含量为 62 g/kg 的沙土中，大的通气性孔隙数量多，^{14}C 残留量最低，有机物料分解的最快。这在一定程度上也证明了本试验的观点。从 SMBC 与有机质各组分进行的相关性分析（见本章第四节）来看，各处理的有机碳与 SMBC 呈正相关。

3. 不同 CO_2 浓度对土壤有机碳含量的影响。玉米秸秆的加入增加了各处理土壤有机碳的含量（图 7-6）。随着培养时间的延长，各处理土壤有机碳含量呈下降趋势，至培养结束时添加玉米秸秆的各处理土壤有机碳含量仍高于对照，表明未腐解有机物的施用，可以增加土壤有机质含量。不同 CO_2 浓度处理对土壤有机碳产生的影响不同，随着 CO_2 浓度升高，土壤有机碳含量呈增加趋势，0.03%、5%和 10%处理之间差异不显著，培养至 270 d，70%处理高出其他处理 7.93%～18.87%，差异显著。高 CO_2 处理可能会抑制土壤微生物的活性，进而降低玉米秸秆的分解速度，因为土壤有机质的分解过程是在微生物的参与下进行的（Nannipieri et al.，2003）。而在土壤-植物系统内，有研究（Entry et al.，1998；Gorissen et al.，1998；Van et al.，1997）表明 CO_2 浓度升高，增强地上植物的光合作用，使大气通过光合作用向植物体内输入的同化碳增加，凋落物中同化碳增加会输入给土壤更多的碳素（Weigel et al.，2005）。土壤中碳储量增加，C/N 增高，使微生物分解与合成所需的氮素缺乏，抑制了微生物的呼吸，植物残体腐解速度减慢（Cotrfo et al.，1995；Hu et al.，2001；Entry et al.，1998；Gorissen et al.，1998；Van et al.，1997）。本试验是在土壤上不生长植物无其他碳输入的前提下，研究不同浓度 CO_2 培养对土壤有机质的影响，尽管与其他学者在土壤-植物系统内研究 CO_2 浓度升高对土壤有机质的影响机制不同，但所得结果相似，CO_2 处理为 70%时，相当于田间淹水条件下，降低了土壤有机碳的分解速度，有利于土壤有机碳的积累。

总之，高 O_2、低 CO_2 促进土壤有机碳的分解，使土壤有机碳含量显著下降。低 O_2 和高 CO_2 有利于土壤有机碳的积累。

二、土壤水溶性有机碳含量

溶解性有机碳（Dissolved Organic Carbon，DOC），指在一定的时空条件下，受植物和微生物影响强烈、具有一定的溶解性、在土壤中移动比较快、不稳定、易氧化、易分解、易矿化，其形态、空间位置对植物、微生物来说活性比较高的那一部分土壤碳素。其不是单纯的化合物，而是土壤有机碳的组成部分之一（李淑芬 等，2002）。而水溶性有机碳（Water - Soluble Qrganic Carbon，WSOC）是溶解性有机碳的一部分，是能够通过浸提溶解在水中的那一部分碳素，因此，测定土壤水溶性有机碳含量也就是测浸提液中的有机碳。土壤中水溶性有机碳主要来源于近期的植物枯枝落叶和土壤有机质中腐殖质及微生物分解的有机质。

1. 土壤水溶性有机碳含量随时间的变化。加入玉米秸秆的各处理土壤水溶性有机碳含量明显高于对照（图7-7、7-8）。在玉米秸秆分解初期，土壤水溶性有机碳含量明显提高，这是由于玉米秸秆本身含有较多的水溶性物质（李学恒 等，2001）。随着玉米秸秆的分解，土壤水溶性有机碳含量下降。0.5～15 d，各处理的土壤水溶性有机碳含量呈逐渐下降趋势，在30 d含量有所增加，这与土壤微生物在30 d的数量大量减少有关。土壤水溶性有机碳可作为微生物的碳源来促进微生物的周转，而微生物在周转过程中又通过分解有机物料以及本身的新陈代谢、死亡来增加土壤水溶性有机碳。大量微生物机体死亡降解会产生一些可溶性物质，使土壤水溶性有机碳含量增加。因此，土壤水溶性有机碳与微生物之间是相辅相成的关系，这与代静玉等（2004）观点一致。Liang 等（1998）研究表明SMBC与土壤水溶性有机碳、碳水化合物碳呈显著性相关。30～180 d，土壤水溶性有机碳含量逐渐下降，180 d后，土壤水溶性有机碳含量趋于稳定，此时有机物料的分解、微生物的生长、繁殖与消亡处于相对平衡状态。这种趋势与180～270 d时SMBC、土壤有机碳含量变化趋势相吻合，土壤水溶性有机碳与土壤有机碳含量呈正相关。

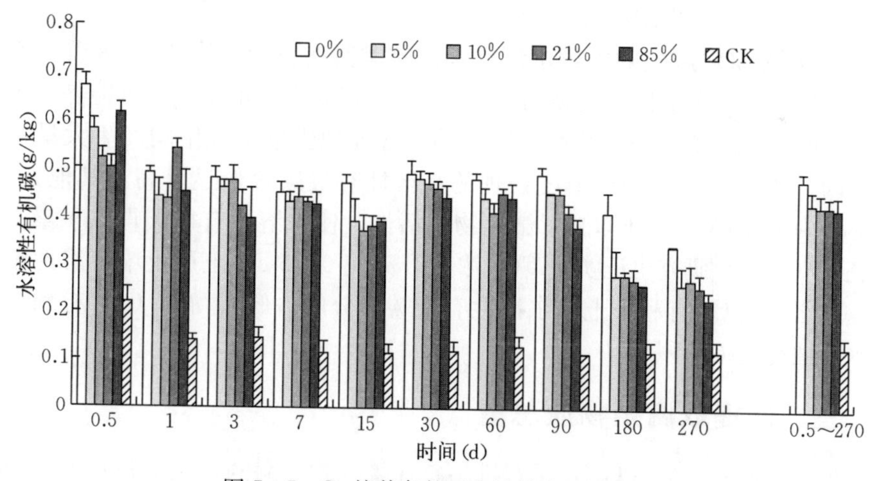

图7-7　O_2培养条件下水溶性有机碳含量

2. 不同O_2浓度对土壤水溶性有机碳含量的影响。从图7-7可以看出，在不同O_2浓度培养下，在短期培养期间，0.5～15 d，O_2浓度为0%处理的土壤水溶性有机碳含量明显高于其他处理，这是由于在厌氧条件下抑制了好气性微生物的活性，土壤微生物量减少，活性降低，分解水溶性有机碳较少，残留

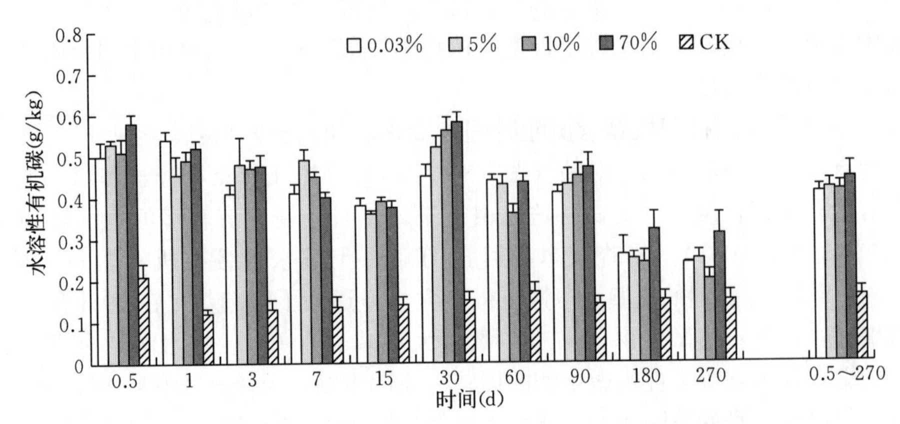

图 7-8　CO_2 培养条件下水溶性有机碳含量

量较多。O_2 浓度为 85%的处理土壤水溶性有机碳含量最低，主要是因为高氧处理下，微生物很活跃，而土壤水溶性有机碳是微生物迅速利用的底物，易被好气性微生物分解利用，使土壤中水溶性有机碳含量相对减少。5%、10%、21%处理之间差异不显著。随着培养时间的延长，各处理间，水溶性有机碳含量顺序为：0%>5%（10%）>21%>85%，5%和 10%之间差异不显著，其他各处理间差异显著。说明低 O_2 有利于土壤水溶性有机碳的积累，高 O_2 有利于土壤水溶性有机碳的分解。

3. 不同 CO_2 浓度对土壤水溶性有机碳含量的影响。 从图 7-8 看，不同 CO_2 浓度处理对水溶性有机碳的影响在 0.5～15 d 规律不明显，可能是玉米秸秆加入的短期内刺激好气性微生物活动，各处理土壤空气中均产生大量 CO_2 的原因。30～270 d，70%浓度处理的水溶性有机碳含量显著高于其他处理，可能是由于高 CO_2 处理抑制了微生物的活性，使水溶性有机碳得以积累。马红亮等（2004）研究也证实了 CO_2 浓度升高使 0～5 cm 土层土壤可溶性碳增加。总之，高 O_2 有利于土壤水溶性有机碳的分解；低 O_2、高 CO_2 有利于土壤水溶性有机碳的积累。

三、碱提取腐殖物质总量

碱提取腐殖物质（HE）是有机物料在微生物、酶的作用下形成的一类特殊的高分子化合物，它不是由某一种化合物构成，而是由一系列分子构成的聚类物质，它一般是由一到多个芳香核（也可能是非芳核结构的线性分子）、外边连着多个活性功能团构成，由于其形成条件和起始物质的多样性，所以具有高度的非均质性（程励励 等，1981；熊田恭一，1984）。

1. 碱提取腐殖物质含量随时间的变化。 由表 7-2、7-3 看出，玉米秸秆分解初期，HE 含量呈上下波动状态。在 1 d HE 升至最高，3 d 有所下降，7 d 升至较高，之后 HE 含量逐渐减少，7 d 为转折点，这与窦森（1995）观点一致。经测定，玉米秸秆提取液中类碱提取腐殖物质的含量为 57.2 g/kg，因此，加入玉米秸秆的各处理 HE 含量均高于对照。在 1 d 时 O_2 浓度为 0%、5%、10%、21%和 85%各处理 HE 比对照分别增加 90.3%、77.4%、79.8%、91.9%和 77.4%；CO_2 浓度为 0.03%、5%、10%和 70%各处理 HE 含量分别较对照增加 91.9%、70.2%、79.8%和 84.7%。由于有机物料在土壤中分解期间，一部分有机碳被微生物分解为 CO_2，同时一部分分解产物合成为微生物的细胞组织，另一部分则被微生物利用合成腐殖物质。腐殖物质在被合成的同时，也发生着分解和转化，因此，土壤中腐殖物质的含量决定于其形成量和分解量的相对大小。在玉米秸秆分解初期微生物活跃，需要一部分碳合成微生物细胞，因此，0.5 d HE 含量较低。土壤在加入有机物料的初期 SMBC 含量急剧增加，在 1 d 达到最大值，相关性分析表明，HE 含量与 SMBC 呈显著正相关（见本章第四节）。7 d 以前，由于 HE 的合成与分解同时并存，只是在不同的时期各占优势，因此 HE 含量呈波动状态。7 ～30 d，HE 下降，说明 HE 的分解速度大于合成速度。30 d 以后 HE 呈缓慢下降趋势，由于 30 d 后，秸秆中的速效碳源被微生物利用殆尽，一方面土壤微生物量大幅下降，另一方面土壤中的微生物被迫分解土壤中难分解的高分子有机物，因此，HE 含量逐渐减少。但从整个培养期看，各处理的 HE 含量均显著高于对照。

表 7-2 O_2 培养条件下碱提取腐殖物质含量（g/kg）

时间	氧气浓度					
	0%	5%	10%	21%	85%	CK
0.5 d	9.23±0.21a	8.98±0.38a	9.23±0.38a	9.14±1.76a	9.09±1.05a	5.57±0.08b
1 d	10.60±0.08ab	9.88±0.48c	10.01±0.68bc	10.69±0.00a	9.88±0.14c	5.57±0.23 d
3 d	8.94±0.20a	8.35±0.14b	8.89±0.35ab	8.71±0.34ab	9.21±0.39a	5.30±0.16c
7 d	9.34±0.75a	9.16±0.24a	8.96±0.57a	9.14±0.51a	9.25±0.12a	5.49±0.00b
15 d	8.64±0.14a	8.09±0.47a	8.45±0.34a	8.09±0.24a	8.09±0.24a	5.54±0.69b
30 d	7.94±0.22a	7.22±0.36b	7.30±0.22b	7.01±0.36bc	6.67±0.22c	6.03±0.14 d
60 d	7.32±0.68a	6.87±0.31ab	6.42±0.47ab	6.15±0.55ab	5.96±0.16b	4.42±1.33c
90 d	7.24±0.08a	6.98±0.08a	6.13±0.08b	6.09±0.19b	5.88±0.08b	5.47±0.85b
180 d	6.66±0.08a	6.09±0.31ab	5.82±0.15b	5.56±0.30b	5.47±0.31b	6.09±0.42ab
270 d	6.60±0.83a	6.07±0.08ab	5.85±0.00ab	5.55±0.08b	5.46±0.00b	5.44±0.96b
T	8.25±1.32a	7.77±1.32a	7.71±1.58a	7.61±1.79a	7.51±1.79a	4.79±0.76b

注：不同小写字母表示不同处理之间差异显著（$P<0.05$）；T 代表各处理的平均值，$n=3$。

表 7-3　CO_2 培养条件下碱提取腐殖物质含量（g/kg）

时间	二氧化碳浓度				
	0.03%	5%	10%	70%	CK
0.5 d	9.14±1.76a	10.27±0.28a	9.57±1.44a	10.47±0.58a	5.57±0.08b
1 d	10.69±0.00a	9.47±0.00a	10.01±1.17a	10.28±0.71a	5.57±0.23b
3 d	8.71±0.34a	7.81±0.24ab	8.17±0.66b	7.90±0.20b	5.30±0.16c
7 d	9.14±0.51a	9.25±0.32a	9.10±0.85a	9.30±0.51a	5.49±0.00b
15 d	8.09±0.24a	8.04±0.82a	8.32±1.27a	8.59±0.34a	5.54±0.69b
30 d	7.01±0.36b	7.82±0.63a	7.09±0.58ab	8.10±0.57a	6.03±0.14c
60 d	6.15±0.55a	6.24±0.42a	6.51±0.31a	6.64±0.52a	4.42±1.33b
90 d	6.09±0.19ab	6.21±0.15a	6.39±0.15a	6.47±0.15a	5.47±0.85b
180 d	5.56±0.30b	5.91±0.00ab	6.09±0.31ab	6.26±0.31a	6.09±0.42ab
270 d	5.55±0.08a	5.89±0.08a	5.96±0.18a	6.03±0.16a	4.44±0.96b
T	7.61±1.79a	7.71±1.62a	7.67±1.45a	8.00±1.65a	4.79±0.76b

注：不同小写字母表示不同处理之间差异显著（$P<0.05$）；T 代表各处理的平均值，$n=3$。

2. 不同 O_2 浓度对碱提取物质含量的影响。在 0.5～15 d 短期培养期间，在玉米秸秆存在类碱提取腐殖物质的影响下，不同 O_2 浓度处理之间相比，总体上没有显著差异，只是在 1～3 d 期间，0%和 21%处理 HE 含量均显著高于 5%和 10%处理（表 7-2）。随着培养时间增加，总体上 0%和 5%处理 HE 含量高于其他处理，而 85%处理 HE 含量基本上显著低于 0%和 5%处理。表明 85% O_2 浓度处理不利于 HE 的积累。

3. 不同 CO_2 浓度对碱提取腐殖物质含量的影响。植物物料在分解期间，一方面使本身的构成物质逐渐矿化分解，另一方面，木质素或其分解的中间产物（多元酚、多元醌）经腐殖化作用进一步缩合成为高分子的腐殖物质（李学恒，2001；Stevenson et al.，1994），腐殖物质含量的多少取决于形成量和分解量的相对大小。根据表 7-3，在 0.5～15 d 短期培养期间，不同 CO_2 浓度之间相比，除了 0.03%处理 HE 含量在 3 d 时显著高于其他处理外，其他时间各处理差异不显著。可能归因于短期培养期间微生物活动旺盛，HE 形成与分解并存，因此处于波动状态。随培养时间的延长，HE 分解速度大于形成速度，HE 含量逐渐降低。在 30～180 d 培养期间，0.03%处理 HE 含量显著低于高 CO_2 浓度处理，表明高 CO_2 处理抑制了 HE 的分解。王旭东（2001）研究认为腐殖物质的形成与转化是一个氧化过程，因此，CO_2 浓度升高可能会抑制微生物参与下 HE 的形成与分解。总的来说，低 O_2、高 CO_2 浓度有利于 HE 的积累。

四、胡敏酸的含量

1. **胡敏酸含量随时间的变化。**胡敏酸含量变化见图7-9、7-10，玉米秸秆分解期间，加入玉米秸秆的各处理胡敏酸含量均高于CK处理。1 d时不同O_2浓度培养条件下，各处理胡敏酸较CK的增加幅度分别是：0%处理增加50.5%，5%处理增加42.8%，10%处理增加42.8%，21%处理增加54.3%，85%处理增加48.6%；不同CO_2浓度培养条件下，各处理胡敏酸较CK增加幅度分别为：0.03%处理增加54.3%，5%处理增加27.3%，10%处理增加54.3%，70%处理增加48.6%。这归因于玉米秸秆中含有定量的类胡敏酸，经测定玉米秸秆碱提取液中含类胡敏酸为17.7 g/kg。在1～15 d短期培养期间，玉米秸秆分解初期，胡敏酸含量经历了下降（1～3 d）、提高（3～7 d）、

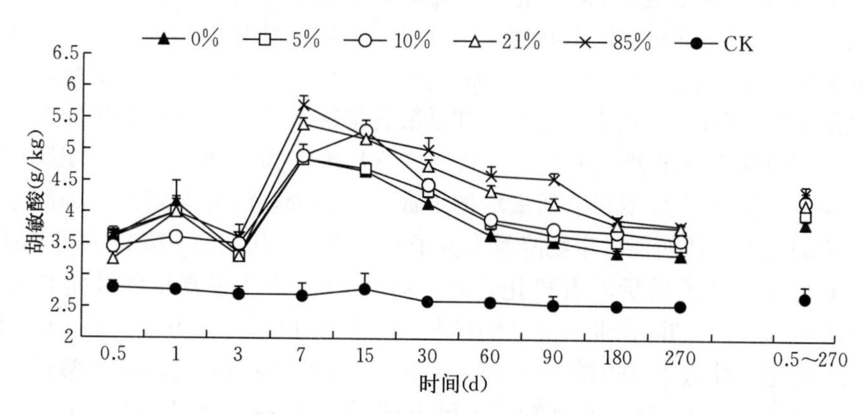

图7-9　O_2培养条件下胡敏酸含量

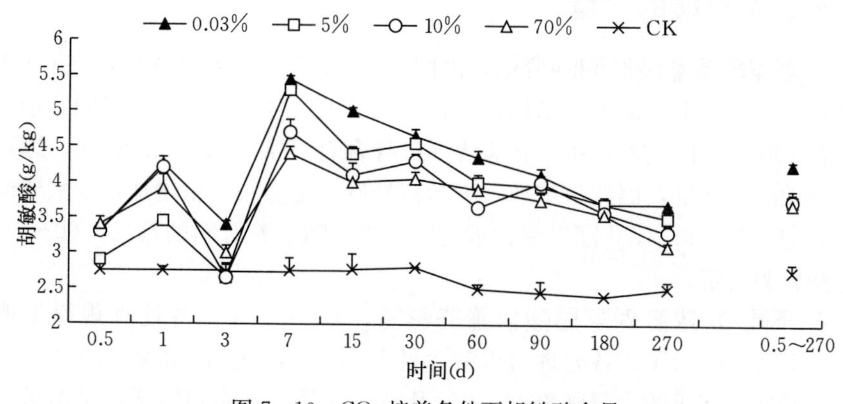

图7-10　CO_2培养条件下胡敏酸含量

再减少（7～15 d）的动态变化，反映了秸秆分解初期胡敏酸分解与形成的动态平衡，其中，7 d 为转折点，说明此时胡敏酸的积累量大于分解量。15 d 后，胡敏酸含量开始逐渐下降，表明其分解速度大于形成速度。这与窦森、李超等（1995）研究结果一致。

2. 不同 O_2 浓度对胡敏酸含量的影响。根据图 7-9，在 0.5～3 d 培养期间 O_2 培养条件下，各处理间差异不明显。3～270 d，不同 O_2 浓度各处理间胡敏酸含量大小依次为：0%＜5%＜10%＜21%＜85%，随着 O_2 浓度的增加，胡敏酸含量提高，且在 7～270 d，0%处理胡敏酸含量分别低于 21%和 85%处理 9.86%～16.10%和 7.89%～16.30%，说明高 O_2 有利于胡敏酸的形成和积累。O_2 浓度高有利于土壤的通气性，窦森（1998）认为通气性好和富含盐基、缺乏酸性的环境，胡敏酸比较稳定。

3. 不同 CO_2 浓度对胡敏酸含量的影响。由图 7-10 可以看出，在 CO_2 培养条件下，0.5 ～3 d 各处理间规律不明显。玉米秸秆分解 7～270 d，各处理间胡敏酸含量大小趋势基本为：0.03%＞5%＞10%＞70%。7 d 时胡敏酸含量达到最大值，7 d 为转折点，之后，胡敏酸含量逐渐减少。CO_2 浓度为 70%的处理，胡敏酸含量最低，正常大气状态（CO_2 浓度为 0.03%）下，胡敏酸含量最高，说明高 CO_2 不利于胡敏酸的形成。一方面，CO_2 含量高会抑制土壤微生物的活性，从而使微生物降解大分子有机化合物的能力下降，不利于胡敏酸捕获低相对分子质量的有机化合物，而高 CO_2 条件下富里酸稳定性较高（李学恒，2001），也不利于富里酸向胡敏酸的转化；另一方面，高 CO_2 下，胡敏酸的稳定性低于富里酸（李学恒，2001），胡敏酸有可能向富里酸分解转化。综合来看，高 O_2、低 CO_2 有利于胡敏酸的形成和积累，与于水强（2003）观点一致。

五、富里酸的含量

1. 富里酸含量随时间的变化。由图 7-11、7-12 可以看出，在 0～15 d 短期培养期间，土壤加入玉米秸秆的各处理富里酸含量显著高于对照，增加幅度都在 130%以上。这是由于玉米秸秆自身含有类富里酸 38.8 g/kg，远远高于类胡敏酸的含量，因此土壤加入玉米秸秆后，富里酸含量增加幅度大于胡敏酸。总的来看，1～15 d 富里酸含量有所减少，随培养时间的延长，60～270 d 富里酸较为稳定。

2. 不同 O_2 浓度对富里酸含量的影响。0.5～30 d，各处理规律不明显（图 7-11）。30～270 d 各处理富里酸含量大小趋势依次为：0%＞5%＞10%＞21%＞85%。富里酸含量随着 O_2 浓度升高而下降，可能归因于富里酸分子结构较胡敏酸简单，在 Schnitzer 和 Khan 的模型中，富里酸的结构单元是由氢

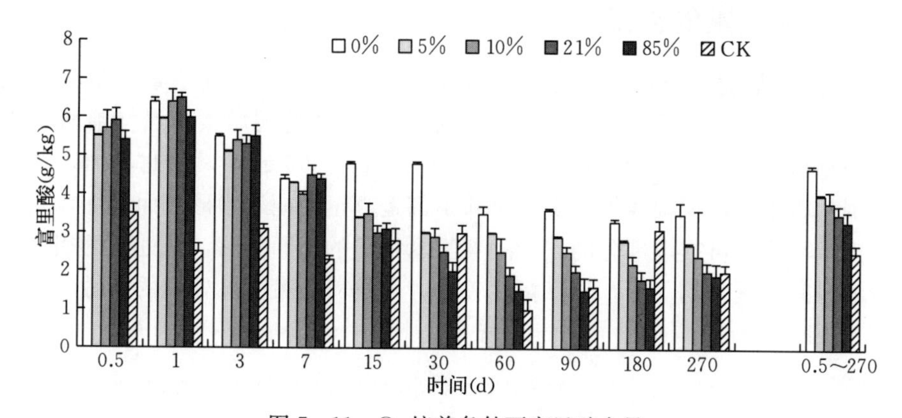

图 7-11　O_2 培养条件下富里酸含量

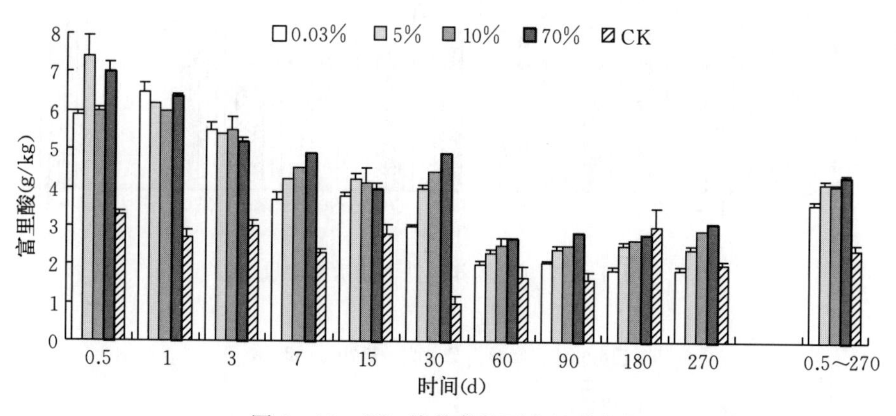

图 7-12　CO_2 培养条件下富里酸含量

键联结，结构可以弯曲，可聚合或分散（李学恒，2001）。在高 O_2 条件下，活性增强的土壤微生物或许促使富里酸进一步氧化、聚合转化为胡敏酸；在厌氧条件（O_2 浓度为 0%）下，厌氧微生物主要以无机物为能源，故富里酸稳定性高，分解转化数量较小，有利于富里酸的积累。

3. 不同 CO_2 浓度对富里酸含量的影响。在 0.5～15 d 短期培养期间各处理规律不明显（图 7-12）。30～270 d，富里酸含量大小趋势依次为：0.03%<5%<10%<70%。从 0.5～270 d 的平均值来看，0.03%处理与其他处理之间差异显著，5%和 10%之间不显著。CO_2 浓度高会抑制土壤微生物的活性，增加了富里酸的稳定性，使富里酸得以积累。这与窦森（1998）和于水强（2003）的研究结果一致，富里酸在缺 O_2、多水和高 CO_2 条件下较稳定。综合来看，低 O_2 和高 CO_2 有利于富里酸的积累。

六、胡敏素的含量

1. **胡敏素含量随时间的变化。**玉米秸秆分解期间土壤胡敏素含量的变化见图 7－13、7－14。土壤施入玉米秸秆后，各处理的胡敏素含量均显著高于 CK。经测定，玉米秸秆中不可提取部分的碳量在 399 g/kg，因此，加入秸秆后土壤胡敏素含量大幅增加，实际上并不都是真正的胡敏素形成而增加，其中含有玉米秸秆不可提取部分的碳。随着玉米秸秆的不断分解，各处理的胡敏素含量随时间的延长均下降，下降幅度较小，至培养结束时各处理的胡敏素含量仍高于 CK。

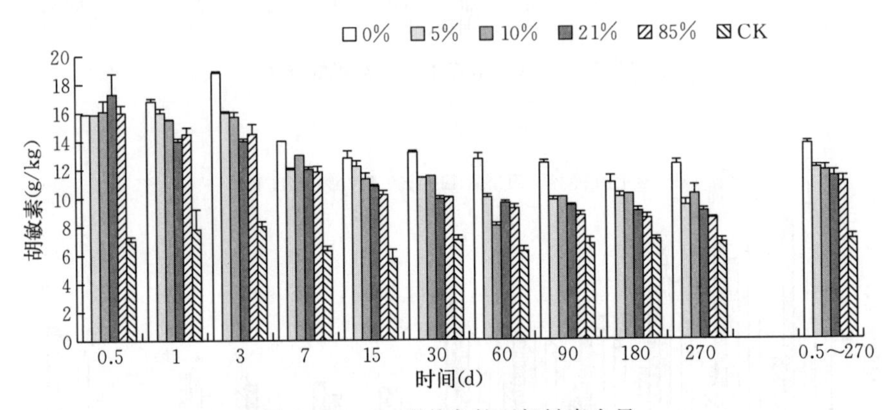

图 7－13 O_2 培养条件下胡敏素含量

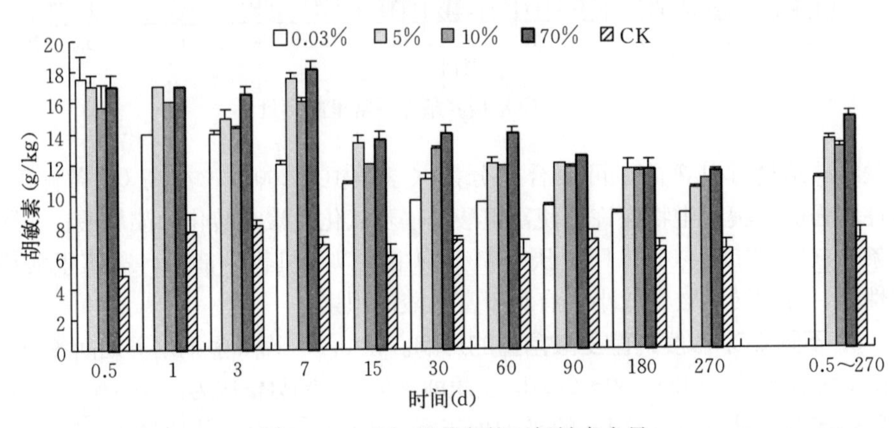

图 7－14 CO_2 培养条件下胡敏素含量

2. **不同 O_2 浓度对胡敏素含量的影响。**由图 7－13 可以看出，不同 O_2 浓度培养条件下，由于培养时间短，0.5～7 d 各处理之间规律不明显，15 d 后各处理胡敏素含量有递减趋势：0%＞5%（10%）＞21%＞85%。O_2 浓度为 0%处理与其他处理之间差异显著，其他各处理间差异不显著。胡敏素是土壤中的惰性物质，在厌氧条件下，胡敏素含量远远高于其他处理。随着 O_2 浓度的逐渐增加，胡敏素逐渐分解，因此，5%、10%、21%、85%处理的胡敏素含量有依次递减的趋势，但递减幅度较小。可能是由于胡敏素稳定性较高，不易分解，O_2 的不同分压对胡敏素的影响较小，但至少可以说明低 O_2 有利于胡敏素的积累。

3. 不同 CO_2 浓度对胡敏素含量的影响。 从图 7－14 可以看出，不同 CO_2 浓度处理之间相比，5%、10%、70%处理的胡敏素含量显著高于 0.03%处理，但 5%、10%、70%之间差异不显著，表明高浓度 CO_2 有利于胡敏素的稳定。总之，从各处理胡敏素含量的动态趋势看，低 O_2 和高 CO_2 有利于胡敏素的积累，这与于水强（2003）观点一致。

七、腐殖物质组成的变化

根据测定的腐殖物质含量，可以了解土壤腐殖物质组成状况，从而明确特定土壤或特定培养条件下胡敏酸、富里酸形成的相对速度及其相互转化关系。通常用胡敏酸/富里酸比值或 PQ 描述土壤腐殖物质组成情况。PQ 为可提取腐殖物质中胡敏酸的比例，我们选用 PQ 作为腐殖化程度的指标。

1. 腐殖物质组成随时间的变化。 从图 7－15、7－16 可以看出，玉米秸秆加入土壤后，0.5～3 d 培养期间 PQ 值没有明显变化。随着培养时间的延长，3～60 d，PQ 值不断上升，这可能是由于新形成的富里酸及一些小分子组分在矿化分解的同时又进一步缩合转化为胡敏酸或胡敏素组分。大量研究都表明，玉米秸秆在分解过程中 PQ 值都表现出先减少后增加的趋势（张晋京 等，2002；于水强 等，2003；王莉莉 等，2003；平立凤 等，2002）。60 d 到波峰后开始下降，在 180 d 后不再下降，说明腐殖物质组成趋于平衡态。

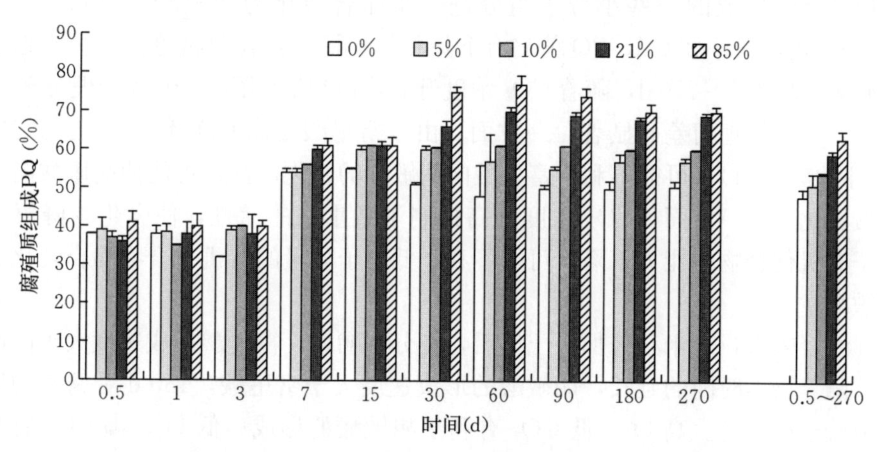

图 7－15　O_2 培养条件下土壤的腐殖质组成 PQ 值

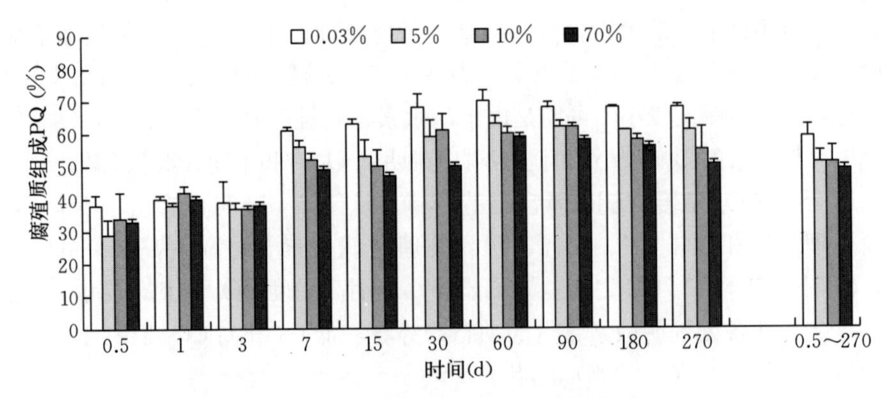

图 7－16　CO_2 培养条件下土壤的腐殖质组成 PQ 值

2. 不同 O_2 浓度对腐殖物质组成的影响。在不同 O_2 浓度培养条件下，各处理 PQ 值在培养初期 0.5～3 d 规律不明显（图 7－15）。随着培养时间的延长，各处理 PQ 值顺序为：0%＜5%＜10%＜21%＜85%，5%和 10%处理之间在 0.5～60 d 差异不明显，其他各处理间差异显著。这说明 O_2 浓度高，土壤通气性好，微生物活动旺盛，促使富里酸或小分子组分通过增碳、增氮进一步缩合成为结构复杂的胡敏酸，加快了胡敏酸的形成速度。

3. 不同 CO_2 浓度对腐殖物质组成的影响。玉米秸秆加入土壤后，0.5～3 d 各处理 PQ 值均较低（图 7－16）。这可能有两个方面的原因：一方面玉米秸秆自身含有类富里酸 38.8 g/kg，远远高于类胡敏酸的含量；另一方面可能是玉米秸秆分解期间，最初富里酸的形成速度大于胡敏酸，这与窦森、李超等（1995）观点一致。7～60 d，PQ 值不断上升，这可能是由于新形成的富里酸及秸秆分解形成的一些小分子组分进一步缩合转化为胡敏酸（吴景贵 等，2005）。培养 90～270 d，PQ 值略有下降并趋于稳定，表明腐殖物质组成趋于平衡态。培养 7～270 d，随着 CO_2 浓度升高，PQ 值下降，0.03%处理与 5%、10%、70%处理间差异显著。一方面，由于富里酸在高 CO_2 环境中是稳定的（李学恒，2001），可能不利于富里酸向胡敏酸的转化，甚至可能使胡敏酸向富里酸转化；另一方面，CO_2 浓度升高抑制了微生物的活性，使微生物降解大分子有机化合物的能力下降，可能不利于低分子质量的有机化合物缩合转化成胡敏酸。

综合来看，玉米秸秆加入土壤后，在分解初期，富里酸形成速度大于胡敏酸。随着培养时间的延长，胡敏酸的形成速度大于富里酸，180 d 后腐殖物质组成趋于稳定态。高 O_2、低 CO_2 有利于胡敏酸的形成；低 O_2、高 CO_2 有利于富里酸的形成和稳定。

4. 不同 CO_2 和 O_2 浓度下微生物量碳与土壤有机碳及其组分间的相关性分析。由表 7-4 和表 7-5 可知，在不同 O_2 浓度培养条件下，SMBC 与土壤有机碳及其各组分间的相关性表相似。加入玉米秸秆的各处理 SMBC 与土壤有机碳含量呈显著正相关，表明土壤有机碳是土壤微生物的碳源。汪清奎等（2005）研究认为，SMBC 与土壤有机碳间的相关性达到了显著水平（$r=0.644$，$P<0.05$）。另外，SMBC 分别与碱提取腐殖物质、富里酸和胡敏素含量呈显著正相关，表明土壤加入玉米秸秆后，土壤有机碳的增加促进了微生物的活性，增强了微生物合成腐殖物质的能力，使腐殖物质随着土壤有机碳、SMBC 的增加而增加。但随着培养时间的延长，土壤有机碳不断分解转化，微生物可利用的碳源减少，SMBC 下降，一方面微生物合成腐殖物质的能力减弱，另一方面微生物由于缺乏能源，而被迫分解高分子有机化合物，使腐殖物质随着土壤有机碳、SMBC 的减少而减少。这也正表明了在生态系统中土壤微生物在植物残体降解、腐殖物质形成及养分转化与循环中扮演着十分重要的角色（Kennyd et al.，1995）。

表 7-4　不同 O_2 浓度土壤微生物量碳与土壤有机碳及其组分间的相关系数

O_2 浓度（%）	土壤有机碳	土壤水溶性有机碳	腐殖物质	胡敏酸	富里酸	胡敏素
0	0.911**	0.539	0.917**	0.135	0.985**	0.858**
10	0.871**	0.553	0.916**	−0.090	0.987**	0.913**
21	0.822**	0.649*	0.930**	−0.158	0.979**	0.866**
85	0.816**	0.517	0.927**	−0.165	0.971**	0.915**
CK	0.330	0.372	0.368	0.149	0.190	−0.002

注：*、** 分别表示在 $P<0.05$、$P<0.01$ 水平存在差异。

表 7-5　不同 CO_2 浓度条件下土壤微生物量碳与土壤有机碳及其组分间的相关系数

CO_2 浓度	土壤有机碳	土壤水溶性有机碳	腐殖物质	胡敏酸	富里酸	胡敏素
0.03%	0.822**	0.649*	0.930**	−0.158	0.979**	0.866**
5%	0.901**	0.528	0.844**	−0.408	0.924**	0.877**
10%	0.869**	0.533	0.916**	−0.071	0.902**	0.822**
70%	0.905**	0.515	0.867**	0.053	0.899**	0.816**
CK	0.330	0.372	0.368	0.149	0.190	−0.002

注：*、** 分别表示在 $P<0.05$、$P<0.01$ 水平存在差异；$n=10$。

第四节　不同二氧化碳和氧气浓度对腐殖物质光学性质的影响

本节利用 721 W 分光光度计测定胡敏酸、富里酸在波长 400 nm、600 nm 处的吸光值，从而计算出色调系数（ΔlgK）和相对色度（RF），以便了解胡敏酸、富里酸的光学性质。一般认为暗色是腐殖物质最重要的特征之一，腐殖物质的形成在本质上就是一种颜色逐渐变暗的过程。这种色调的差别和腐殖化程度的差别是相对应的。而 Δlg$K$ 和 RF 是与颜色有关的两个指标。一般来说，胡敏酸、富里酸的 Δlg$K$ 或 E_4/E_6 比值越高，RF 值越低，说明他们的分子结构愈简单，数均分子质量愈小（窦森 等，1995）。

一、腐殖物质光学性质随时间的变化

1. 胡敏酸的光学性质。玉米秸秆分解期间，各处理的 Δlg$K$、RF 的变化见图 7－17、7－18、7－19、7－20。由图 7－17、7－19 可见，加入玉米秸秆的各处理胡敏酸的 Δlg$K$ 与 CK 对照相比均有较大幅度的提高；从图 7－18、7－20 来看，RF 值则相反，加入玉米秸秆的各处理的胡敏酸的 RF 值均较对照 CK 下降，CK 处理的 Δlg$K$、RF 值没有明显的变化。这表明未加有机物料的全土 CK 的腐殖化程度较高，胡敏酸的分子结构较为复杂。土壤施入玉米秸秆后，Δlg$K$ 升高、RF 下降说明了土壤中形成了缩合度低且芳香度小的胡敏酸，其结构较为简单，腐殖化程度降低。这与窦森等（1988）和赵高峡等（1995）研究结果一致。在第 60 d 左右，施入有机物料的各处理的 Δlg$K$ 出现峰值，而 RF 值出现低谷，说明有新生的胡敏酸生成。这与吴景贵等（2005）研究相同。随着培养时间的延长，60 d 后，胡敏酸的 Δlg$K$ 下降，RF 升高，这说明随着土壤腐殖化过程的进行，胡敏酸的氧化程度和芳构化程度逐渐增加，胡敏

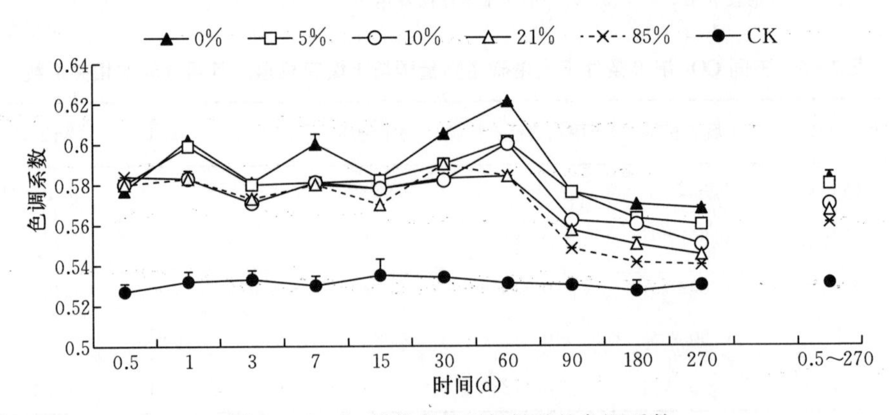

图 7－17　O_2 培养条件下胡敏酸的色调系数

酸的分子结构逐渐复杂化。

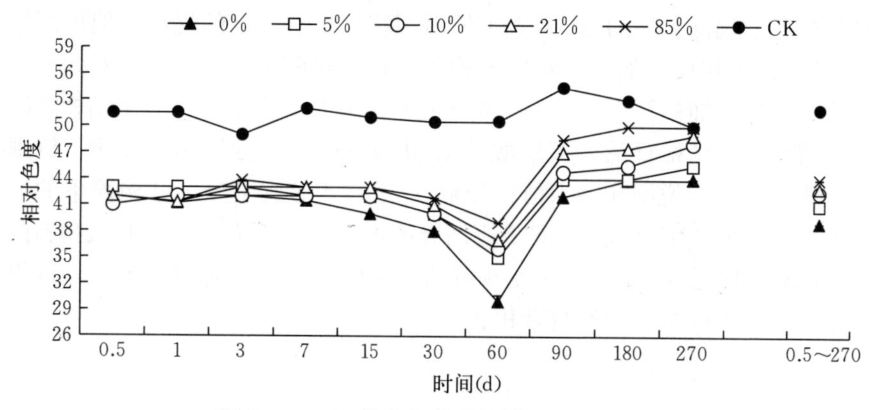

图 7-18　O_2 培养条件下胡敏酸的相对色度

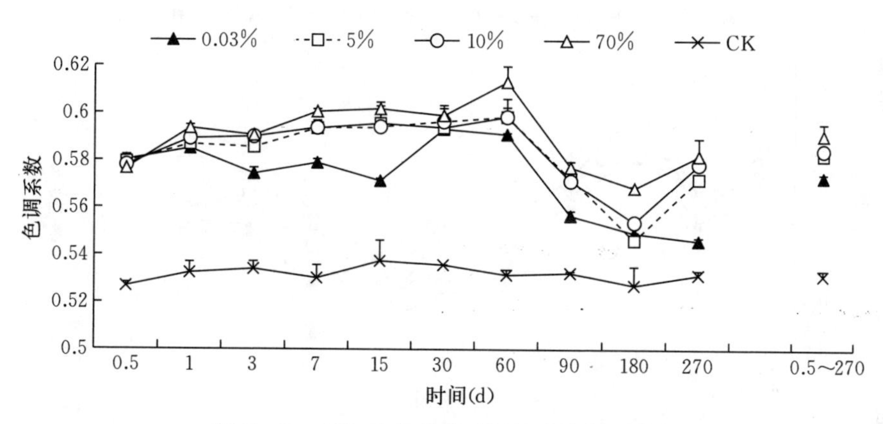

图 7-19　CO_2 培养条件下胡敏酸的色调系数

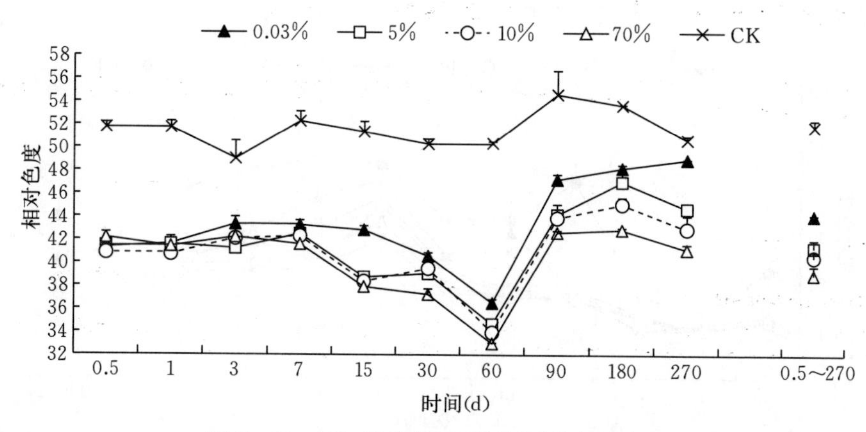

图 7-20　CO_2 培养条件下胡敏酸的相对色度

2. **富里酸的光学性质。**由图7-21、7-22、7-23、7-24可见，加入玉米秸秆的各处理富里酸的$\Delta\lg K$与CK对照相比也有一定的提高，但提高幅度不大；RF值则相反，加入玉米秸秆的各处理富里酸的RF值均较对照CK下降。说明土壤添加秸秆后，土壤的腐殖化程度降低，富里酸的分子结构变得简单。土壤加入玉米秸秆后，富里酸的$\Delta\lg K$在第3d达到最高峰；RF值则在1～3d出现低谷。说明在玉米秸秆分解0.5～3d形成了分子结构简单的富里酸。3d后$\Delta\lg K$持续下降，RF值逐渐升高，至60d左右，加入有机物料的各处理$\Delta\lg K$出现低谷，而RF值出现峰值，表明随着培养时间的延长，富里酸的分子复杂程度提高，逐渐复杂化、芳构化。

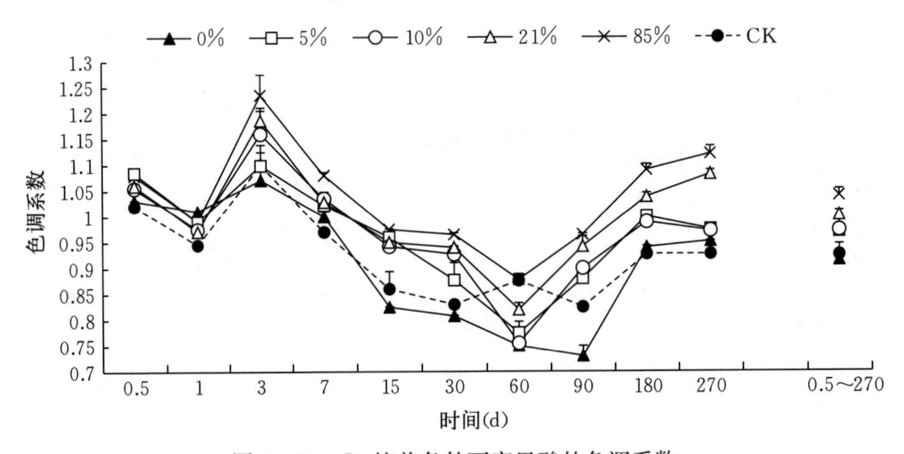

图7-21　O_2培养条件下富里酸的色调系数

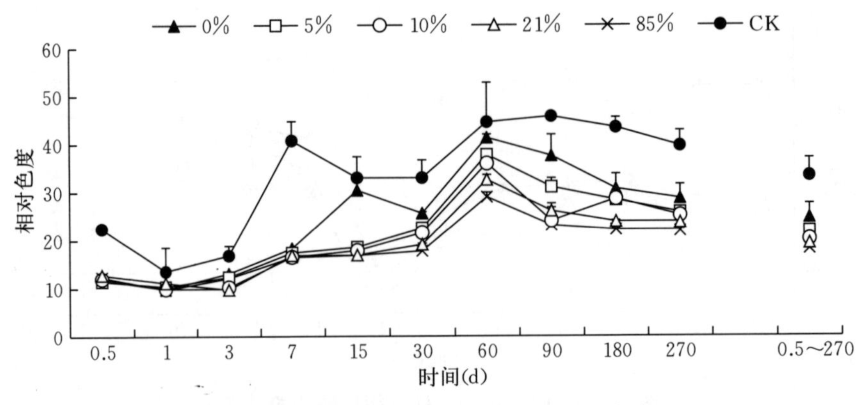

图7-22　O_2培养条件下富里酸的相对色度

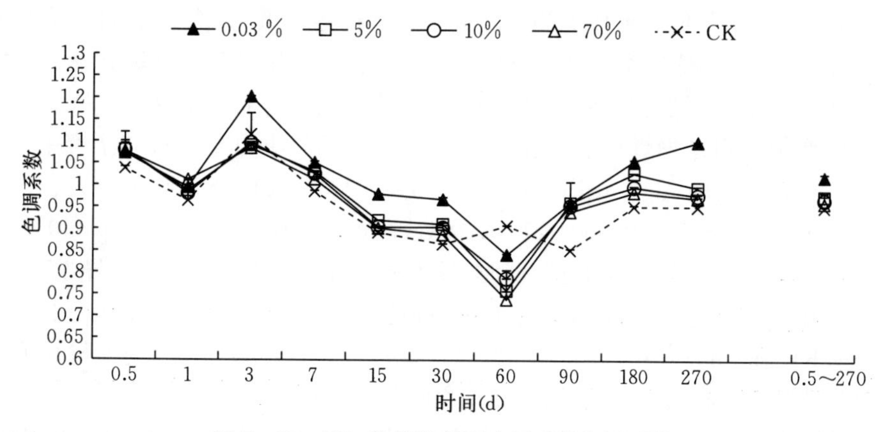

图 7-23　CO_2 培养条件下富里酸的色调系数

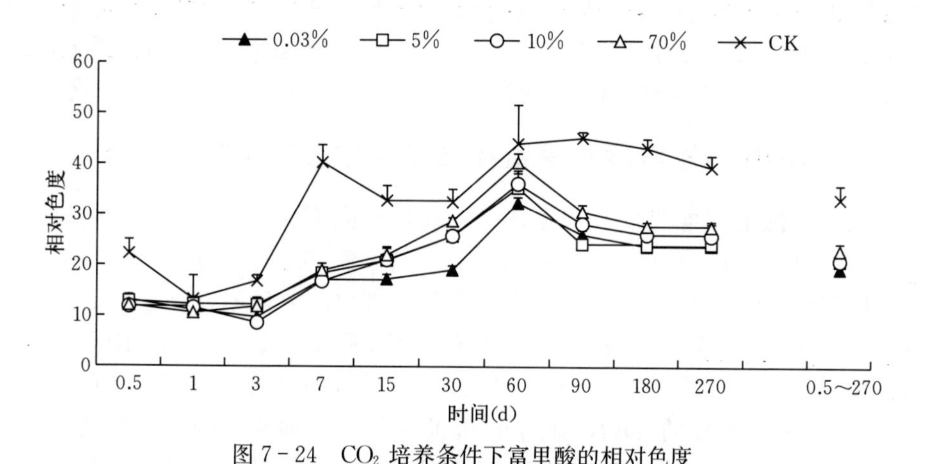

图 7-24　CO_2 培养条件下富里酸的相对色度

二、不同 O_2 浓度对腐殖物质光学性质的影响

1. 胡敏酸的光学性质。 0.5～30 d，各处理之间胡敏酸的 ΔlgK 规律不明显（图 7-17）。随着培养时间的延长，60～270 d，不同 O_2 浓度培养条件下，各处理 ΔlgK 值顺序为：0%＞5%＞10%＞21%＞85%，各处理之间差异显著。从 0.5～270 d 平均值来看，0%、5%、10%、85%处理之间的差异显著，21%与 85%处理间差异不显著。

根据图 7-18，0.5～30 d，各处理之间胡敏酸的 RF 值差异不显著；30～90 d，O_2 浓度为 0%、85%处理之间差异显著，而 5%、10%、21%处理间差异不显著；180～270 d，各处理间 RF 值顺序为：0%＜5%＜10%＜21%＜85%，处理间差异显著。

O_2 浓度为 0%处理胡敏酸的 ΔlgK 最高，RF 值最低，说明厌氧情况下，土壤腐殖化程度很低，形成的胡敏酸分子结构简单。低 O_2 条件下胡敏酸的分子结构较高 O_2 处理胡敏酸的分子结构简单；高 O_2 有利于胡敏酸形成，并加速使胡敏酸氧化、缩合，使胡敏酸的氧化程度和芳构化程度提高。

2. 富里酸的光学性质。由图 7－21 看出，在不同 O_2 浓度培养条件下，0.5～60 d，各处理 $\Delta \lg K$ 顺序为：85%＞5%（10%、21%）＞0%，5%、10%和 21%处理间差异不显著；60～270 d，各处理 $\Delta \lg K$ 顺序为：85%＞5%（10%）＞21%＞0%，除了 5%与 10%处理间差异不显著外，其他各处理间差异显著。

由图 7－22 可以看出，0.5～30 d，各处理 RF 值规律不明显；30～270 d，各处理 RF 值总的趋势为：0%＞5%（10%）＞21%＞85%，0%处理与其他各处理差异显著，5%、10%、21%处理之间差异不显著。

氧气浓度为 0%处理的 $\Delta \lg K$ 最低，RF 值最高，说明厌氧情况下，土壤微生物活性受到抑制，分解转化有机物料中的类富里酸的能力下降，使土壤中富里酸的分子结构保持着较为复杂的状态。高 O_2 处理 $\Delta \lg K$ 最高，RF 最低，说明高 O_2 使分子结构复杂的富里酸向简单化发展，促进了富里酸的分解转化。

三、不同 CO_2 浓度对腐殖物质光学性质的影响

1. 胡敏酸的光学性质。根据图 7－19，不同 CO_2 浓度培养下，各处理 $\Delta \lg K$ 值的趋势为：0.03%＜5%（10%）＜70%，0.03%处理与 5%、10%、70%处理间差异显著，而 5%、10%、70%处理之间差异不显著。由图 7－20 可以看出，0.5～15 d，各处理间 RF 值规律不明显。15～270 d，RF 值顺序为：70%＜5%（10%）＜0.03%，5%、10%处理间差异不显著。CO_2 浓度为 70%处理胡敏酸的 $\Delta \lg K$ 值高于 0.03%处理，而 70%处理 RF 值低于 0.03%处理，这至少可以说明高 CO_2 处理有利于胡敏酸分子结构的简单化、年轻化，抑制胡敏酸的进一步氧化和缩合。

综上，高 O_2 使胡敏酸的氧化程度和芳构化程度提高，高 CO_2 有利于胡敏酸分子结构的简单化、年轻化。

2. 富里酸的光学性质。由图 7－23、7－24 可以看出，不同 CO_2 浓度培养条件下，各处理的 $\Delta \lg K$ 值的趋势为 0.03%＞5%（10%）＞70%，5%、10%、70%处理间差异不显著。各处理 RF 值的趋势为 0.03%＜5%（10%）＜70%，5%、10%之间差异不显著。高 CO_2 处理的 $\Delta \lg K$ 最低，RF 值最高，高 CO_2 条件下，土壤微生物活性受到抑制，一方面分解转化富里酸的能力下降，抑制了富里酸向胡敏酸的聚合，另一方面胡敏酸的稳定性较小，易分解，有利于富里酸捕获或固定低相对分子质量的有机或无机化合物，经增碳、增氮、脱氢使富里酸的分子结构复杂化。高 O_2、低 CO_2 有利于富里酸结构的简单化，低 O_2、高 CO_2 使富里酸的分子结构复杂化。

由此可见，在腐殖物质形成与转化的过程中，在不同的条件下，胡敏酸与富里酸之间是可以相互转化的。高 O_2 条件下，富里酸分解，经氧化聚合转化成胡敏酸，使胡敏酸的分子结构复杂化；高 CO_2 条件下，胡敏酸分解转化为富里酸。

第五节　不同二氧化碳和氧气浓度对腐殖物质的化学性质的影响

本节从活化度的角度来讨论胡敏酸、富里酸的化学特性。活化度是指 $KMnO_4$ 氧化碳占丘林法氧化碳量的百分数，它可以反映胡敏酸或富里酸中脂族碳与芳香碳的比例（李学恒，2001）。活化度高，结构中脂族结构的比例相对较高，而芳香结构的比例较低。

一、腐殖物质的活化度随时间的变化

1. **胡敏酸的活化度。**由图 7－25、7－26 可以看出土壤施入玉米秸秆后，各处理的胡敏酸的活化度均比 CK 提高，随着玉米秸秆的分解，7 d 时活化度达到最高，各处理的提高幅度为 20％～64％。说明培养前期新形成的胡敏酸结构简单。以后随着培养时间的延长，胡敏酸的活化度逐渐下降，胡敏酸结构逐渐向复杂化转化。但在培养结束 270 d 时加入秸秆的各处理活化度仍高于 CK。胡敏酸的活化度的提高主要反映了脂族链烃比例的增加。

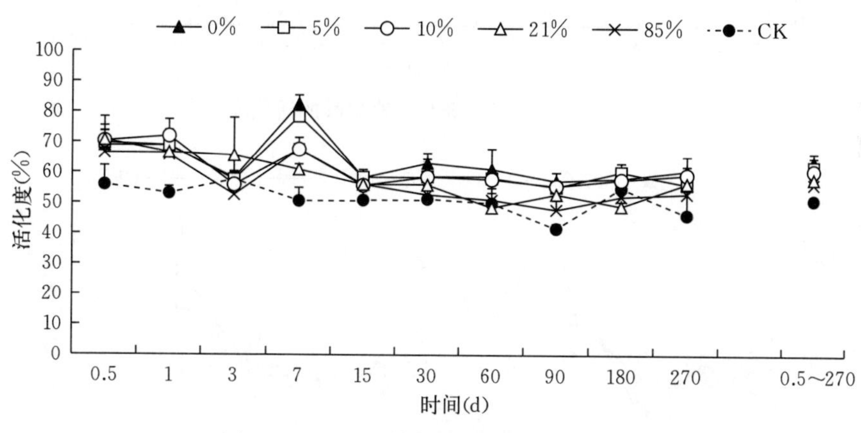

图 7－25　O_2 培养条件下胡敏酸的活化度

2. **富里酸的活化度。**富里酸的活化度随时间变化的趋势见图 7－27、7－28，土壤加入玉米秸秆后，各处理富里酸活化度均比 CK 提高，在培养后 30 d 内富里酸的活化度逐渐升高，30 d 后有所下降。富里酸的活化度的提高主要反映了脂族链烃比例的增加。

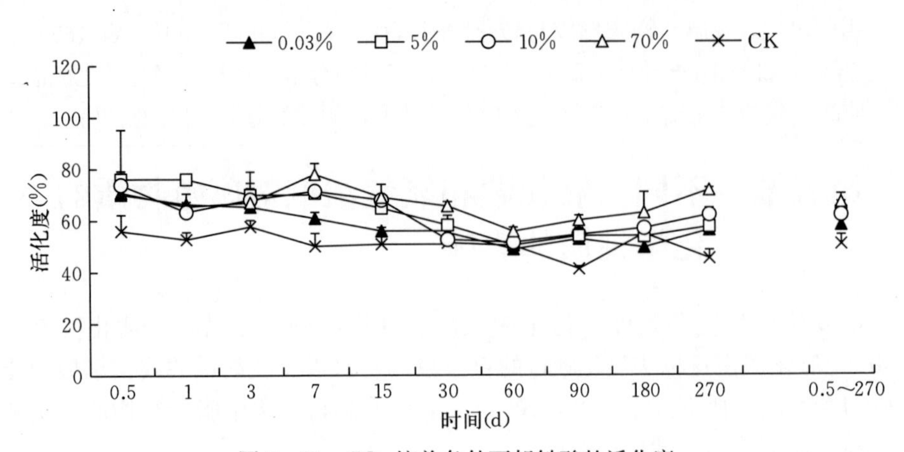

图 7-26　CO_2 培养条件下胡敏酸的活化度

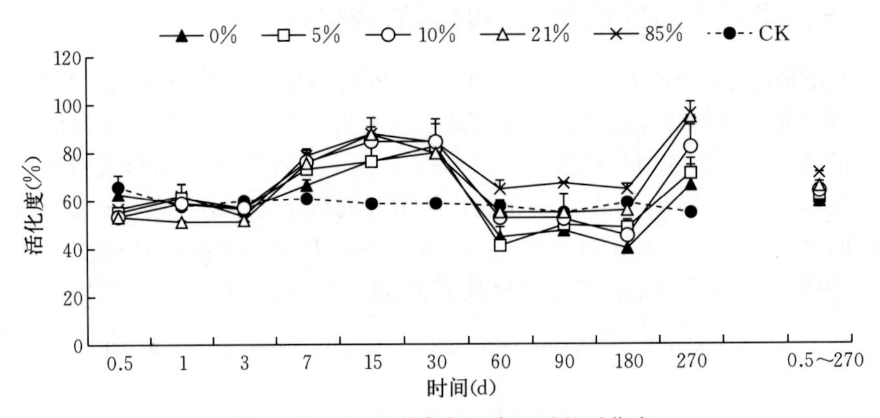

图 7-27　O_2 培养条件下富里酸的活化度

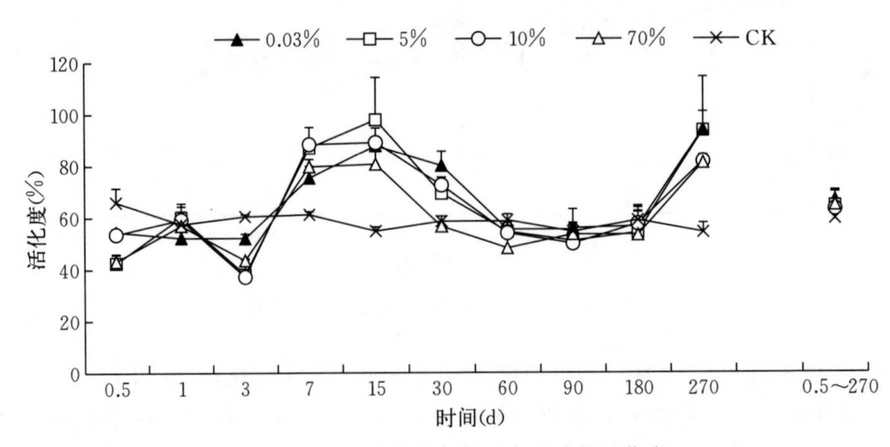

图 7-28　CO_2 培养条件下富里酸的活化度

二、不同 O_2 浓度对腐殖物质的活化度

1. **胡敏酸的活化度。**由图 7-25 看出，不同 O_2 浓度培养下，各处理活化度大小的趋势是：0%>5%（10%）>21%>85%，0%与 85%处理间差异显著，5%、10%、21%处理间差异不显著。从 0.5～270 d 平均值看，0%、5%、10%处理之间以及 21%、85%处理之间差异不显著，这可能是由于测定活化度过程中样品加热温度不够所致。而 0%处理与 21%、85%处理之间差异较显著，说明低 O_2 处理胡敏酸的脂族结构比例高于高 O_2 处理，从而反映了低 O_2 条件下胡敏酸结构的脂族化。随着 O_2 浓度增加，胡敏酸不断氧化缩合使结构复杂化、芳构化。

2. **富里酸的活化度。**由图 7-27 看出，不同 O_2 浓度培养条件下，各处理富里酸活化度基本趋势为：85%>21%>10%（5%）>0%，0%与 85%处理之间差异显著。但从 0.5～270 d 的平均值看，各处理之间差异不明显。这主要是由于活化度测试过程中，加热条件没有控制好，造成误差。但从富里酸活化度的动态趋势来看，高 O_2 有利于富里酸结构的脂族化。

三、不同 CO_2 浓度对腐殖物质的活化度

1. **胡敏酸的活化度。**由图 7-26 看出，不同 CO_2 浓度培养条件下，各处理活化度大小趋势：0.03%<5%（10%）<70%，5%和 10%处理之间差异不显著。说明高 CO_2 处理有利于胡敏酸结构的脂族化。综合来看，应该说高 O_2、低 CO_2 使胡敏酸的活化度下降，结构复杂化、芳构化；低 O_2、高 CO_2 有利于胡敏酸活化度的提高，结构脂族化。

2. **富里酸的活化度。**由图 7-28 看出，不同 CO_2 浓度培养条件下，各处理富里酸活化度基本趋势为：0.03%>5%（10%）>70%，0.03%与 70%处理之间差异显著。但从 0.5～270 d 的平均值看，各处理之间差异不明显。原因同上。从动态趋势来看，低 CO_2 有利于富里酸增加脂族碳的比例。从各处理的富里酸活化度的动态趋势看，高 O_2、低 CO_2 有利于富里酸活化度的增加，结构脂族化。

综上，在室内模拟试验条件下，黑钙土添加一定比例玉米秸秆后，高 O_2、低 CO_2 可提高 SMBC，促进土壤有机碳分解，有利于胡敏酸的形成，并提高其分子结构的氧化程度和芳构化程度而使胡敏酸结构复杂化；低 O_2、高 CO_2 会降低 SMBC，有利于土壤有机碳、富里酸和胡敏素的积累，提高了胡敏酸和富里酸分子的脂族性，腐殖物质分子结构简单化。

第八章 不同施量生物质炭对黑土腐殖物质和黑碳的影响

土壤碳库是陆地生态系统中储量最大也最活跃的有机碳库，至土壤深度 2 m，土壤有机碳平均储量为 2 400 Pg，是大气库的 3.2 倍和生物库的 4.4 倍（Han et al.，2016）。如此巨大的土壤有机碳储量，对全球气候变化具有重大影响，土壤碳库特别是活性碳库的微幅变动即可引起大气 CO_2 浓度的显著变化，进而通过温室效应影响全球气候变化（Lehmann et al.，2015；Han et al.，2016；Wiesmeier et al.，2019）。如果土层深度 2 m 内，土壤有机碳浓度增加 5%～15%，就可以减少大气 CO_2 浓度 16%～30%（Han et al.，2016）。因此，理解土壤有机碳储量和稳定性已引起人们的广泛关注。

在前面的阐述中，农业秸秆还田是常见的保持土壤质量和养分循环的农业措施。秸秆还田增加土壤有机碳含量，补充矿质养分，减少化肥投入，提高作物产量，并且缓解了秸秆就地焚烧所造成的潜在空气污染（Huang et al.，2018）。然而，在农业秸秆应用通过增加碳输入提高土壤有机碳储量（Zhang et al.，2017；Zhao H L et al.，2018；Wang et al.，2018；Liu X et al.，2019；Xu et al.，2019）的同时，也增加了温室气体排放，特别是 CO_2 排放（Chen H et al.，2019；Liu B et al.，2019；Wang et al.，2019），这导致农业秸秆应用的全球变暖潜力高于常规施肥制度（Cui Y F et al.，2017），主要归因于添加的秸秆是土壤微生物的碳底物，从而削减了碳固定。因此，如何实现碳封存和秸秆再利用是农业面临的一个棘手挑战。为此，一些秸秆还田新方法的开发，如秸秆富集深还（窦森，2019）、秸秆埋设结合地膜覆盖（海兰 等，2018）、颗粒秸秆还田（陈晓东 等，2019；丛萍 等，2019）、秸秆制成生物质炭还田（Cui Y F et al.，2017；Guan et al.，2019；Thers et al.，2019）等秸秆还田新模式，这些秸秆还田新模式已得到更多的关注。

生物质炭（或生物炭）（Biochar）是由植物生物质在完全或部分缺氧的情况下经热解炭化产生的一类高度芳香化的固态难溶性物质。由于它的半衰期很长，特别是土壤中埋藏的生物质炭往往能存在成百上千年，因此，其具有极强的稳定性（窦森 等，2012）。陈温福（Chen W F et al.，2019）也在其提出的

"秸秆炭化还田"理论中指出，生物质炭是来源于秸秆等植物源农林业生物质废弃物，在缺氧或有限氧气供应和相对较低温度下（450～700 ℃）热解得到的，是以返还农田提升耕地质量、实现碳封存为主要应用方向的富碳固体产物。因此，它在碳封存、农业废弃物管理、提高农业生产力和土壤质量方面具有潜力，是一个有效和有益的中长期土壤管理战略（Meng et al.，2019）。这是一部分与碳储量和碳循环利益相关的事实而使得生物质炭受到越来越多的关注，并开始被认为是碳的最终碳汇。事实上，生物质炭因其富碳、活性氧基团多、高芳香性、孔隙结构丰富、比表面积大（Li J M et al.，2018；Chen W F et al.，2019）等特点，一方面，施入土壤中提高有机碳储量，被认为是碳的最终碳汇（Krasilnikov et al.，2015）而促进碳封存（Sui et al.，2016；Fugon et al.，2017a；Wang D Y et al.，2017；Guan et al.，2019），减少温室气体排放（Kerré et al. 2016；Sui et al. 2016；Fungo et al. 2017b；Melas et al.，2017；Thers et al.，2019）；另一方面，还可为土壤与作物提供许多益处，如保持养分（Wang et al.，2019）和水，促进种子发芽（Sun et al.，2017），提高作物产量（Haider et al.，2014；Fernandez et al.，2017；Wang et al.，2019），提高土壤结构的稳定性（Hartley et al.，2016；Baiamonte et al.，2019），促进团聚体的形成（Fugon et al.，2017a；Wang D Y et al.，2017；Guan et al.，2019），从而提升了土壤质量。而且利用生物质炭超强的表面吸附特性对消除土壤和水体重金属或有机污染物的毒性方面的积极作用已被广泛研究，且已取得积极进展（Kang et al.，2018；Zhang et al.，2018；Safari et al.，2019）。

生物质炭自然或人为地进入土壤，能参与土壤腐殖质的形成（Zhao S X et al.，2018；Ikeya et al.，2019；Orlova et al.，2019），增加了土壤有机碳的稳定性，并对土壤的离子交换性质、保肥供肥、提高作物产量产生积极的影响，而且施用生物质炭在改善土壤质量和约束大气碳、促进碳封存方面是双赢的管理措施。这是近年来的应用实践，但施用生物质炭在土壤中碳质物质的作用机制仍然许多问题需要回答。

本章通过短期田间试验（1 个玉米生长季）和 3 年的盆栽试验，研究了施用不同数量秸秆、玉米芯生物质炭的黑土中，土壤有机碳和腐殖质碳及黑碳的含量与分子结构特征，为黑土施用生物质炭提升土壤质量、改善腐殖物质质量以及实现固碳与肥力之间的协调性提供理论依据。

第一节 黑碳及其与土壤腐殖质碳的关系

黑碳是生物质或化石燃料不完全燃烧或者岩石风化的产物，由一系列燃烧产生的高芳香化碳、元素态碳或石墨化碳构成，具体包括生物质炭、水热炭、煤炭、焦炭、烟灰、沥青和煤焦油颗粒、石墨碳和元素碳，它们是土壤腐殖质碳中高度芳香化结构组分的来源，可以稳定土壤有机碳库（Cheng C H et al.，2006；Krasilnikov et al.，2015；Kerré et al.，2016；Velasco - Molina et al.，2016；Drosos et al.，2018；Zhao S X et al.，2018；Ikeya et al.，2019；Orlova et al.，2019）。因此，生物质炭是黑碳（black carbon）的一部分，与腐殖质碳同为土壤有机碳，是稳定性碳库的组成部分，但一般黑碳较腐殖质碳更为稳定。生物质炭与黑碳均是高温热解产生的富含碳且性质稳定的物质。生物质炭主要是以植物或其他有机物为原材料，在低氧或无氧环境下高温形成的含碳物质，例如木炭、秸秆炭、竹炭、稻壳炭、生物烟灰和生物来源的高度聚集的多环芳烃类物质等。因此，生物质炭较黑碳的范围窄些，不包括化石燃料产物或地球成因形成的碳，如煤炭、焦炭、化石燃料烟灰、石墨碳、元素碳、火成碳等。

一、土壤中的黑碳

自然土壤中的黑碳和生物质炭来源多样，同时受环境生物或化学因素的影响和制约，其性质（孔径分布、比表面积、化学组成、结构特征等）各异。由于森林火灾或火耕的影响，土壤中必然含有生物质炭，土壤中生物质炭的最重要来源是森林或草原大火或火耕，大部分有机物质燃烧成挥发组分，剩下最初生物质的 0.1%～3.4%形成生物质炭。据估计全球每年产生的黑碳为 44～194 Tg（1 Tg=10^{12} g，以 C 计），其中 80% 进入土壤，受火反复影响的土壤含有更丰富的生物质炭。巴西亚马孙河流域“Terra Preta”黑色土（葡萄牙语）是人类早期长期将无氧条件下燃烧树枝和动物骨头得到的木炭（wood - char 或 Charcoal，后来被称之为 Biochar）施于土壤耕作形成的，其表土层有机碳中生物质炭含量高达 35%，是毗邻的氧化土生物质炭含量的 10 倍，土壤呈现黑色、土质肥沃，久种不衰。黑碳或生物质炭对土壤固碳、土壤肥力和环境解毒有重要作用，被认为是某些土壤和沉积物有机质的主要组成部分，对稳定土壤有机碳库具有重要作用。生物质炭本身提供作物养分的意义不大，但能间接提高土壤养分利用率和生产力，而且生物质炭对土壤中有机污染物有很强的吸附及解吸迟滞作用，对环境解毒与土壤有机质的保存有积极的意义。鉴于黑碳在全球碳循环中的重要作用和地位，近年来围绕土壤中黑碳性质及对污染物吸附的研究越来越受到重视。

二、土壤黑碳与腐殖质碳的关系

腐殖质碳包括富里酸碳、胡敏酸碳和胡敏素碳。在植物自然大火中，生物质炭得到了最大量的积累，此外，高温使大部分胡敏酸转化为胡敏素，不可提取的胡敏素表现出明显的上升趋势，同时，部分土壤富里酸可能变成高分子的类胡敏酸。高温下，胡敏素是土壤中留下的最主要有机成分，与生物质炭共同积累（窦森 等，2012）。受大火影响生物质炭和腐殖质碳均有不同程度的变化，腐殖质组分之间又可以相互转化，那么生物质炭和腐殖质碳之间是否也存在一定的发生学关系？一些波谱学定性和定量研究认为具有高芳香碳的黑碳或生物炭是土壤腐殖物质中高度芳香化结构组分的来源（Krasilnikov et al.，2015；Kerré et al.，2016；Velasco-Molina et al.，2016；Drosos et al.，2017；Zhao S X et al.，2018；Ikeya et al.，2019；Orlova et al.，2019），表明生物质炭有可能转化为腐殖质碳，腐殖质碳并非仅仅来源于天然植物材料。黑碳由于高度浓缩的结构，被认为是土壤有机碳中生物利用度最低的成分（Han et al.，2016），但有大量研究表明生物炭可通过生物和非生物因素或多或少发生降解（Hamer et al.，2004；Liang et al.，2008；Zimmerman et al.，2010；Keith et al.，2011；Kerré et al.，2016；Luo et al.，2017；Wang D Y et al.，2017），或许导致有机碳的"二次合成"（secondary synthesis）（Stevenson，1994）。

三、黑碳的提取与分析

研究土壤中的黑碳涉及两个方面问题。其中之一是评估其含量，即黑碳的定量分析，这需要将其与土壤有机质中较不稳定的非晶质组分分离，即将黑碳从生物残体经生物化学转化的其他深色产物（比如腐殖质）中分离出来，另一个问题是确定黑碳的组成和结构（Krasilnikov et al.，2015）。目前，测定黑碳含量的方法主要有化学氧化法、分子标志物法、氢热解法、热化学氧化法、紫外光氧化法、核磁共振法（NMR）（窦森 等，2012）。其中，分子标志物法是通过测量苯多羧酸（benzene polycarboxylic acids，BPCA）浓度来推算黑碳含量的方法，效果较好，但操作比较困难；氢热解法是使用 $(NH_4)_2MoO_2S_2$ 做催化剂，在 10 MPa 以上的氢气压下高温分离易分解的和难熔的碳组分，非常有应用前景，但所用仪器设备要求很高；热化学氧化法是在 375 ℃下对样品一次性化学氧化，操作较简单，但容易发生焦化，误差较大；紫外光氧化法是用高能紫外光将非黑碳部分氧化去除，然后应用 CPMAS-NMR（CPMAS 为交叉极化魔角自旋）对芳香碳进行定量，这种方法可以避免人为黑碳的产生，并可直接测定芳香碳的组成，但此种方法在识别和除去非黑碳部分不够精确，操作时间较长，仪器昂贵；NMR 能直接测定黑碳内部化学组成，但测量之前，需使用化学试剂对有可能干扰黑碳测量的相关物质进行去除，该方法对黑碳测定范围最为广泛，但分析费用较高。因此，以上几种方法在定量分析中并不常用，应用最广的还是化学氧化法。化学氧化法是在除去碳酸盐、铁锰氧化物和硅酸盐、SiO_2 的基础上，采用 H_2O_2、HNO_3 或者 $K_2Cr_2O_7+H_2SO_4$ 混合液氧化去除活性有机碳（非黑碳部分），剩余黑碳用元素分析仪测定。实验表明，采用过氧化氢处理，黑碳容易发生分解，反应很难控制，而采用 HNO_3 处理，误差较大。$K_2Cr_2O_7+H_2SO_4$ 混合液应用较多，且分离出来的黑碳样品误差较小，能够更为严格地从化学性质的角度对黑碳进行定量分析。采用 $K_2Cr_2O_7+H_2SO_4$ 处理方法虽然仍需改进，但如果合理控制氧化条件，对于黑碳定量还是比较可靠的（窦森 等，2012）。用于结构特征的定性分析方法主要有：扫描电镜、元素组成分析、红外光谱、X 射线光电子能谱、热重分析、热解-气质-质谱和核磁共振波谱等（窦森 等，2012）。

第二节　研究方法

一、田间试验

田间试验区域位于吉林省长春市吉林农业大学教学实验站玉米连作农田（北纬 43°48′43.57″，东经 125°23′38.50″）。土壤类型为半湿温半淋溶土亚纲黑土类。该区域属于北温带大陆性季风气候，春季干燥多风，夏季高温多雨，秋季气温下降快，昼夜温差较大，风速与春季类似，冬季寒冷，具有四季分明、干湿适中的气候特征。最热月份为 7 月，平均气温为 23 ℃；年平均气温 4.8 ℃，最低气温 −39.8 ℃，最高气温 39.5 ℃。日照时间可达 2 880 h，年均降水量 617 mm，多集中在 7、8 月份，夏季降水量占总降水量的 60%以上。土壤基本性质为有机碳含量 11.80 g/kg，全氮含量 1.81 g/kg，全磷含量 0.45 g/kg，pH 6.92。用于田间试验的生物质炭原材料为玉米秸秆和玉米芯，采自上述地点，在 450 ℃高温无氧条件下制成。制作方法：把准备好的原材料放在 80 ℃的烘箱内烘干 12 h，放入炭化炉，把炉内抽空氧气达到真空条件，充入氮气，反复 3 次，后缓慢将炉温升至 450 ℃（炭化炉起始温度为 200 ℃，每 3 h 升高 100 ℃）高温煅烧 10 h，待其自然冷却后，捣碎后过筛备用。生物质炭基本性质见表 8 - 1。

表 8 - 1　生物质炭基本性质

种类	有机碳（g/kg）	全氮（g/kg）	全磷（g/kg）	pH
玉米秸秆生物质炭	618.1	7.8	1.31	9.12
玉米芯生物质炭	695.4	6.2	1.83	9.35

试验始于 2016 年 4 月，设 5 个处理，分别为对照 CK、Yx - 6（玉米芯生物炭 6 t/hm^2）、Yx - 12（玉米芯生物炭 12 t/hm^2）、Yx - 24（玉米芯生物炭 24 t/hm^2）和 YJ - 6（玉米秸秆生物炭 6 t/hm^2），生物质炭施入土壤表层（0～20 cm），每个处理重复 3 次，随机区组排列，每个微区面积为 1.5 m× 1.2 m。种植作物为玉米，常规施肥 N 225 kg/hm^2、P_2O 120 kg/hm^2、K_2O

60 kg/hm²。土壤样品采于 2016 年 9 月 27 日，采集深度 0～20 cm。

二、盆栽试验

黑土于 2012 年春季采自吉林农业大学教学试验田（北纬 43°48′46″，东经 125°23′28″）0～20 cm 土层，土壤类型为草甸黑土。土壤基本性质如下：有机碳 15.33 g/kg、全氮 1.42 g/kg、全磷 0.51 g/kg、有效磷 24.3 mg/kg、pH 6.72、C/N 为 29.21。用于盆栽试验的生物质炭由玉米秸秆在 400 ℃无氧条件下制成。其生物质炭基本性质如下：含碳量 519.6 g/kg、全氮 7.1 g/kg、全磷 0.90 g/kg、pH 9.2。

盆栽试验始于 2012 年 5 月，设 4 个处理，对照处理（CK），生物质炭添加量分别为 6 t/hm²（0.27%添加率）（P6）、12 t/hm²（0.54%添加率）（P12）和 24 t/hm²（1.07%添加率）（P24）。仅 2012 年施加生物质炭，此后不再施加生物质炭。土壤采集时间为 2014 年 10 月。种植玉米，常规施肥。

三、黑碳的提取

参考化学氧化法（Lim et al.，1996），先用 3 mol/L HCl 去除土壤中碳酸盐岩、铁锰氧化物等物质，10 mol/L HF 和 1 mol/L HCl 混合液去除硅酸盐和 SiO_2 等（重复 3 次），10 mol/L HCl 去除副产物 CaF_2 和可能残留的碳酸盐，在 55 ℃ 下用 0.1 mol/L K_2CrO_7 和 2 mol/L H_2SO_4 混合液洗去有机碳，残余物为提取的土壤黑碳样品。

第三节　不同施量生物质炭对玉米产量的影响

作物生长离不开养分，好的土壤环境能给作物生长带来良好的生长条件，生物质炭可以改善土壤环境，对作物生长有积极的作用。本节以田间试验为对象，在施用玉米秸秆和玉米芯生物质炭的条件下，研究生物质炭的施用对作物生长情况的影响，为生物质炭在农作物种植方面提供理论依据。

一、不同施量生物质炭对玉米植株生长的影响

表 8-2 为短期田间试验施玉米源生物质炭对玉米植株株高的影响。与对照相比，施加生物质炭土壤的玉米株高有明显提高，当施入量为 24 t/hm² 时，效果最明显。生物质炭作为稳定有机质施入土壤可改变土壤通透性及养分水平（钱嘉文 等，2014），进而改善土壤肥力（Lehmann et al.，2006）。它特殊的结构和理化性质，可以吸附土壤中未被利用的水分和养分，保存于孔隙中，减少水分和养分的流失（褚军 等，2014）。Liang（2006）的研究表明，施加生物

质炭后玉米产量增加91%，生物量增加44%。Rondon（2007）的研究表明，大豆在施炭量为60 g/kg时，产量和生物量都增加。这是由于生物质炭增加了土壤pH、磷、钾、镁和钙的含量，为植物生长提供了有利的生长条件，而且生物质炭多孔的特性能增加土壤孔隙度和持水力，改善土壤的孔隙结构，促进植物和根系的生长（Haider et al.，2015）；其次，养分增加尤其是碳的增加，导致土壤有机碳含量显著增加，促进了土壤肥力的提高；最后，生物质炭增加促进了原生菌根真菌的活性，使微生物变得活跃，有利植物的养分代谢循环。因此，生物质炭对于作物来说，既能提供生长所需的养分条件，又能改善作物生长的土体环境，这对生物质炭在农业生产上的实践推广作用具有重要意义。

表8-2　施用玉米秸秆和玉米芯生物质炭对玉米株高的影响

处理	株高（cm）			
	6月1日	7月1日	8月1日	9月1日
CK	31.63±2.49 d	144.30±4.05b	196.17±7.14c	263.93±7.56b
Yx-6	35.51±1.51cd	150.63±3.98a	202.70±6.22bc	270.23±4.93ab
Yx-12	43.53±4.00b	152.30±2.95b	206.93±3.27b	276.93±10.88ab
Yx-24	49.37±2.87a	162.77±5.83b	218.27±5.56a	284.5±5.17a
Yj-6	39.73±2.90bc	147.60±5.10b	203.43±3.35bc	264.77±7.90b

注：短期田间试验，CK为未施加生物质炭，Yx-6、Yx-12和Yx-24分别表示施量为6 t/hm^2、12 t/hm^{2}和24 t/hm^{2}的玉米芯生物质炭，Yj-6代表施量为6 t/hm^{2}的玉米秆生物质炭。不同字母表示不同处理之间差异显著（$P<0.05$）。

二、不同施量生物质炭对玉米产量指标的影响

表8-3为短期田间试验中不同施量生物质炭对玉米作物产量指标的影响。施加生物质炭后，各指标都明显高于CK。试验表明在田间土壤施入生物质炭后，作物的各生长指标与对照相比，均呈上升趋势，当施加量为24 t/hm^{2}时影响最显著。这归因于生物质炭比表面积大，存在各种大小不同的孔隙结构和大量负电荷，能够吸附营养元素（Mizuta et al.，2004）；加上生物质炭的孔隙结构能减小水分的渗滤速度并能很好的保存水分，增强土壤持水能力和减少养分元素的流失，为植物生长提高充足的养分保障，从而有助于作物产量的提高（Haider et al.，2015）；并且由于生物质炭自身含有大量的碳、磷、氮等元素（Cao et al.，2010），能为植物的生长带来所必需的养分条件。王典等（2014）通过盆栽试验研究得出，1%的生物质炭添加到黄棕壤和红壤后，土壤有效磷、速效钾及有机碳含量均比对照有显著增加，油菜籽的产量提高了114.8%，氮、磷、钾积累量也明显提升。Haider等（2015）研究得到，施生物质炭可以显著增加玉米产量。Wang等（2012）通过在高原土和水稻土中添

加生物质炭后研究得出，氮肥和生物质炭的共同作用下，小麦和水稻的产量得到显著提高。表明生物质炭配施肥料，能有效地促进作物的生长发育。

表 8－3　施用玉米秸秆和玉米芯生物质炭对玉米作物产量指标的影响

处理	棒重（kg）	秆重（kg）	百粒重（g）	棒长（cm）
CK	2.37±0.31a	3.13±0.09a	49.59±0.79c	19.45±1.10b
Yx－6	2.63±0.06a	3.97±0.93a	51.00±1.31bc	20.20±2.78ab
Yx－12	2.76±0.34a	4.13±0.95a	53.03±1.33b	21.33±0.58ab
Yx－24	3.18±0.35b	4.30±0.70a	58.78±2.02a	22.93±1.62a
Yj－6	2.68±0.36a	4.05±0.30a	51.80±1.01bc	20.33±1.15ab

注：短期田间试验，CK 为未施加生物质炭，Yx－6、Yx－12 和 Yx－24 分别表示施量为 6 t/hm^2、12 t/hm^2 和 24 t/hm^2 的玉米芯生物质炭，Yj－6 代表施量为 6 t/hm^2 的玉米秆生物质炭。不同字母表示不同处理之间差异显著（$P<0.05$）。

第四节　不同施量生物质炭对黑土有机碳及腐殖物质含量的影响

土壤有机碳含量是评价土壤肥力高低的重要标准。土壤腐殖物质是全球碳平衡过程中重要的碳库，在土壤有机碳的循环和转化中起到重要作用，腐殖物质在土壤中的分解和积累很大程度上影响着土壤肥力，因而它是评价土壤肥力水平的重要指标之一（陈兰 等，2007）。

表 8－4 为短期田间试验施加玉米秸秆和玉米芯生物质炭后土壤有机碳和各腐殖物质含量的影响。施生物质炭田间试验 1 年，土壤有机碳、胡敏酸、胡敏素的含量相对于 CK 都有一定程度增加，基本以 Yj－6、Yx－12 和 Yx－24 处理与 CK 差异显著，而富里酸对生物炭的响应表现为下降趋势，但差异不显著。

表 8－4　施用玉米秸秆和玉米芯生物质炭对土壤有机碳及腐殖物质含量的影响（g/kg）

处理	有机碳	胡敏酸	富里酸	胡敏素
CK	11.52±1.45b	2.85±1.02b	2.54±0.75a	2.95±0.52c
Yx－6	13.93±2.23ab	3.32±0.08b	2.31±0.30a	3.06±2.01b
Yx－12	16.07±3.23a	3.52±0.29ab	2.29±0.55a	7.77±2.50ab
Yx－24	17.01±2.74a	3.65±0.36a	2.10±0.08a	9.02±1.81a
Yj－6	15.92±5.35ab	3.56±0.35a	2.21±0.60a	6.79±4.29ab

注：短期田间试验，CK 为未施加生物质炭，Yx－6、Yx－12 和 Yx－24 分别表示施量为 6 t/hm^2、12 t/hm^2 和 24 t/hm^2 的玉米芯生物质炭，Yj－6 代表施量为 6 t/hm^2 的玉米秆生物质炭。不同字母表示不同处理之间差异显著（$P<0.05$）。

在3年的盆栽试验中，施用玉米秸秆生物质炭对土壤有机碳含量及各腐殖物质碳含量的影响如表8-5所示。随着外源生物质炭量的增加，土壤有机碳含量逐渐上升，相比于CK，P6、P12和P24处理土壤有机碳含量上升3.61%～31.35%，水溶性有机碳、胡敏酸、胡敏素含量分别提高30.88%～116.18%、7.89%～25.00%和5.44%～51.16%，而富里酸含量则降低13.11%～45.90%。生物质炭对腐殖质各组分占土壤有机碳含量比例的影响见表8-6。P6、P12和P24处理水溶性有机碳和胡敏素占总土壤有机碳的比例较CK分别上升26.08%～64.54%和1.77%～15.09%，而富里酸占总土壤有机碳比例则下降16.11%～58.79%。

表8-5　施用玉米秸秆生物质炭对土壤有机碳及其腐殖物质含量的影响（g/kg）

处理	土壤有机碳	水溶性有机碳	胡敏酸	富里酸	胡敏素
CK	12.76±0.34c	0.68±0.27c	2.28±0.10c	2.44±0.15a	7.35±0.34c
P6	13.22±0.47bc	0.89±0.21bc	2.46±0.02b	2.12±0.02b	7.75±0.20c
P12	14.47±0.64b	1.26±0.30ab	2.59±0.06b	1.84±0.01c	8.78±0.40b
P24	16.76±0.61a	1.47±0.22a	2.85±0.01a	1.32±0.09 d	11.11±0.22a

注：3年盆栽试验，CK为未施加生物质炭，P6、P12和P24分别表示施量为6 t/hm^2、12 t/hm^{2}和24 t/hm^{2}的玉米秸秆生物质炭。不同字母表示不同处理之间差异显著（$P<0.05$）。

表8-6　施用玉米秸秆生物质炭对土壤有机碳及其腐殖物质相对含量的影响（%）

处理	水溶性有机碳	胡敏酸	富里酸	胡敏素	PQ
CK	5.33	17.87	19.12	57.60	48.30±2.60 d
P6	6.72	18.61	16.04	58.62	53.72±0.01c
P12	8.70	17.90	12.72	60.68	58.43±0.80b
P24	8.77	17.00	7.88	66.29	68.26±1.53a

注：3年盆栽试验，CK为未施加生物质炭，P6、P12和P24分别表示施量为6 t/hm^2、12 t/hm^{2}和24 t/hm^{2}的玉米秸秆生物质炭。相对含量为腐殖物质各组分占土壤有机碳的百分比。不同字母表示不同处理之间差异显著（$P<0.05$）。

总的来说，在3年盆栽试验中，不同施量生物炭提高了土壤有机碳及其组分水溶性有机碳、胡敏酸、胡敏素含量，降低了富里酸含量，与肖春波等(2010)的研究结果相似。造成土壤有机碳含量上升的原因可能如下：一方面，生物质炭作为外源有机质，其本身含有大量的碳元素（袁金华 等，2011），是土壤有机碳库的重要组成部分，对提高土壤有机碳含量起到直接作用。另一方面，生物质炭具有较大的比表面积和较强的吸附性，进入土壤以后会吸附土壤中小的有机分子，并在其表面聚集成碳水化合物、酯族、芳烃等难以被微生物利用的大分子有机质（花莉 等，2012）。生物质炭能通过微生物转化成腐殖物质（Kwapinski et al.，2010），生物质炭进入土壤后，在培养过程中会部分地自然降解，为微生物提供新的碳源，促进特定微生物的生长（Hamer et al.，2004）和改变土壤中微生物群落结构（Steiner et al.，2007），进而促进土壤中微生物的活动，从而促进生物质炭向腐殖物质的转化（王英慧 等，2013），这可能是本研究中施生物质炭土壤胡敏酸和胡敏素含量增加的原因。已有研究表明，土壤施用生物质炭显著提升胡敏酸含量（Orlova et al. 2019；Zhang et al.，2019）。本研究中添加生物质炭使土壤富里酸含量降低，一方面，可能是由于生物质炭具有发达的孔隙结构和巨大的比表面积，对富里酸的相对较小分子物质起到吸附保护作用，使其不容易被提取，从而导致测得的组分含量偏低（Kramer et al.，2004）；另一方面，相对不稳定的富里酸可能在微生物的作用下进一步转化形成胡敏酸，因为有研究表明生物质炭改变了根际细菌群落，可促进不稳定有机碳转化成稳定有机碳（Huang et al.，2019）。

PQ 值为胡敏酸在腐殖酸中的比例，是反映有机质腐殖化程度的指标。从表 8－6 可以看出，随着生物质炭施量的不断增加，土壤 PQ 值从 CK 的 48.30%分别增加到 P6 的 53.72%、P12 的 58.43% 和 P24 的 68.26%，说明生物质炭的施加有利于土壤的腐殖化程度提高，有利于土壤中胡敏酸的积累。生物质炭进入土壤后，其脂族碳部分容易矿化、分解，转化为胡敏酸等物质（Cheng et al.，2009），从而改善了土壤腐殖物质的品质。

第五节　不同施量生物质炭对黑土胡敏酸分子结构的影响

上一节已阐明土壤添加生物质炭可显著提升胡敏酸含量，而明确生物质炭对胡敏酸分子结构特征的影响对于评价生物质炭的固碳潜力及提高土壤质量也具有重要的意义。

一、胡敏酸的红外光谱分析

生物质炭对田间试验土壤胡敏酸红外谱图以及特征峰的相对强度的影响见图 8－1 和表 8－7。与 CK 处理相比，施生物质炭土壤胡敏酸红外光谱在 2 920 cm^{-1} 和 2 850 cm^{-1} 处脂族碳以及 1 720 cm^{-1} 羧基碳的吸收峰振动减弱（图 8－1），其峰强较 CK 分别减少了 11.51%～54.24%、21.58～47.02%和 8.63%～66.21%（表 8－7）；而在 1 620 cm^{-1} 处芳香碳吸收峰加强，其峰强增加了 22.97%～185.34%。2 920/1 620 特征比值减少，2 920/1 720 特征比值增加，表明短期田间试验中黑土施用生物质炭土壤胡敏酸的芳香性增加，氧化度下降，结构更加趋于成熟稳定。Yx-6 和 Yj-6 处理间相比，Yj-6 处理胡敏酸的2 920/1 620 特征比值比 Yx-6 低 46.09%，2 920/1 720 特征比值比 Yx-6 高 128.61%（表 8-7），表明相同施量条件下，与玉米芯生物质炭相比，施用玉米秸秆生物质炭更有利于胡敏酸的芳香化和氧化度降低。

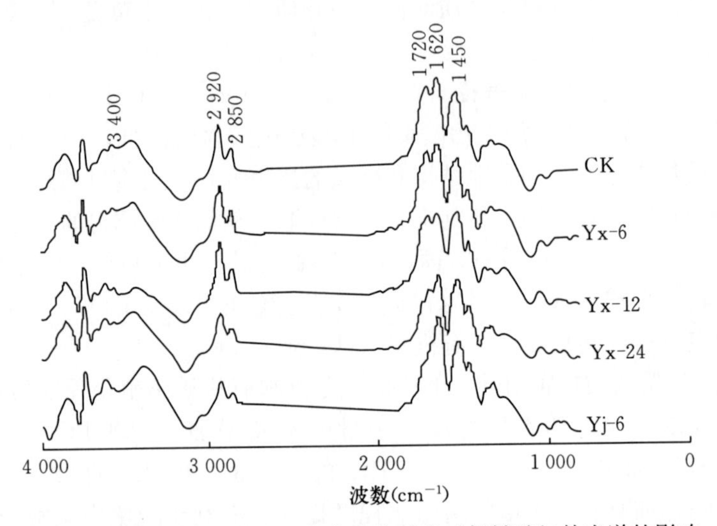

图 8-1　施用玉米秸秆和玉米芯生物质炭对胡敏酸红外光谱的影响

注：短期田间试验，CK 为未施加生物质炭，Yx-6、Yx-12 和 Yx-24 分别表示施量为 6 t/hm^2、12 t/hm^2 和 24 t/hm^2 的玉米芯生物质炭，Yj-6 代表施量为 6 t/hm^2 的玉米秆生物质炭。

表 8-7　施用玉米秸秆和玉米芯生物质炭对土壤胡敏酸红外光谱吸收峰相对强度的影响

处理	相对强度（%）				比值	
	1 620 cm^{-1}	1 720 cm^{-1}	2 850 cm^{-1}	2 920 cm^{-1}	2 920/1 720	2 920/1 620
CK	9.897	20.27	8.743	21.81	0.395	0.752
Yx-6	12.17	18.52	6.856	19.30	0.692	0.653
Yx-12	14.44	15.74	5.684	14.94	0.641	0.457
Yx-24	28.24	12.65	5.235	10.32	0.831	0.381
Yj-6	16.03	6.85	4.632	9.98	1.582	0.352

注：短期田间试验，CK 为未施加生物质炭，Yx-6、Yx-12 和 Yx-24 分别表示施量为 6 t/hm^2、12 t/hm^2 和 24 t/hm^2 的玉米芯生物质炭，Yj-6 代表施量为 6 t/hm^2 的玉米秆生物质炭。

图 8-2 为 3 年盆栽试验施用生物质炭后土壤中胡敏酸的红外光谱变化。随着生物质炭施量的增加，相比于 CK，胡敏酸在 2 920 cm^{-1}、2 850 cm^{-1} 和 1 620 cm^{-1} 处振动增强，而在 1 720 cm^{-1}处振动幅度明显降低，表明施加生物

质炭能够促进胡敏酸分子结构中脂族碳和芳香碳官能团提高，羧基碳减少。

表 8-8 为 3 年盆栽试验施用生物质炭后胡敏酸红外光谱吸收峰相对强度的半定量分析结果，能够反映施用生物质炭对土壤胡敏酸结构单元和官能团数量的影响。由 Origin 7.5 拟合得出结果，与 CK 相比，胡敏酸在 2 920 cm^{-1}、2 850 cm^{-1} 和 1 620 cm^{-1} 处脂族碳和芳香碳吸收峰相对强度显著增强，而且随着生物质炭施量的增加而增加，在 1 720 cm^{-1} 处羧基碳吸收峰强显著降低。2 920/1 720 和 2 920/1 620 特征比值提高 46.51%～253.49%和 9.09%～33.33%，表明 3 年盆栽试验中草甸黑土施用生物质炭使土壤胡敏酸的氧化度降低，脂族性增强。

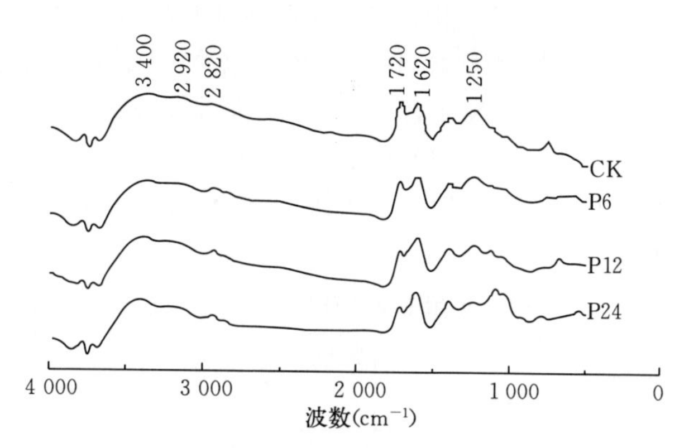

图 8-2　施用玉米秸秆生物质炭对土壤胡敏酸红外光谱的影响

（孟凡荣 等，2016a）

注：3 年盆栽试验，CK 为未施加生物质炭，P6、P12 和 P24 分别表示施量为 6 t/hm²、12 t/hm² 和 24 t/hm² 的玉米秸秆生物质炭。

表 8-8　施用玉米秸秆生物质炭对土壤胡敏酸红外光谱主要吸收峰相对强度的影响

处理	相对强度（%）				比值	
	1 620 cm^{-1}	1 720 cm^{-1}	2 850 cm^{-1}	2 920 cm^{-1}	2 920/1 720	2 920/1 620
CK	16.08±0.05c	12.48±0.66a	2.11±0.07 d	3.26±0.03 d	0.43±0.02 d	0.33±0.01 d
P6	17.02±0.05b	9.78±0.35c	2.50±0.11c	3.64±0.02c	0.63±0.01c	0.36±0.01c
P12	17.26±0.07b	6.78±0.11b	2.88±0.08b	4.05±0.09b	1.04±0.01b	0.41±0.01b
P24	17.65±0.25a	5.09±0.15 d	3.20±0.11a	4.54±0.06a	1.52±0.06a	0.44±0.01a

注：3 年盆栽试验，CK 为未施加生物质炭，P6、P12 和 P24 分别表示施量为 6 t/hm²、12 t/hm² 和 24 t/hm² 的玉米秸秆生物质炭。

3 年盆栽试验土壤胡敏酸脂族性显著提高，与 1 年的田间试验结果相反，可能归因于田间试验时间较短，土壤胡敏酸受生物质炭中类胡敏酸的影响较大。

二、胡敏酸的元素组成分析

元素组成是判断复杂有机化合物结构的有效方法之一。通过对土壤胡敏酸样品元素组成的分析，可以简单地判断胡敏酸的结构特征。表 8－9 为短期田间试验施入生物质炭后胡敏酸的元素组成变化。相比 CK，施生物质炭土壤胡敏酸的 C、H、N 元素含量分别增加了 7.56％～29.60％、9.55％～44.06％和 8.54％～63.24％，O 元素含量降低了 1.56％～37.27％，H/C 和 O/C 摩尔比下降，C/N 比值增加。说明施生物质炭使土壤胡敏酸的缩合度增加，氧化度降低。

表 8－9　施用玉米秸秆和玉米芯生物质炭对土壤胡敏酸元素组成的影响

处理	元素含量（g/kg）				摩尔比		
	N	C	H	O	C/N	H/C	O/C
CK	35.96	486.9	42.6	396.8	10.31	1.52	0.63
Yx－6	39.03	523.7	46.67	390.6	11.33	1.22	0.55
Yx－12	50.97	576.3	52.13	320.6	13.16	0.88	0.43
Yx－24	58.7	631	61.37	248.9	16.44	0.79	0.32
Yj－6	53.1	543.1	57.07	346.8	13.9	0.95	0.50

注：短期田间试验，CK 为未施加生物质炭，Yx－6、Yx－12 和 Yx－24 分别表示施量为 6 t/hm^2、12 t/hm^2 和 24 t/hm^2 的玉米芯生物质炭，Yj－6 代表施量为 6 t/hm^2 的玉米秆生物质炭。

表 8－10 为 3 年盆栽试验施用生物质炭土壤胡敏酸的元素组成变化。随着生物质炭施量的提升，相对于 CK，胡敏酸中的 C、H、N 元素含量均有不同程度的增加，O 元素含量则减少，表明施加生物质炭有利于胡敏酸中 C、H 及 N 元素的累积，促进了 O 元素的消耗。O/C 与 H/C 摩尔比值下降，表明施用生物质炭降低了胡敏酸的氧化度，提高了胡敏酸的缩合度。

表 8－10　施用玉米秸秆生物质炭对土壤胡敏酸元素组成的影响（孟凡荣 等，2016a）

处理	元素含量（g/kg）				摩尔比		
	C	H	N	O+S	O/C	H/C	C/N
CK	554.10±5.03d	44.73±0.45b	38.00±0.27c	363.17±5.10a	0.49±0.01a	0.97±0.02a	17.01±0.08b
P6	577.35±2.32c	46.22±0.22a	39.27±0.61b	337.15±2.12b	0.44±0.01b	0.96±0.01ab	17.15±0.29b
P12	605.16±2.79b	47.38±0.24a	40.55±0.62a	306.91±2.79c	0.38±0.01c	0.94±0.01b	17.41±0.28b
P24	639.10±8.61a	48.91±0.15a	41.45±0.96a	270.54±9.21 d	0.32±0.02 d	0.92±0.01c	17.99±0.33a

注：3 年盆栽试验，CK 为未施加生物质炭，P6、P12 和 P24 分别表示施量为 6 t/hm^2、12 t/hm^2 和 24 t/hm^2 的玉米秸秆生物质炭。

综上，胡敏酸是土壤腐殖质中的活跃物质，其组成结构和性质的变化与土壤的保肥和供肥能力相关（Cheng et al.，2009）。胡敏酸主要由 C、H、O、N、S 等元素组成，主体则是由—COOH 和—OH 取代的芳香族结构，烷烃、脂肪酸、碳水化合物和含氮化合物结合于芳香结构主链上。Haumaier 等

(1995) 利用 NMR 对胡敏酸以及人工氧化形成的炭化物进行分析，结果表明：生物质炭和高芳香性土壤胡敏酸的波谱特征具有明显的相似性。

结合元素分析和红外光谱分析，施加生物质炭后，土壤胡敏酸的缩合程度提高，氧化程度降低，同时 3 年盆栽试验表明施生物质炭土壤胡敏酸的脂族碳和芳香碳均显著增加，脂族性加强。Huang 等 (2019) 研究表明生物炭改变了根际细菌群落，可促进土壤中不稳定的有机碳转化成稳定碳；Cheng 等 (2009) 的研究结果表明，生物质炭的脂肪族碳结构极易通过矿化分解等方式，转变为土壤中的胡敏酸；Pessenda 等 (2005) 的研究结果表明，生物质炭不仅能增加土壤胡敏酸的芳香碳含量，而且生物质炭富含孔隙的结构特性决定其能够为微生物提供良好的栖息环境，大量的微生物活动促使一部分生物质炭分解进入土壤，重新形成胡敏酸中的脂族链状结构，其结构中部分的 C═C 双键得以保留，增加了胡敏酸结构的稳定性。以上研究均表明施生物质炭能促进胡敏酸结构中脂族碳的形成，使腐殖物质的品质提高，从而提高土壤质量。

第六节　不同施量生物质炭对黑土黑碳的影响

土壤是最大的碳汇，黑碳能提高土壤的固碳减排能力，生物质炭能提高土壤黑碳的稳定性，加之其吸附特性能吸附土壤中微小重金属离子，改善土壤环境，所以生物质炭对土壤和黑碳有着重要的作用。有研究表明，当土壤中存在有大量的黑碳时，能使土壤肥力得到显著的提高 (Glaser et al., 2001)。黑碳是土壤中肥力最高、耕作性最好的组分，如温带草地土壤 (Glaser et al., 2003；Golchin et al., 1997) 和亚马孙地区的茵迪奥黑皮橡胶树土壤 (Skjemstad et al., 2002)。本节通过施用玉米秸秆和玉米芯生物质炭对土壤黑碳的研究，并进行比较分析，为生物质炭在增加土壤黑碳含量，提高土壤黑碳结构的稳定性以及土壤的固碳减排等方面提供理论依据。

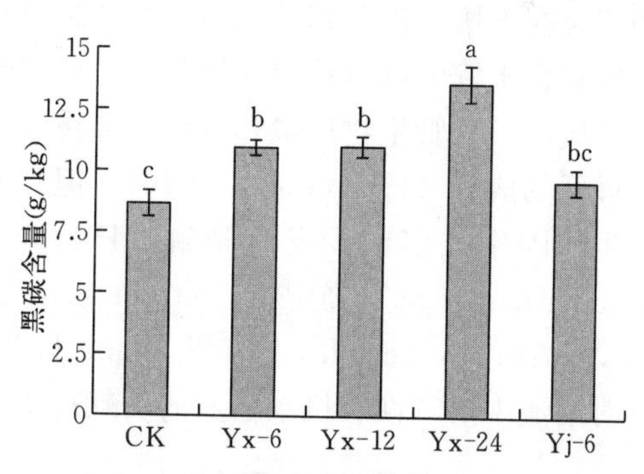

图 8-3　施用玉米秸秆和玉米芯生物质炭对土壤黑碳含量的影响

注：短期田间试验，CK 为未施加生物质炭，Yx-6、Yx-12 和 Yx-24 分别表示施量为 6 t/hm²、12 t/hm² 和 24 t/hm² 的玉米芯生物质炭，Yj-6 代表施量为 6 t/hm² 的玉米秸秆生物质炭。

一、土壤黑碳含量

图 8-3 为短期田间试验施入生物质炭后土壤黑碳含量的变化。施入生物质炭后土壤黑碳的含量

比 CK 显著增加，Yx－24 处理黑碳含量最高，其中施玉米芯生物质炭处理提升黑碳效果优于玉米秸秆生物质炭处理。

3 年盆栽试验施玉米秸秆生物质炭对土壤黑碳含量的影响见图 8－4。不同处理土壤中黑碳含量大小依次为 CK＜P6＜P12＜P24。P6、P12 和 P24 处理土壤中黑碳含量分别较 CK 增加了 0.5 g/kg、1.63 g/kg 和 3.33 g/kg，分别提高了 7.04%、22.96% 和 46.90%，P6、P12 和 P24 处理与 CK 处理相比的黑碳增量占相对应处理生物质炭施入量的百分比即生物质炭回收率分别为 18.52%、30.75% 和 31.42%，表明生物质炭在土壤中的施用效率随着施入量的增加而增加。

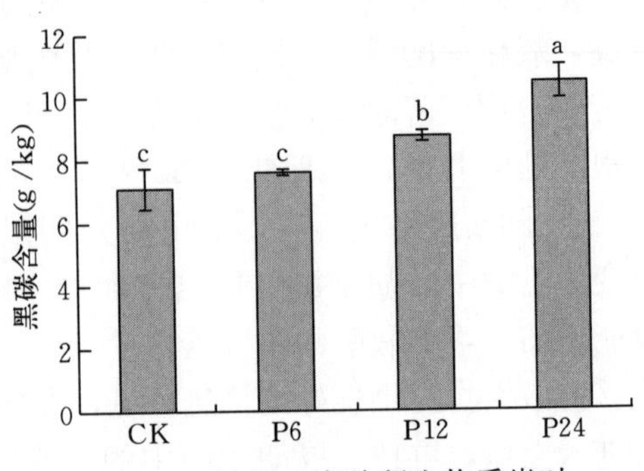

图 8－4　施用玉米秸秆生物质炭对土壤黑碳含量的影响

注：3 年盆栽试验，CK 为未施加生物质炭，P6、P12 和 P24 分别表示施量为 6 t/hm^2、12 t/hm^2 和 24 t/hm^2 的玉米秸秆生物质炭。

在本研究中，土壤中黑碳含量随生物质碳的施量增加而逐渐提高，生物质炭回收率也呈递增趋势，与 Kuzyakov 等（2009）的研究一致。由生物质炭回收率可知，生物质炭进入土壤后，并未全部以黑碳形式存留在土壤中，应是由于部分生物质炭在黑碳提取过程中被浮选除去（生物质炭密度低于 1.0 g/cm^3），部分生物质炭在黑碳提取中被重铬酸钾-硫酸混合液氧化，有少部分生物质炭在土壤中被分解。Cheng 等（2006）的研究结果表明，另外生物质炭的脂族碳在土壤中可以被快速氧化，被分解的生物质炭可以通过生化作用转变为腐殖质碳。尽管生物质炭具有高度芳香性，常被认为是土壤有机碳中生物利用度最低的成分（Han et al.，2016），但有大量研究已表明生物炭可通过生物和非生物因素或多或少发生降解（Hamer et al.，2004；Liang et al.，2008；Zimmerman et al.，2010；Keith et al.，2011；Farrell et al.，2013；Kerré et al.，2016；Luo et al.，2017；Wang D Y et al.，2017）。据评估，溶解的黑碳对河流中溶解性有机碳通量的贡献高达 10%（Jaffé et al.，2013）。

二、土壤黑碳分子结构分析

1. 黑碳的红外光谱分析。图 8－5 为短期田间试验施生物质炭对黑碳的红外光谱的影响。由图看出，2 920 cm^{-1} 和 2 850 cm^{-1} 处脂族结构伸缩振动降低，1 720 cm^{-1} 处羧酸的 C═O 伸缩振动下降，1 620 cm^{-1} 处芳香 C═C 伸展振动增强。表 8－11 为黑碳红外光谱吸收峰相对强度的分析结果。与 CK 相比，施入生物质炭后土壤黑碳在 2 920 cm^{-1}、2 850 cm^{-1} 的脂族碳和 1 720 cm^{-1} 羧基碳的峰处吸收峰强度降低，1 620 cm^{-1} 芳香碳的吸收强度增加；2 920/1 720 比值上升，2 920/1 620 比值下降，表明施生物质炭降低了黑碳分子结构的氧化度，增强黑碳结构的芳香性，脂族性降低。

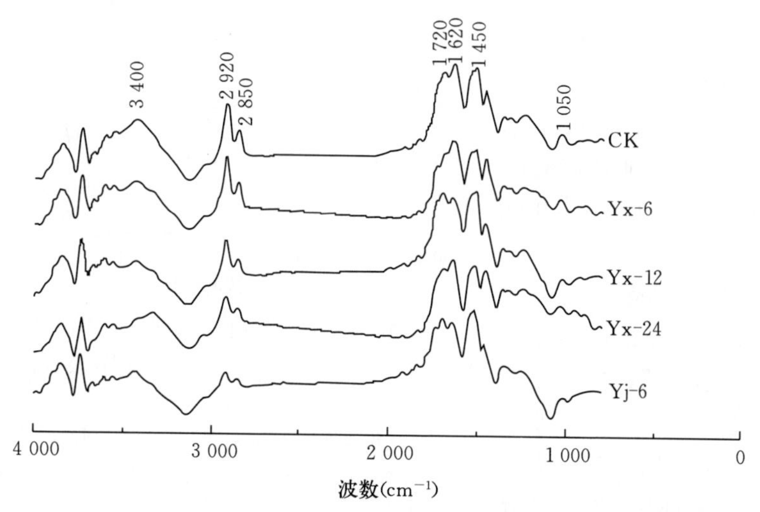

图 8－5　施用玉米秸秆和玉米芯生物质炭对土壤黑碳红外光谱的影响

注：短期田间试验，CK 为未施加生物质炭，Yx－6、Yx－12 和 Yx－24 分别表示施量为 6 t/hm^2、12 t/hm^2 和 24 t/hm^2 的玉米芯生物质炭，Yj－6 代表施量为 6 t/hm^2 的玉米秸秆生物质炭。

表 8－11　施用玉米秸秆和玉米芯生物质炭对土壤黑碳吸收峰相对强度的影响

处理	相对强度（%）				比值	
	1 620 cm^{-1}	1 720 cm^{-1}	2 850 cm^{-1}	2 920 cm^{-1}	2 920/1 720	2 920/1 620
CK	12.42	25.47	11.74	31.71	0.541	0.962
Yx－6	15.37	22.83	9.429	28.35	0.572	0.743
Yx－12	18.24	18.14	8.323	24.46	0.683	0.517
Yx－24	21.35	14.35	5.369	19.71	0.941	0.341
Yj－6	17.69	16.05	7.157	20.38	0.593	0.632

注：短期田间试验，CK 为未施加生物质炭，Yx－6、Yx－12 和 Yx－24 分别表示施量为 6 t/hm^2、12 t/hm^2 和 24 t/hm^2 的玉米芯生物质炭，Yj－6 代表施量为 6 t/hm^2 的玉米秸秆生物质炭。

3 年盆栽试验施入玉米秸秆生物质炭后，土壤黑碳的红外光谱如图 8－6 所示。不同处理的土壤黑碳红外谱图具有相似性，说明不同处理的结果有一定的规律性，差别主要表现在不同波数的振动强度有所变化，说明不同处理对黑碳样品官能团数量有一定影响。其中，2 920 cm^{-1}、2 850 cm^{-1}、1 720 cm^{-1} 处振动均有不同程度的减弱，表明随着生物质炭施量的增加，黑碳样品脂族性逐渐减弱；1 600 cm^{-1}处吸收峰振动有微小增强，说明芳香 C═C 双键结构逐渐增多，黑碳分子结构更加稳定。

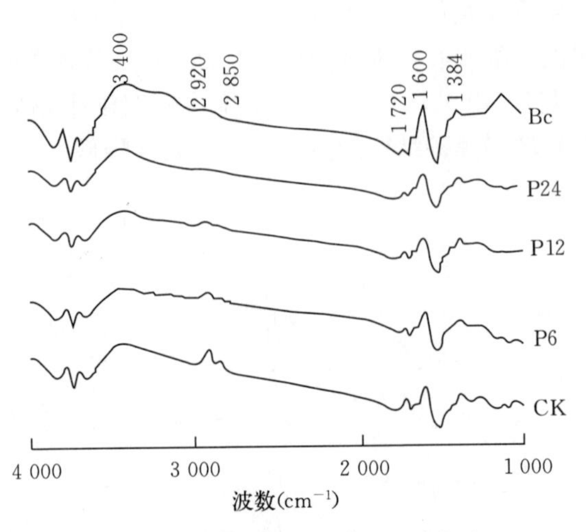

图 8－6　施用玉米秸秆生物质炭对土壤黑碳红外光谱的影响
（孟凡荣 等，2016b）

注：3 年盆栽试验，CK 为未施加生物质炭，P6、P12 和 P24 分别表示施量为 6 t/hm^2、12 t/hm^2 和 24 t/hm^2 的玉米秸秆生物质炭。

表 8－12 为施用玉米秸秆生物质炭各处理特征峰吸收振动的相对强度。随着生物质炭施量的增加，2 920 cm^{-1}、2 850 cm^{-1}脂族碳及 1 720 cm^{-1}羧基碳处吸收峰相对强度逐渐降低，且与 CK 差异显著（P6 处理 1 720 cm^{-1} 除外），1 600 cm^{-1}处吸收峰相对强度增加，P24 处理与 CK 间差异显著。与 CK 相比，虽然施生物质炭处理的 2 920/1 720 比值表现下降，但脂族碳和羧基碳峰强均降低，表明与羧基碳相比，施生物质炭使黑碳分子结构中脂族碳下降幅度较大。而 2 920/1 600 比值降低，表明施加生物质炭降低了黑碳结构的脂族性，提高了芳香碳结构的比例。

表 8－12　施用玉米秸秆生物质炭对土壤黑碳吸收峰相对强度的影响

处理	相对强度（%）				比值	
	1 600 cm^{-1}	1 720 cm^{-1}	2 850 cm^{-1}	2 920 cm^{-1}	1 920/1 720	2 920/1 600
CK	39.44±1.64b	12.25±0.72a	5.25±0.65a	16.38±0.70a	1.34±0.13a	0.42±0.004a
P6	41.31±1.07ab	11.11±0.46ab	3.56±0.69b	13.97±0.68b	1.26±0.02ab	0.34±0.01b
P12	42.52±2.30ab	10.09±0.64bc	2.44±0.17c	10.72±0.42c	1.08±0.13bc	0.26±0.03c
P24	43.30±0.98a	9.44±0.79c	2.28±0.31c	9.41±1.25c	1.05±0.05bc	0.22±0.03c
Bc	62.40	6.41	1.03	2.29	0.36	0.04

注：3 年盆栽试验，CK 为未施加生物质炭，P6、P12 和 P24 分别表示施量为 6 t/hm^2、12 t/hm^2 和 24 t/hm^2 的玉米秸秆生物质炭。Bc 为玉米秸秆生物质炭。

2. 土壤黑碳的元素组成分析。元素组成是判断复杂有机化合物结构的最有效方法之一。通过对土壤黑碳样品元素组成的分析，可以简单地判断黑碳的结构特征。表 8－13 和 8－14 分别为短期田间试验与 3 年盆栽试验施生物质炭对土壤黑碳元素组成的影响。与 CK 相比，施生物质炭处理黑碳的 C、H、N 元素含量均显著增加；O 元素含量下降；H/C 和 O/C 摩尔比降低，表明施生物质炭降低了土壤黑碳分子结构的氧化度，提高了缩合度，分子结构更复杂，稳定性增强。

表 8－13　施用玉米秸秆和玉米芯生物质炭对土壤黑碳元素组成的影响

处理	元素含量（g/kg）				摩尔比		
	N	C	H	O	C/N	H/C	O/C
CK	25.96	436.8	32.6	426.8	19.63	0.89	0.73
Yx－6	29.03	493.7	34.67	350.6	19.87	0.84	0.53
Yx－12	32.97	586.3	35.13	324.3	20.78	0.74	0.41
Yx－24	35.27	682.7	37.37	278.9	22.58	0.71	0.30
Yj－6	30.13	513.1	33.07	346.8	20.35	0.77	0.50

注：短期田间试验，CK 为未施加生物质炭，Yx－6、Yx－12 和 Yx－24 分别表示施量为 6 t/hm^2、12 t/hm^2 和 24 t/hm^2 的玉米芯生物质炭，Yj－6 代表施量为 6 t/hm^2 的玉米秆生物质炭。

表 8－14　施用玉米秸秆生物质炭对土壤黑碳元素组成的影响（孟凡荣 等，2016b）

处理	元素含量（g/kg）				摩尔比		
	C	H	N	O	O/C	H/C	C/N
CK	505.98±3.71 d	32.78±0.63 d	24.32±0.15c	436.93±4.56a	0.65±0.14a	0.78±0.02a	24.27±0.65c
P6	584.38±9.01c	34.22±0.08c	27.63±0.12b	353.77±9.26b	0.45±0.16ab	0.74±0.04ab	24.68±1.47bc
P12	654.01±10.54b	36.82±0.15b	28.63±0.09b	280.54±13.93c	0.32±0.24b	0.71±0.02bc	26.65±1.64b
P24	766.32±8.38a	40.36±0.44a	30.96±0.68a	162.36±8.23 d	0.16±0.13b	0.68±0.003c	28.88±3.59a

注：3 年盆栽试验，CK 为未施加生物质炭，P6、P12 和 P24 分别表示施量为 6 t/hm^2、12 t/hm^2 和 24 t/hm^2 的玉米秸秆生物质炭。

根据黑碳的红外光谱和元素组成分析，随着生物质炭施量的不断增加，黑碳结构中 O 元素、O/C 摩尔比值以及羧基碳和 2 920/1 720 比值降低，氧化度下降，且土壤黑碳的脂族碳和 H/C 摩尔比值减少，芳香碳增加，而 2 920/1 600比值降低，表明黑碳分子结构中芳香性增强，脂肪族性减弱，缩合度提高，黑碳结构更加稳定。此结果可能有两方面原因：一是生物质炭具有高度芳香化的结构特征，自身 C＝C 双键含量高（达 62.40%）；二是生物质炭富含孔隙和较大的比表面积为微生物提供了良好的栖息环境，有利于土壤微生物的生长（Solaiman et al.，2010）。本研究中土壤黑碳在 2 920 cm^{-1}和 2 850 cm^{-1}处振动比较强，表明其自身具有一定的脂族性，而脂族性是土壤黑碳结构中部分不稳定的因素（Zimmerman et al.，2010），因此，在大量微生物的作用下，黑碳结构中的脂族C—C可能被分解矿化，其中一部分被氧化为CO_2和水溶性有机酸（Cody et al.，2005；Nguyen et al.，2009），或进一步生物化学转化为更加稳定的芳香碳（Velasco-Molina et al.，2016；Zhao S X et al.，2018；Huang et al.，2019；Orlova et al.，2019）。

综上：

① 施用玉米秸秆和玉米芯生物质炭促进了玉米植株的生长，提高了玉米产量指标，当施量为24 t/hm^2时，最有利于作物的生长。

② 施用生物质炭12 t/hm^2和24 t/hm^2可显著提高黑土有机碳含量；短期田间试验施用生物质炭6 t/hm^2、12 t/hm^2和24 t/hm^2可显著提高黑土胡敏素含量，施用玉米芯生物质炭24 t/hm^2和玉米秸秆生物质6 t/hm^2可显著提高黑土胡敏酸含量；3年盆栽试验施用玉米秸秆生物质炭6 t/hm^2、12 t/hm^2和24 t/hm^2可显著提高黑土胡敏酸和胡敏素含量。不同施量间相比，以24 t/hm^2施量提升黑土有机碳与腐殖质碳效果最优。

③ 短期田间试验表明，施用玉米秸秆和玉米芯生物质炭降低了黑土胡敏酸结构的脂族碳与羧基碳含量，芳香碳增加，胡敏酸的芳香性增加，氧化度下降，结构更加趋于成熟稳定；3年的盆栽试验表明，施用玉米秸秆生物质炭显著提高了黑土胡敏酸的脂族碳和芳香碳，羧基碳减少，施用生物质炭使土壤胡敏酸的氧化度降低，脂族性增强，黑土胡敏酸得以更新，品质得到改善，既有利于提高土壤肥力，提升土壤质量，又能固碳减排。

④ 不同施量生物质炭均显著提高黑土黑碳含量，黑碳结构中O元素、O/C摩尔比值以及羧基碳和2 920/1 720比值降低，氧化度下降，且黑碳的脂族碳和H/C摩尔比值减少，芳香碳增加，2 920/1 600比值降低，表明黑碳分子结构中芳香性增强，脂肪族性减弱，缩合度提高，黑碳结构更加稳定，有利于提高黑土有机碳库的稳定性，施生物炭对黑土固碳减排具有重要作用。

第九章　炭化和未炭化玉米秸秆应用对黑土团聚体及其密度组分中有机碳的影响

土壤有机碳（SOC）的矿化和耗竭是由于传统耕作方式下的集约种植引起的。增加碳输入可以提高土壤有机碳的含量和质量。秸秆还田仍然是通过形成腐殖质和土壤大团聚体增加碳投入和维持土壤碳储量的普遍有效的管理措施（Wang et al.，2018）。输入的秸秆碳大部分可以分解为 CO_2（Li H et al.，2018），部分通过腐殖质化过程转化为腐殖质（Simonetti et et al.，2012）。因此，碳输入后的矿化会增加温室气体排放（Hu et al.，2016；Zhao X M et al.，2016）。在减少温室气体排放的同时，促进碳封存和土壤质量，应该是一个有效和有益的中长期土壤管理战略。

而将秸秆限氧条件下炭化制备成生物质炭，也已成为当前的研究重点之一。生物质炭施入土壤能提供许多益处，如保持土壤养分和水（Biederman et al.，2013），提高有机碳储量，促进碳封存（Sui et al.，2016；Fugon et al.，2017b；Wang D Y et al.，2017），减少温室气体排放（Kerre et al.，2016；Sui et al.，2016），提高土壤质量和作物产量（Fernandez et al.，2017）。因此，将秸秆转化为炭化秸秆（生物质炭）有利于农业生产和环境保护。

作为一项重要的管理措施，秸秆及其炭化秸秆还田对土壤提供益处的时间长短取决于其在土壤中的稳定性。一方面，由于生物质炭的高芳香性（Fernandez et al.，2017），生物质炭具有较长的驻留时间，抗微生物分解，从数百年到数千年不等。另一方面，秸秆和生物质炭在土壤中的稳定性还取决于土壤团聚体的保护程度以及输入碳与土壤基质之间的相互作用。

施用秸秆等不同原料制备的生物质炭对土壤团聚体及其有机碳含量的积极影响分别有文献记载（Liu Z et al.，2014；Fernandez et al.，2017；Fugon et al.，2017b；Zhao S X et al.，2018）。此外，近年来我国已进行了炭化秸秆取代秸秆还田改良土壤的田间试验。学者们越来越重视分析未炭化秸秆以及炭化秸秆还田在减少温室气体排放、改善土壤性质和固碳等方面的优势。在之前的研究中，已有学者评估了秸秆和秸秆源生物质炭还田对土壤氮、碳储量及温室气体排放（Cui Y F et al.，2017）和土壤团聚体有机碳（Huang et al.，2018）的影响。然而，生物质炭作为被认为是很有前景的土壤碳封存策略，关于土壤中未炭化和炭化玉米秸秆还田如何与碳保护密切相关的具有多级层次结构的团聚体相互作用的信息是有限的，特别是基于多年田间试验的研究。

本研究采用未炭化和炭化玉米秸秆还田对中国东北地区黑土进行土壤改良，并以土壤有机质密度分组为基础，进行了土壤团聚体及其有机碳分组研究，目的是阐明和对比未炭化和炭化玉米秸秆还田对土壤团聚体及各级团聚体和密度组分中有机碳分布的影响。最终，基于未炭化和炭化玉米秸秆改良土壤的多级层次团聚体结构提供的保护机制，评价有机碳稳定性和固碳潜力，为黑土肥力保育农业管理中采用炭化秸秆替代秸秆还田的优越性提供依据。

第一节　研究方法

田间试验位于吉林省农业科学院国家黑土土壤肥力和肥料效益长期定位监测试验基地监测试验站（北纬 43°34′50″，东经 124°42′56″，H=178 m）。研究地概况见第四章。生物质炭制备：以玉米秸秆为原料，在 450 ℃缺氧条件下缓慢热解制备生物炭。生物炭基本性质如表 9－1。

表 9－1　生物炭基本性质

有机碳 (g/ kg)	全氮 (g/ kg)	全钾 (g/ kg)	速效磷 (mg/kg)	水解氮 (mg/kg)	H (g/kg)	O (g /kg)	pH
506.9	8.54	9.68	171.7	1 711	31.4	453.3	9.41

田间小区（10.4 m×10 m）试验于 2011 年 4 月建立，玉米连续单作。玉米秸秆和炭化玉米秸秆以 3 200 kg/hm^2（以 C 计）为固定施量，每年施用一次，相当于施用 7 400 kg/hm^2 玉米秸秆和 6 300 kg/hm^2 炭化玉米秸秆。试验设计包括 3 个处理：无秸秆和炭化秸秆添加处理（CK），添加玉米秸秆处理和炭化玉米秸秆处理，3 次重复，随机区组排列。采用常规耕作方法，将玉米秸秆和炭化玉米秸秆分别施入表土（0～10 cm 土层）。化肥年施肥量分别为 N 225.0 kg/hm^2、P_2O_5 82.5 kg/hm^2 和 K_2O 82.5 kg/hm^2。所有磷、钾肥和 40%的氮肥在播种时施用，其余氮肥在玉米拔节期追施。黑土样品采于 2015 年 10 月，采集深度 0～10 cm。土壤样品的基本性质如表 9－2。

表 9-2　2015 年各处理土壤的基本性质

处理	全氮 (g/ kg)	全磷 (g /kg)	水解氮 (mg /kg)	速效磷 (mg /kg)	速效钾 (mg /kg)	pH
CK	1.57±0.12a	0.53±0.06b	71.2±5.35a	41.0±3.32a	166.3±3.57b	5.32±0.05b
秸秆	1.80±0.24a	0.63±0.03a	68.8±5.35a	42.1±2.57a	201.3±17.0a	5.67±0.12a
炭化秸秆	1.57±0.12a	0.61±0.04ab	67.7±5.35a	27.6±2.12b	179.6±8.03ab	5.71±0.17a

注：数据表示平均值±标准偏差（$n=3$）。不同小写字母表示处理间差异显著（$P<0.05$）（下同）。

多级层次团聚体分级方法见第四章。相关研究指标计算如下：

$$CSE=(SOC_{Tr}-SOC_{CK})/TC_{input}\times 100 \tag{9-1}$$

式中，CSE 为土壤固碳效率，%；SOC_{Tr} 为秸秆或炭化秸秆处理的土壤有机碳含量；SOC_{CK} 为 CK 处理的土壤有机碳含量；TC_{input} 为试验期间未炭化或炭化秸秆碳的总输入量（Wang et al.，2018）。

$$SOC_i= C_i\times PSA_i \tag{9-2}$$

式中，SOC_i 为各粒级级配土壤团聚体中有机碳含量；i 表示某一粒级团聚体组分；C_i 为某粒级中的碳浓度，g/kg；PSA_i 为某粒级团聚体的质量比例，%。

第二节　炭化和未炭化玉米秸秆对黑土多级层次团聚体各组分比例的影响

一、不同粒级团聚体的质量比例

如图 9-1A 所示，在所有处理中，大团聚体（>0.25 mm）所占比例最大，占全土质量的 57.0%～63.1%，其次为游离微团聚体（24.3%～29.2%）、未团聚的粉粒级（9.97%～11.8%）和未团聚的黏粒级（0.45%～0.58%）。与 CK 相比，秸秆和炭化秸秆处理的大团聚体百分比分别显著增加 7.73%和 10.7%，而游离微团聚体百分比分别显著降低 13.7%和 16.8%（$P<0.05$）（图 9-1B）。此外，与 CK 相比，秸秆和炭化秸秆处理大团聚体中的闭蓄态微团聚体质量比例分别显著增加了 18.1%和 19.6%。这些结果表明，在未炭化和炭化玉米秸秆添加处理下，土壤颗粒和游离微团聚体进一步聚合。然而，在秸秆和炭化秸秆处理之间，闭蓄态微团聚体的质量比例差异不显著（$P<0.05$）。

如图 9-1 所示，所有团聚体粒级中，粉粒（占全土质量的 9.97%～

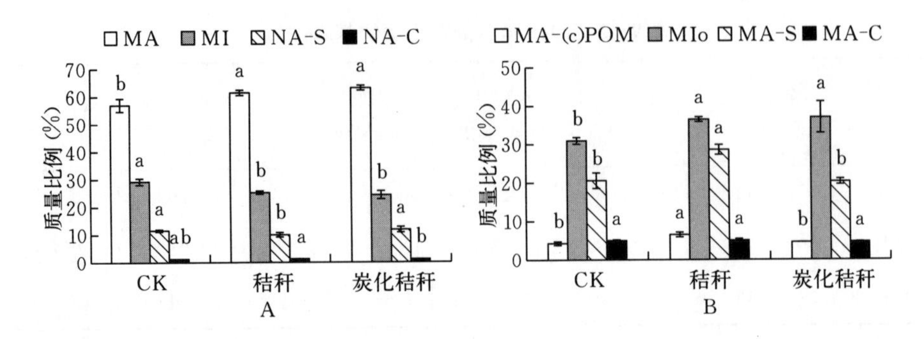

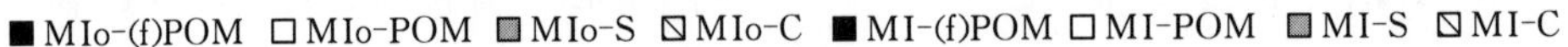

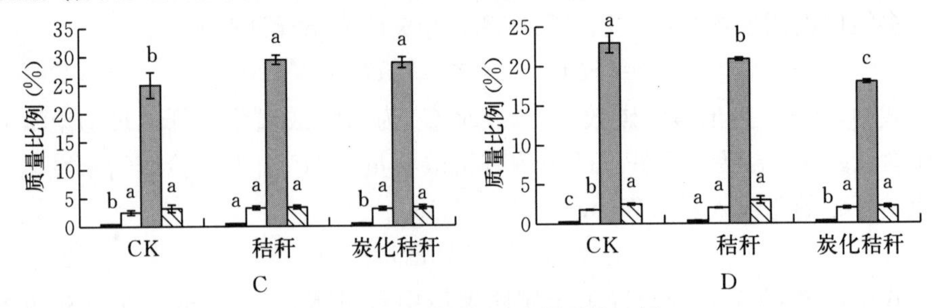

图 9-1 团聚体各组分的质量比例

(Guan et al.，2019)

注：图 A 表示水稳性团聚体，图 B 表示大团聚体，图 C 表示闭蓄态微团聚体，图 D 表示游离微团聚体。MA：大团聚体；MI：游离微团聚体；NA-S：未团聚粉粒；NA-C：未团聚黏粒；MA-（c）POM：大团聚体内粗颗粒有机质；MIo：大团聚体内闭蓄态微团聚体；MA-S：大团聚体内粉粒；MA-C：大团聚体内黏粒；MIo-（f）POM：闭蓄态微团聚体内轻组细颗粒有机质；MIo-POM：闭蓄态微团聚体内重组颗粒有机质；MIo-S：闭蓄态微团聚体内粉粒；MIo-C：闭蓄态微团聚体内黏粒；MI-（f）POM：游离微团聚体内轻组细颗粒有机质；MI-POM：游离微团聚体内重组颗粒有机质；MI-S：游离微团聚体内粉粒；MI-C：游离微团聚体内黏粒。小写字母表示不同处理之间差异显著（$P<0.05$）。

29.4%）的质量比例比黏粒（0.45%～5.02%）高 4.14～26.2 倍。与 CK 相比，在大团聚体中，秸秆处理的粉粒质量比例显著提高了 38.9%。对于炭化秸秆和秸秆处理而言，闭蓄态微团聚体中粉粒分别增加了 15.5%和 17.7%（图 9-1C），而游离微团聚体粉粒分别下降 20.8%和 6.24%（图 9-1D）。在秸秆处理的未团聚组分中，粉粒显著减少了 12.5%，然而，黏粒粒级的质量比例没有显著变化（$P<0.05$）（图 9-2 A）。从理论上讲，未炭化和炭化玉米秸秆作为有机胶结剂，可以将微团聚体或粉/黏粒等粒级聚合成大团聚体（Six et al.，2004）。秸秆对土壤聚合的影响主要是由于秸秆分解过程中产生的胶结物质（Xiu et al.，2019），而生物质炭中大量的水溶性阳离子和生长在生物质炭丰富孔隙结构中的菌丝（Hockaday et al.，2006；Burrell et al.，2016）则

可以促进土壤团聚。因此，在本研究中，未炭化和炭化玉米秸秆应用5年促进了大团聚体（>0.25 mm）的形成，降低了游离微团聚体和未团聚的粉/黏粒粒级的质量比例（图9-2 A），符合团聚体多级层次理论（Tisdall et al.，1982）。我们的研究结果与之前的研究一致（Liu Z et al.，2014；Wang D Y et al.，2017；Zhang et al.，2017；Zhao S X et al.，2018）

二、颗粒有机质的质量比例

由图9-1B、C、D分析可知，POM占总土壤质量的8.69%～12.0%，在大团聚体中MA-（c）POM占4.28%～6.51%，在闭蓄态和游离态微团聚体中的MIo-POM和MI-POM占1.79%～3.24%，在闭蓄态和游离态微团聚体中未被闭蓄（包裹）的MIo-（f）POM和MI-（f）POM占0.03%～0.16%，其含量非常低，几乎可以忽略不计。

由图9-1B可知，与其他处理相比，秸秆处理使MA-（c）POM比例显著提高了43.5%～52.2%（$P<0.05$）。由图9-1D可知，秸秆和炭化秸秆处理使MI-POM比例较CK显著增加了11.6%和9.50%。

第三节　炭化和未炭化玉米秸秆对黑土及其多级层次团聚体各组分有机碳含量的影响

一、土壤有机碳含量

有机碳是提高农业生产力和陆地碳平衡的重要参数。根据图9-2，炭化和未炭化秸秆还田处理下土壤有机碳含量为19.36 g/kg和21.86 g/kg，其中炭化秸秆处理中土壤有机碳最高。与CK相比，秸秆和炭化秸秆处理显著提高了土壤有机碳含量，分别提高9.30%和23.4%。与秸秆处理相比，炭化秸秆处理提高了土壤有机碳积累，较秸秆处理高12.9%（$P<0.05$）。与先前的研究结果相似（Wang D Y et al.，2017，2018；Zhao H L et al.，2018），作为外源碳的输入源，施用未炭化和炭化秸秆确实可以补偿由集约和连续耕作造成的碳损失，对提高有机碳储量具有重要

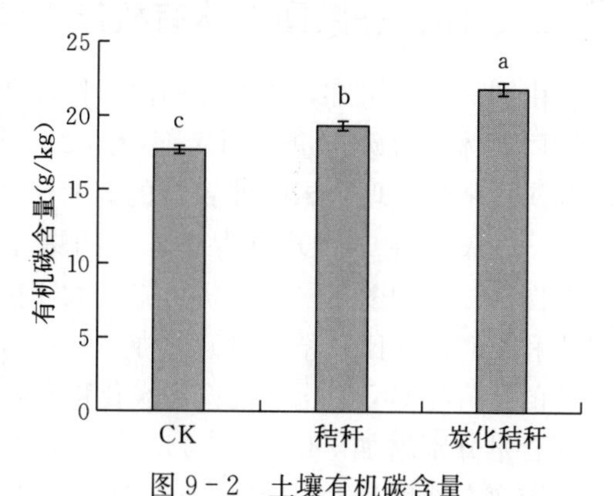

图9-2　土壤有机碳含量

注：不同小写字母表示处理间差异显著（$P<0.05$）。

作用。估算土壤固碳效率是通过与CK进行比较，直观了解试验期间投入的有机物料分解程度和土壤中残留有机碳含量。秸秆和炭化秸秆处理每年以等碳输入，经过5年试验，土壤固碳效率分别为（19.7±5.45）%和（58.2±4.88）%。与秸秆处理相比，炭化秸秆处理的固碳效率是未炭化秸秆处理的2.95倍，两个处理间差异显著（$P<0.05$）。这些结果表明，在还田前将玉米秸秆转化为炭化玉米秸秆，能增加土壤有机碳的平均停留时间（MRT），更有利于长期固碳。玉米秸秆主要含有生物可利用的有机碳，可为微生物提供底物，从而加速土壤有机质分解，而田间试验中生物炭因其高芳香性，导致其抗微生物分解，MRT的范围在8年到数千年之间（Lorenz et al.，2014；Fernández et al.，2017）。

二、水稳性团聚体有机碳含量

如图9-3 A所示，在水稳性团聚体中，大团聚体有机碳含量最高，占全土碳的62.5%～68.3%，是其他组分的1.24～82.0倍（$P<0.05$）。此外，有机碳含量随着团聚体粒径的减小而减少（图9-3 A），水稳性团聚体的质量比例分布情况也是如此。

多级层次团聚体的形成实质上是随着团聚体粒径的增大其有机碳含量增加（Kong et al.，2005）。与CK相比，炭化秸秆和秸秆处理的大团聚体有机碳含量分别显著增加35.0%和19.4%，其中炭化秸秆处理增加幅度最大，游离态微团聚体有机碳含量无显著变化，这说明炭化秸秆和秸秆的施入对土壤碳的稳定具有重要意义。虽然有机碳不能被大团聚体长期保存，但是通过多级层次聚合过程，大团聚体可物理性保护更多的有机碳（Six et al.，2004）。

三、闭蓄态微团聚体有机碳含量

由图9-3B可知，与CK相比，秸秆和炭化秸秆处理中，大团聚体内闭蓄态微团聚体有机碳含量分别显著增加21.7%和25.1%。秸秆处理中未团聚黏粒和炭化秸秆处理中未团聚粉粒的有机碳含量分别显著增加21.2%和30.6%（图9-3 A）。由于物理性保护，大团聚体在有机碳稳定性上具有重要作用，结合图9-3B和图9-3C分析可知，大团聚体内部所有粉粒和黏粒的有机碳含量之和与对照相比，秸秆处理增加24.7%，炭化秸秆处理增加18.4%。值得注意的是，与CK相比，秸秆和炭化秸秆处理中的闭蓄态微团聚体中的粉粒有机碳含量分别增加33.3%和44.9%（$P<0.05$）。而在秸秆和炭化秸秆处理中，游离态微团聚体中粉粒有机碳含量分别降低了11.4%和17.9%（$P<0.05$）（图9-3D）。

归因于团聚体的多级层次结构，有机碳在短期内优先储存在大团聚体中，

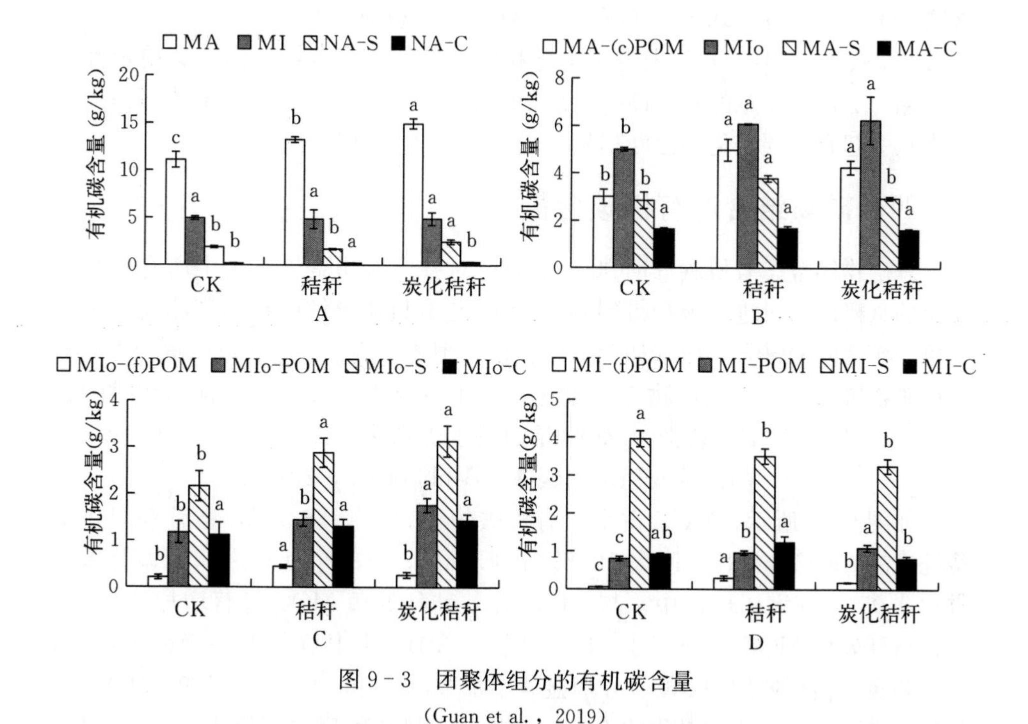

图 9-3　团聚体组分的有机碳含量

(Guan et al., 2019)

注：图 A 表示水稳性团聚体，图 B 表示大团聚体，图 C 表示闭蓄态微团聚体，图 D 表示游离态微团聚体。MA：大团聚体；MI：游离微团聚体；NA-S：未团聚粉粒；NA-C：未团聚黏粒；MA-(c) POM：大团聚体内粗颗粒有机质；MIo：大团聚体内闭蓄态微团聚体；MA-S：大团聚体内粉粒；MA-C：大团聚体内黏粒；MIo-(f) POM：闭蓄态微团聚体内轻组细颗粒有机质；MIo-POM：闭蓄态微团聚体内重组颗粒有机质；MIo-S：闭蓄态微团聚体内粉粒；MIo-C：闭蓄态微团聚体内黏粒；MI-(f) POM：游离微团聚体内轻组细颗粒有机质；MI-POM：游离微团聚体内重组颗粒有机质；MI-S：游离微团聚体内粉粒；MI-C：游离微团聚体内黏粒。小写字母表示不同处理之间差异显著（$P<0.05$）。

之后长久保持在微团聚体内（Liu Z et al.，2014）。一项研究发现，游离微团聚体内有机碳的平均周转时间为 412 年，而大团聚体内有机碳的平均周转时间只有 140 年（Jastrow et al.，1996），研究表明有机碳在微团聚体内稳定性大于大团聚体。因此，长期固碳应有赖于微团聚体提供的物理保护（Tisdall et al.，1982；Six et al.，2004）。闭蓄态微团聚体是通过在大团聚体内的微生物分泌的黏液胶结矿物颗粒并包裹已发生分解的有机物碎片而形成的。有研究表明，将有机碳储存在闭蓄态微团聚体内是长期固碳的主要机制，这归因于通过在大团聚体内的微团聚体进一步包封有机碳，有机碳免于被微生物分解，是物理性闭蓄产生的稳定性（Six et al.，2000；Denef et al.，2007）。因此，在本研究中，与 CK 相比，秸秆和炭化秸秆处理的闭蓄态微团聚体质量比例分别显著增加了18.1%和19.6%(图9-1B),其有机碳含量分别增加21.7%和25.1%(图9-3B),充分表明未炭化和炭化秸秆还田有助于提高碳稳定性和碳封存。更值得注意的是,Denef等(2007)提出了闭蓄态微团聚体可作为管理措施引起有机碳变化的诊断指标,表明其对评估固碳的重要性。

四、矿物结合态有机碳含量

总矿物结合态有机碳(MOC)是通过对各层次团聚体粒级中所有粉粒和黏粒的有机碳含量进行求和得到的。MOC是有机质分解的最终产物通过多种有机—矿物间的键合反应(如配位体交换、阳离子桥、氢键和范德华力等)与黏粒矿物紧密结合并在矿物表面稳定,占土壤总碳绝大多数,且周转时间长(Feng et al.,2014)。因此,MOC是归属于受到化学保护(Six J,Conant R T,et al.,2002)的惰性或稳定的碳库(Benbi et al.,2014)。

如图9-3所示,MOC占全土有机碳的74.2%~88.1%,秸秆和炭化秸秆处理的MOC分别比CK高10.8%和7.78%,但三个处理之间无显著差异($P<0.05$)。在大团聚体中,与CK相比,秸秆处理MOC显著增加24.7%,炭化秸秆处理MOC增加了18.4%(图9-3B),尤其在闭蓄态微团聚体中,秸秆和炭化秸秆处理的MOC分别显著增加33.3%和44.9%(图9-3C)。这些研究表明,未炭化和炭化的玉米秸秆均与土壤矿物质之间发生了相互作用,部分有机输入物降解或生化转化。因此,有机碳被稳定在土壤矿物上将导致长期的碳封存(Li et al.,2016)。

五、颗粒有机碳含量

一般来说,颗粒有机质是不稳定有机碳库的重要组成部分,包括相对未分解或部分降解的有机物料以及未完全分解的小颗粒物料(Golchin et al.,1994)。从土壤具有多级层次的团聚体中分离出的颗粒有机质可以为土壤中有机物的降解状态提供重要信息。此外,颗粒有机质对土壤管理变化敏感,其响应速度快于土壤有机碳(Kantola et al.,2017),因此,颗粒有机质是反映土壤质量的有效指标(Xie et al.,2014;Ferreira et al.,2018)。

由图9-3B可知,大团聚体中粗颗粒有机质拥有的有机碳含量最高为3.01~4.97 g/kg,占全土碳的17.0%~25.7%,而游离态和闭蓄态微团聚体中轻组的细颗粒有机质的有机碳含量最低(0.06~0.44 g/kg)(图9-3C、D),只占全土碳的0.35%~2.29%。这说明大团聚体中粗颗粒有机质对土壤碳储量具有重要意义。

与CK相比,秸秆处理中大团聚体中粗颗粒有机质的有机碳含量增加65.1%,炭化秸秆处理增加41.2%($P<0.05$),与先前的研究结果相似

(Singh et al., 2014; Li et al., 2016; Zhao H L et al., 2018)。粗颗粒有机质虽然不能被大团聚体长期保存(Six et al., 2004),碳周转较快(Cheng et al., 2011),但其作为一种胶结剂和土壤颗粒聚合的核心,较高的粗颗粒有机质储量可以促进非常稳定的闭蓄态微团聚体的形成,从而保证碳的长期封存(Six et al., 2000)。与CK和秸秆处理相比,炭化秸秆处理中游离态和闭蓄态微团聚体的重组颗粒有机质的有机碳含量最高(图9-3C、D)。闭蓄态微团聚体内部的重组颗粒有机质是由在大团聚体内部的粗颗粒有机质分解和破碎而产生的,这些分解破碎的细颗粒有机质逐渐被黏土颗粒和微生物产物包裹,在大团聚体中形成封闭的闭蓄态微团聚体(Six et al., 2000)。因此,微团聚体内部的重组颗粒有机质相对稳定(Golchin et al., 1994),对固碳具有重要意义。

由图9-4可以得出,与大团聚体中粗颗粒有机质相结合的有机碳含量范围为70.3~93.4 g/kg,其中最大的值出现在炭化秸秆处理中($P<0.05$),游离态和闭蓄态微团聚体中轻组的细颗粒有机质具有204 ~282 g/kg的有机碳含量,但其土壤质量比例低到几乎可以忽略不计(0.01%~0.41%)(图9-3C、D)。表明由于有机物料位于土壤多级层次团聚体内部位置的差异产生的物理保护程度不同,导致有机物料的分解程度不同。大团聚体内部粗颗粒有机质被认为是相对不受保护的组分(Huang et al., 2010),最易分解(Benbi et al., 2014),通常以较快的碳周转为特征(Cheng et al., 2011)。而轻组细颗粒有机质,尤其是闭蓄态微团聚体轻组细颗粒有机质,由于深层次的物理保护,由分解程度较低的有机残体组成,仍保持残体结构(Golchin et al., 1994; Kölbl et al., 2004; Cheng et al., 2011; Li et al., 2016),因此,其有机碳含量较高。而游离态和闭蓄态微团聚体中重组颗粒有机质中有机碳含量为44.2~58.1 g/kg,且炭化秸秆处理游离态和闭蓄态团聚体中重组颗粒有机碳含量分别比秸秆处理分别高15.8%和31.3%(图9-4),在微团聚体内部,有机碳含量较低的重组颗粒有机质,是由在大

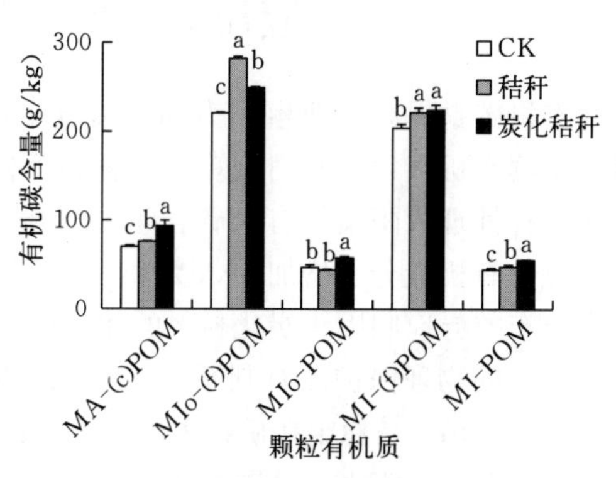

图9-4　不同组分中颗粒有机质的有机碳含量

(Guan et al., 2019)

注:MI-POM为游离态微团聚体重组颗粒有机质;MI-(f) POM为游离态微团聚体轻组细颗粒有机质;MIo-POM为闭蓄态微团聚体重组颗粒有机质;MIo-(f) POM为闭蓄态微团聚体轻组细颗粒有机质;MA-(c) POM为大团聚体粗颗粒有机质。小写字母表示不同处理之间差异显著($P<0.05$)。

团聚体内部的粗颗粒有机质分解和破碎而产生的，因此，封闭在微团聚体内的重组颗粒有机质表现出较高的降解程度（Kölbl et al.，2004）。

在本研究中，秸秆和炭化秸秆处理显著提高了分布在不同团聚体组分中颗粒有机碳含量（秸秆处理闭蓄态微团聚体内部的重组颗粒有机碳除外），这表明生物炭与植物残体一样完全可降解。在以前的研究中，生物炭通过生物和非生物因素或多或少地降解（Liang et al.，2008；Kerre et al.，2016；Luo et al.，2017；Wang D Y et al.，2017）。因此，认为生物炭是一种高度难降解的土壤有机碳的观点需要重新评价。

第四节　未炭化玉米秸秆与炭化玉米秸秆应用效果的差异

有机碳是提高农业生产力和陆地碳平衡的重要参数。土壤施用炭化秸秆后，土壤有机碳含量和固碳效率显著高于秸秆还田。此外，与秸秆处理相比，炭化秸秆处理大团聚体有机碳含量显著增加13.0%，闭蓄态和游离态微团聚体内颗粒有机碳分别增加21.8%和13.6%（$P<0.05$）。两个处理团聚体间有机碳分布差异应归因于炭化材料的化学稳定性，也表明施用炭化玉米秸秆可通过团聚体的物理保护而有利于土壤有机碳的稳定和固碳。矿物结合态有机碳（<0.053 mm）是稳定在矿物表面的有机物分解的产物，属于稳定性土壤碳库（Benbi et al.，2014）。未炭化和炭化玉米秸秆添加后新形成的矿物结合态有机碳在不同粒径团聚体和不同处理条件下分布不同。大团聚体中矿物结合态有机碳含量占土壤碳含量的21.0%～28.2%，且秸秆处理比炭化秸秆处理高19.0%。相反，炭化秸秆处理中闭蓄态微团聚体（占土壤碳的18.5%～21.6%）和未团聚的粉/黏粒粒级（占土壤碳的10.1%～12.3%）中矿物结合态有机碳含量分别比秸秆处理高8.25%和26.7%（$P<0.05$）（图9-3）。这些结果表明，施玉米秸秆更有利于大团聚体（>0.25 mm）中矿物结合态有机碳的形成，而炭化玉米秸秆添加有利于微团聚体（< 0.25 mm）中矿物结合态有机碳的形成，这可能是由于有机输入物分布在土壤团聚体的多级层次结构中的位置不同，导致有机输入物分解生化机制的差异。因为有机输入物在微生物作用下经历了较大的生物化学转化过程，这一过程主要受控于一些外在和内在因素（Chen et al.，2003）（如：有机输入物的质量和由于团聚体大小而造成的氧气限制），最终稳定在粉/黏粒矿物表面（Benbi et al.，2014）。因此，有必要通过$\delta^{13}C$或^{14}C同位素技术对来源于炭化秸秆和原料秸秆的碳源研究以及通过^{13}C-NMR或红外光谱分析有机碳的分子结构特征研究来阐明各种有机输入物与矿物之间的相互作用机理。与玉米秸秆应用相比，炭化玉米秸秆应

用更有利于固碳，归因于其提高了固碳效率、大团聚体和闭蓄态微团聚体中的有机碳储量、重组颗粒有机碳含量。因此，用炭化秸秆代替未炭化秸秆还田，对于改善土壤质量、减少土壤温室气体排放是可行的。

事实上，秸秆还田已被广泛推荐，并似乎已成为我国秸秆利用的主要有效途径。秸秆含有丰富的有机碳、氮、磷、钾以及其他微量元素，是作物生长的理想肥料。大量研究表明，秸秆还田有利于提高土壤性状和农业生产力（Li H et al.，2018；Yin et al.，2018）。当然，秸秆还田也有消极影响，如温室气体排放、有机酸积累和植物病虫害加重（Li H et al.，2018）。然而，将秸秆在厌氧环境下热解转化为炭化秸秆，将增加秸秆运输和生产过程的成本，从而增加农民对农业生产成本的投入，无疑会阻碍生物炭应用的推广。此外，生物质在热解过程中会损失少量的碳和相对较多的氮，大大降低磷的有效性（Wu et al.，2011）。但是在生物和/或非生物因素与土壤之间的相互作用下，生物炭可以缓慢释放磷（Angst et al.，2012），归因于生物质炭的多孔结构、大的比表面积及其电荷密度，促进养分持留（Biederman et al. 2013），从而间接提高土壤养分的有效性和土壤生产力。因此，为了实现粮食安全，保护土壤资源，缓解和适应全球气候变化，探索新技术（例如：研发负载化学元素的生物炭基肥料）和生产生物炭的设备，并降低生产成本，是为了进一步推广在土壤中应用生物质炭而必须战胜的挑战。

第十章　施畜禽粪肥对黑土理化性质和真菌群落结构的影响

土壤有机碳的含量和化学组成受管理与施肥措施影响，传统土壤耕作下密集的种植引起黑土有机碳的矿化和退化，土体出现障碍层，土壤紧实硬化加重，结构变坏，养分库容减少（刘显娇 等，2012；魏丹 等，2016），而减少耕作、进行有机培肥会提高黑土有机碳的含量和养分（薛振东 等，2007；任一猛 等，2008；张飞飞，2017），提高土壤总孔隙度和通气孔隙度，降低容重（赵英 等，2001）。有机培肥显著促进>0.25 mm 土壤团聚体的形成（Udoma et al.，2016；Liu et al.，2017；Mitran et al.，2017），土壤良好结构的形成对于增加土壤孔隙度和持水量、降低容重具有重要作用。施入土壤的有机物料大部分被微生物分解，部分未被彻底分解成 CO_2 的输入碳通过腐殖化过程被转化成腐殖物质（Simonetti et al.，2012），改善黑土腐殖物质品质，从而提升黑土质量。

近年来，随着集约化农业和加工业的迅速发展，产生大量农业和加工业的固体有机废弃物，规模化养殖后的畜禽粪便等随意弃置，作物秸秆焚烧，不仅严重污染环境，也极大地浪费了有机肥产品的原料（孟志国 等，2018）。因此，农业管理上合理利用农业废弃物，不仅可以保护环境，还能提高土壤有机质、增加土壤养分、提高土壤肥力。土壤施用畜禽粪肥在增加有机碳含量、养分有效性等方面的优越性已是众所周知（Long et al.，2015；Guo et al.，2016；Udoma et al.，2016），猪粪有机质和氮含量较高，碳氮比较小，易被微生物分解，释放出可为作物吸收利用的养分。牛粪有机质含量与猪粪相近，但低于马粪，其他养分含量接近马粪（Parvage et al.，2015），质地细密，分解慢，属迟效性肥料。而马粪的有机质和氮、磷、钾养分含量均较高，施用马粪能提高土壤氮、磷、碳含量，增加养分有效性，养分淋滤相对减少（Ding et al.，2016；Qiu et al.，2016）。因此，在可持续农业中，有机肥可以作为化学肥料的替代品（朱宁 等，2018）。土壤施用有机肥后，研究腐殖物质的含量和性质常被认为是评价土壤有机质质量、熟化度和稳定性的良好指标（Daouk et al.，2015）。从资源再利用角度考虑，畜禽粪肥中含有大量有机质和作物生长必需的氮、磷、钾等营养元素，是优质的有机肥源，既可以增加土壤腐殖质含量，提高土壤养分有效性（Brunetti et al.，2007），避免畜禽粪污排放引起的环境问题，又可以使化肥减量增效，促进绿色农业发展，建设青山绿水黑土。

从黑土肥力保育、改善农田黑土物理化学性状角度出发，施用有机肥是提升黑土肥力的有效手段，但施用有机肥会增加土壤真菌数量和多样性（丁建莉 等，2017）。土壤真菌群落是生态系统中具有功能多样化的类群，参与很多生态过程，并影响植物生长和土壤健康（张海芳 等，2018）。此外，真菌中有很多种类属于致病菌（董林林 等，2017），其相对丰度的变化关系到整个生态系统的健康，也是影响作物生长的重要因素。因此，研究施入畜禽粪肥对土壤真菌群落多样性及群落结构组成的影响也显得尤为重要。

针对土壤的重要理化指标，系统研究施用不同种类的畜禽粪肥对黑土团聚体结构、腐殖物质、有效养分以及土壤真菌群落结构多样性影响对于黑土区作物生长与品质至关重要，可为农田黑土肥力保育机制研究提供理论依据，具有重要的实践指导意义。

第一节　研究方法

试验地位于吉林农业大学药用植物试验基地（北纬 43°48′11″，东经 125°24′28″）。试验地所处气候条件为温带半湿润大陆性季风气候，年平均降水量 500～600 mm，有效积温 2 800～3 000℃，无霜期 130～140 d。土壤类型为发育于黄土母质上的中层黑土。施肥试验分为 2 个阶段进行。第一阶段，2014 年 4 月至 2015 年 3 月，小区施肥试验设不施肥对照（CK）、牛粪、鹿粪和鸡粪 4 个处理，随机区组排列，重复 3 次，等量施用粪肥数量为 5.6 kg/m^2，施肥深度 0～40 cm，小区面积 200 m^2，未种植作物；第二阶段，2015 年 4 月分别从上述施肥小区 0～40 cm 土层取土，采用盆栽试验方式，盆栽试验开始前不施肥对照土壤 pH 6.85，容重 1.07 g/cm^3，孔隙度 60%，土壤质地为壤黏土（沙粒 20.0%，粉粒 46.4%，黏粒 33.6%），盆栽试验开始前各处理养分含量见表 10-1。试验用盆高30 cm，宽 40 cm，长 50 cm，栽培人参品种为大马牙，每盆种植 9 颗人参，每个处理重复 6 次，补水至土壤质量含水量为 23%，称重，每 3 d 定期补水。2015 年 10 月于人参枯萎越冬期采集盆栽土壤，离根系 10 cm 处采集土样，采样深度 0～10 cm。主要生物信息分析方法如下。

土壤真菌群落高通量测序分析。采用土壤微生物基因组 DNA 提取试剂盒（TIANamp Soil DNA Kit）提取土壤微生物 DNA。PCR 扩增：以稀释后的基因组 DNA 为模板，特异引物为 ITS5－1737F：GGAAGTAAAAGTCGTAA-CAAGG 和 ITS2－2043R：GCTGCGTTCTTCATCGATGC，使用美国纽英伦生物技术公司的 Phusion®高保真 DNA 聚合酶配高保真缓冲液进行 PCR 扩增。测试结果由北京诺禾致源科技股份有限公司提供。

表 10－1　人参种植前施用畜禽粪肥土壤养分含量

处理	有机碳 (g/kg)	全氮 (g/kg)	全磷 (g/kg)	碱解氮 (g/kg)	有效磷 (mg/kg)	速效钾 (mg/kg)
CK	11.3	0.69	0.72	67.7	62.1	299.5
牛粪	17.2	1.69	1.39	86.3	116.9	507.3
鹿粪	17.7	1.53	1.14	123.7	90.4	557.1
鸡粪	18.8	1.54	1.20	96.3	82.5	523.7

生物信息学分析。利用 FastQC 软件对测序得到的原始数据进行拼接、过滤后得到有效数据（clean tags），基于有效数据，在 97%的相似度下利用 QIIME 1.7.0 软件将其聚类为用于物种分类的操作分类单元（OTU，OperationalTaxonomic Units），统计各样品每个 OTU 中的丰度信息，将 OTU 和物种注释结合，从而得到不同水平的物种组成分析。

微生物多样性分析。基于 OTU 结果，利用 Mothur 1.30.1 软件计算生境内的多样性（Alpha 多样性）的均匀度和多样性指数（Shannon、Simpson）、丰富度指数（Sobs、Chao1、Ace）和测序深度指数（Coverage）。利用 QIIME 1.7.0 软件结合 R（v 3.1.1）软件进行生境间的多样性（Beta 多样性）分析和主成分分析（PCA），以反映样品微生物群落结构之间的差异。

第二节　施用畜禽粪肥对黑土理化性质的影响

一、土壤水稳性团聚体组成

根据图 10－1，对照处理土壤团聚体组成以 0.25～2 mm 大团聚体为主，其次为微团聚体（0.053～0.25 mm），反映了黑土具有良好的物理结构性质。在所有的处理中，>2 mm 大团聚体所占比例极低（5.42%），施用畜禽粪肥对>2 mm 大团聚体比例无影响，但 0.25～2 mm 大团聚体较 CK 显著增加 35.3%～56.6%（$P<0.05$），鹿粪和牛粪处理后 0.053～0.25 mm 微团聚体比例分别较 CK 显著减少 32.4%和 13.5%（$P<0.05$），三种施肥处理后 <0.053 mm 粉/黏粒粒级较 CK 显著减少 47.8%～52.2%（$P<0.05$）。本研究结果表明使用畜禽粪肥促进了土壤的聚合作用，支持了 Six 等（2004）的土壤团聚体多级形成理论，微团聚体和粉/黏粒在不同来源的有机胶结物质（腐殖物质、菌丝、

粗颗粒有机质和根系分泌物等）的作用下胶结形成大团聚体。大团聚体的土壤结构内部具有多级孔性，大小孔隙兼备，总孔隙度大，协调水、气、蓄肥和供肥（黄昌勇 等，2013），无疑对于作物生长极其有利。

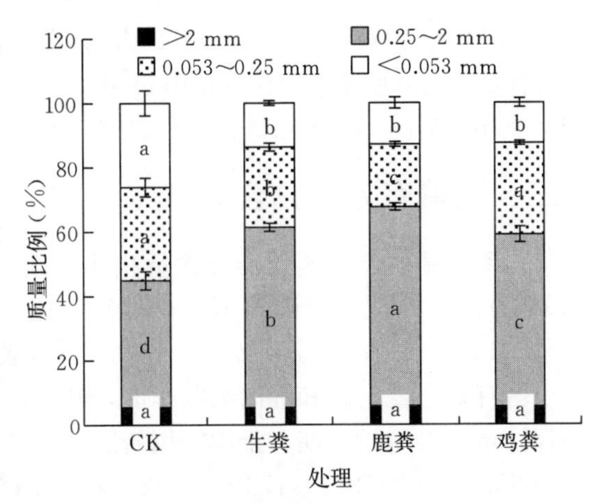

图 10－1　施用畜禽粪肥土壤水稳性团聚体组成

注：小写字母表示相同粒级团聚体在不同施肥处理之间差异显著（$P<0.05$）。

对于不同施肥处理而言，施用鹿粪处理 0.25～2 mm 大团聚体比例增加幅度最高（图 10－1），这与鹿粪处理中土壤有机碳和重要的有机胶结物质胡敏酸的含量高有关。

二、土壤有机碳及其胡敏酸含量

如图 10－2 所示，与 CK 处理相比，施用畜禽粪肥处理土壤有机碳和胡敏酸含量分别显著增加了 34.0%～45.5%和 72.8%～99.2%（$P<0.05$）。施用粪肥处理之间相比，鹿粪和鸡粪处理土壤有机碳含量及鹿粪处理的胡敏酸含量显著高于牛粪处理（$P<0.05$），表明鹿粪处理更有利于胡敏酸的形成。

大量研究表明施用有机粪肥能显著增加土壤大团聚体数量和有机碳含量（Udoma et al.，2016；Liu et al.，2017；Mitran et al.，2017），而有机碳含量对团聚体形成的重要性已是众所周知（Liu et al.，2017；Six et al.，2004；Blanco－Canqui et al.，2007；Karami et al.，2012）。土壤施用有机肥后，腐殖物质的形成被认为是评价土壤有机质质量、熟化度和稳定性的良好指标（Daouk et al.，2015）。腐殖物质占土壤有机质的大部分，而胡敏酸是腐殖物质的重要组分，拥有大量重要官能团，有助于促进土壤团粒结构形成、固碳和持续提高土壤肥力，如促进养分的缓慢释放，增加阳离子交换量，

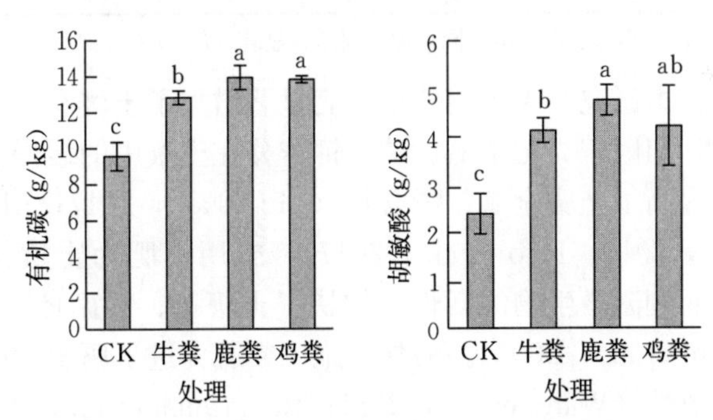

图 10－2　施用畜禽粪肥土壤有机碳与胡敏酸含量

注：小写字母表示不同处理之间差异显著（$P<0.05$）。

提高 pH 缓冲性等（Brunetti et al.，2007）。在我们研究中施用粪肥显著增加了胡敏酸含量，与一些学者（Simonetti et al.，2012；Daouk et al.，2015；Brunetti et al.，2007；Wang Q et al.，2017）研究一致。

三、土壤有效养分含量

与人参种植前土壤速效养分含量相比（表 10－1），在人参生长末期（枯萎越冬期），各处理土壤碱解氮、有效磷、速效钾含量分别减少了 26.1%～44.3%、48.0%～78.5%、22.2%～49.2%（表 10－2），表明人参在生育期内对土壤有效态氮、磷和钾的吸收程度，其中，人参对有效磷的需求高于速效氮和钾。至人参生长末期，土壤施用粪肥后有效氮、磷、钾含量分别较 CK 显著提高 63.6%～84.9%、173%～222%和 21.4%～39.2%，与有效态氮和钾相比，施用粪肥对有效磷的提高作用更大。在田间单位面积施用等量粪肥条件下，施用鸡粪在提高土壤有效态氮、磷、钾含量及鹿粪在提高有效态氮、磷含量和牛粪在提高速效钾含量上各占优势（$P<0.05$）（表 10－2）。

表 10－2　施用畜禽粪肥土壤速效养分含量（mg/kg）

处理	碱解氮	有效磷	速效钾
CK	38.5±0.45c	13.4±1.50c	233.0±14.39c
牛粪	63.0±0.95b	36.5±1.01b	307.8±14.39ab
鹿粪	68.8±2.67a	42.5±1.14a	282.9±14.39b
鸡粪	71.2±1.01a	43.1±1.08a	324.4±14.39a

注：小写字母表示不同处理之间差异显著（$P<0.05$）。

本研究结果表明施用粪肥显著增加了土壤有效态氮、磷、钾含量（表 10－2），归因于粪肥中氮、磷、钾养分在土壤中的缓慢释放。较多研究表明施用粪肥提高了土壤全氮、磷含量（Liu et al.，2017；Mitran et al.，2017；Guo et al.，2016；Hao et al.，2017）。施用粪肥为土壤微生物提供了碳、氮源等，从而刺激微生物的活性，加快了土壤氮、钾循环（Mitran et al.，2017；Parham et al.，2002）。另外，施用粪肥促进了腐殖酸的形成，也有利于提高磷的有效性（Wang et al.，2011；Ranatunga et al.，2013）。

第三节　施用畜禽粪肥对黑土真菌群落结构多样性的影响

一、土壤真菌群落 Alpha 多样性分析

由图 10－3 对施用粪肥土壤真菌群落 Alpha 多样性分析可以看出，测序数

据对各处理土壤真菌群落的覆盖程度高达98.9%～99.8%（Coverage指数）。与CK相比，施用粪肥土壤真菌物种的丰富度和群落多样性均显著高于CK，其中，粪肥处理Sobs、Chao1和Ace指数分别是CK的2.16～2.37倍、2.73～2.88倍和2.70～2.87倍，粪肥处理Shannon和Simpson指数分别是CK的1.88～1.96倍和1.30～1.32倍，但粪肥处理之间真菌物种丰富度和群落多样性指数变化不大。

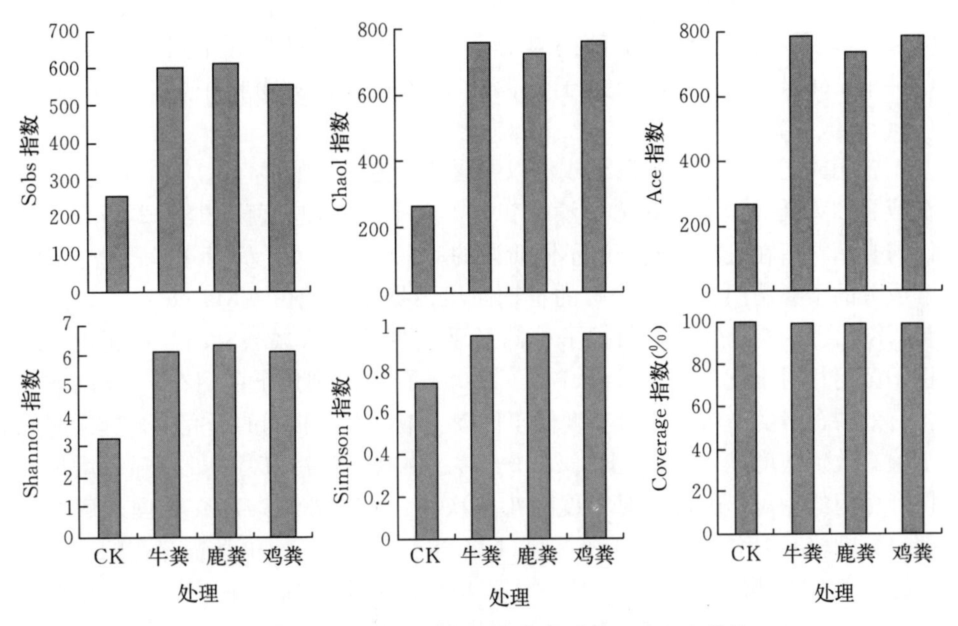

图10-3　施用畜禽粪肥土壤真菌群落Alpha多样性
（安娜 等，2020）

本研究结果表明施用畜禽粪肥显著增加了栽参土壤真菌群落的丰富度和多样性，较多研究表明施用有机粪肥显著增加了真菌群落丰富度和多样性（丁建莉 等，2017；Kamaa et al.，2011；Luo et al.，2015）。有机粪肥添加不仅能改善土壤理化性质，同时也为土壤微生物的生长提供了良好的栖息环境及生长能源。Acosta-Martinez等（2008）和Liu等（2015）认为土壤有机碳含量是决定土壤真菌多样性的关键因素。也有研究表明土壤碱解氮、速效钾含量和pH是土壤真菌群落组成发生变化的主要影响因素（丁建莉 等，2017；张海芳等，2018；Luo et al.，2015；王鑫朝 等，2017）。栽参土壤施用畜禽粪肥显著提高了土壤有机碳和速效养分含量（图10-2，表10-2），而且粪肥等有机物料分解缓慢，能持续释放养分，可长期保持微生物数量和多样性（Murphy et al.，2007），这无疑对影响土壤真菌群落多样性起到了重要作用。

二、土壤真菌群落组成的相对丰度分析

1. 土壤真菌门水平下群落组成的相对丰度。根据施用畜禽粪肥土壤真菌门水平下群落组成的相对丰度累加图（彩图 1），CK 土壤真菌门分类水平的优势菌群为子囊菌门（Ascomycota）（73.9%），其次为担子菌门（Basidiomycota）（16.47%），接合菌门（Zygomycota）的相对丰度仅为 1.25%，球囊菌门（Glomeromycota）和壶菌门（Chytridiomycota）微量存在，分别为 0.045%和 0.011%。子囊菌门和担子菌门是分解土壤有机物料中纤维素的关键菌群（Bastian et al.，2009），而且子囊菌门更易分解有机物料中易降解的成分（Ma et al.，2013）。

施用粪肥后，土壤真菌组成仍以子囊菌门为优势菌群（57.1%～76.2%）。在鹿粪和鸡粪处理中子囊菌门没有变化，而牛粪处理显著减少了 22.7%，或许与真菌群落在底物基质分解不同阶段的动态演替有关，负责分解底物中易降解成分的子囊菌门在底物分解的早期阶段占据主导地位（Ma et al.，2013）。与 CK 相比，粪肥处理真菌担子菌门显著减少了 69.0%～88.4%，鹿粪处理担子菌门相对丰度最低。Lauber 等（2008）研究发现担子菌门在 C/N 高或富含有效磷含量的土壤中相对丰度低于低磷土壤，而在我们的研究中，施用粪肥土壤有效磷浓度显著高于 CK（表 10－2）。牛粪、鹿粪和鸡粪处理显著增加了接合菌门的相对丰度，相对丰度大小依次为：牛粪处理＞鸡粪处理＞鹿粪处理，分别较 CK 增加了 25.4 倍、11.1 倍和 7.52 倍。CK 中微量存在的壶菌门在施用粪肥后相对丰度（0.21%～0.45%）有所增加。在 CK 中芽枝霉门（Blastocladiomycota）不存在，但施用牛粪、鹿粪和鸡粪后，芽枝霉门出现在土壤中，其相对丰度分别为 0.47%、6.70%和 0.33%。这些研究结果表明施用粪肥后，接合菌门、壶菌门和芽枝霉门的相对丰度增加（彩图 1）。作为丝状真菌，接合菌门的显著增加，对促进土壤团粒结构的形成均有重要意义。而且有研究表明，接合菌门和壶菌门均与土壤容重呈负相关关系（肖礼 等，2017）。Gleason 等（2007）研究认为，壶菌门和芽枝霉门在厌氧情况下能够存活但需在 O_2 浓度高的条件下生长。在本研究中，施用粪肥土壤促进了土壤大团聚体的形成（提高 35.3%～56.6%），增加了土壤结构的疏松程度，有利于土壤容重的下降，提高了土壤的通气性，创造了有利于接合菌门、壶菌门和芽枝霉门的生长环境。

与其他粪肥处理相比，鹿粪处理中芽枝霉门相对丰度较高，且球囊菌门的相对丰度（0.13%）增加。球囊菌门是真菌界（Kingdom Fungi）晚近新增加的一个门，具有约 300 种丛枝菌根真菌，均是植物根系重要的共生真菌（王幼珊 等，2017），菌根真菌与植物根微系形成菌根共生体，能促进植物生长

(Shu et al.，2016)。人参连续种植可导致土传病害增加，相对丰度最大群落子囊菌门的相对丰度增加，芽枝霉门和壶菌门（相对丰度＜1%）的相对丰度下降（董林林 等，2017)，这些菌门的变化是人参连作的不利结果，而在我们的研究中，施用粪肥后接合菌门、壶菌门、芽枝霉门和球囊菌门的增加意味着应用粪肥改良土壤对于人参生长是有利的。

2. 土壤真菌属水平下群落组成的相对丰度。在土壤真菌属水平上（彩图2)，CK 处理土壤中，炭角菌属（*Xylaria*）的相对丰度高达 65.1%，为优势菌群，施用粪肥后该属急剧减少为 0.87%～6.25%。相对丰度较低的白环蘑属（*Leucoagaricus*)、帚枝霉属（*Sarocladium*）和斜盖伞属（*Clitopilus*）在施用粪肥土壤中（0.02%～0.84%）较 CK（1.78%～3.51%）显著减少。施用粪肥土壤中支顶孢属（*Acremonium*)、被孢霉属（*Mortierella*)、假裸囊菌属（*Pseudogymnoascus*)、地丝霉属（*Geomyces*）的相对丰度（4.51%～25.71%）较 CK（0%～0.45%）增加幅度较大，且为施用粪肥土壤的优势菌群。施用粪肥土壤中相对丰度（0.13%～1.43%）较低的毛壳菌属（*Chaetomium*)、镰刀菌属（*Fusarium*)、明梭孢属（*Monographella*)、青霉菌属（*Penicillium*)、柄孢壳菌属（*Podospora*）和球腔菌属（*Mycosphaerella*）较 CK（0%～0.05%）有所增加。不同粪肥处理之间相比，牛粪处理的被孢霉属、地丝霉属、毛霉菌（*Mucor*）和青霉菌属相对丰度，鹿粪处理的炭角菌属、明梭孢属、柄孢壳菌属和球腔菌属的相对丰度，以及鸡粪处理的支顶孢属、假裸囊菌属、毛壳菌属、镰刀菌属和腐质霉属（*Humicola*）的相对丰度均分别高于其他处理（彩图 2)。

土壤真菌中支顶孢属和青霉菌属是人参栽培的重要生防菌，能减少人参病害的发生，而镰刀菌属则是导致人参根腐病的主要病原菌（肖春萍，2015)。在我们的研究中，施用畜禽粪肥显著增加了土壤生防菌支顶孢属和青霉菌属真菌的相对丰度。粪肥处理之间相比，施用鸡粪土壤支顶孢属和镰刀菌属真菌相对丰度高于其他处理，而施用牛粪土壤青霉菌属高于其他处理。从真菌病害角度出发，施用牛粪与鹿粪有利于人参土壤生防菌的生长，减少人参病害的发生，施用鸡粪会提高人参根腐病发生风险。

三、施用畜禽粪肥土壤真菌群落的聚类热图分析

1. 土壤真菌群落门水平聚类热图。彩图 3 是根据 CK 和施用粪肥各处理之间在真菌门水平下群落丰度的相似性进行聚类，使高丰度和低丰度的真菌群落分块聚集而呈现的聚类热图，通过颜色变化与相似程度反映不同处理之间真菌门水平群落组成丰度的相似性和差异性，某样本某种真菌群落颜色越红（红色为上调，蓝色为下调)，表明与其他样本相比，该样本的这个群落丰度与其

他样本的差异性越大。上方树形图表示对来自不同处理的聚类分析结果，左侧树状图表示对来自各处理的不同真菌门水平群落的聚类分析结果，树状分支越短，相似性越高，差异性越小，分支越长，差异性越大。

根据彩图3，在CK处理中担子菌门（16.47%）相对丰度与其他施肥处理相比差异显著，鹿粪处理中芽枝霉门和球囊菌门丰度、牛粪处理中接合菌门和鸡粪处理的壶菌门相对丰度均分别与其他处理之间差异显著。彩图3上方树形图表明牛粪处理与鸡粪处理在真菌门水平群落结构组成上相似度较高，而CK处理与牛粪、鸡粪处理间差异性较大，鹿粪处理与其他三个处理差异性最大。

2. **土壤真菌群落属水平聚类热图。**根据彩图4土壤真菌群落属水平聚类热图，CK处理的炭角菌属、白环蘑属、帚枝霉属和斜盖伞属真菌的相对丰度与施用粪肥处理相比差异显著，鸡粪处理的支顶孢属、假裸囊菌属、毛壳菌属、镰刀菌属和腐质霉属的相对丰度，牛粪处理的被孢霉属、地丝霉属、毛霉菌和青霉菌属相对丰度，以及鹿粪处理的明梭孢属、柄孢壳菌属和球腔菌属的相对丰度均分别与其他处理之间差异显著。CK处理土壤真菌属水平群落结构组成与施用粪肥处理间具有最大差异性，粪肥处理之间相比，牛粪与鹿粪处理之间相似度较高，而鸡粪处理与牛粪、鹿粪处理之间差异性较大。

四、施用畜禽粪肥土壤真菌群落的主成成分分析

主成分分析（PCA）分析通过线性变换，将原始的高维数据通过线性变换组合，投影到维度较低的空间坐标系（即主成分）中，将原有数据降维、简化，展现样本的自然分布（陈诚 等，2017）。样品微生物群落结构相似度越高，差异越小，距离越近。不同处理之间土壤真菌群落组成差异性如图10-4，各粪肥处理真菌群落结构组成（OUT水平）与CK处理

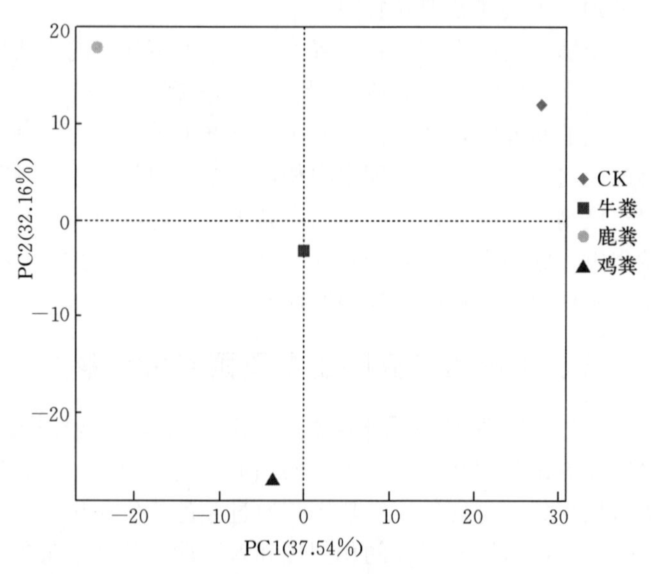

图10-4 施用畜禽粪肥土壤真菌群落OTU水平PCA分析

相比在第一主成分上均差异显著。粪肥处理之间相比，牛粪处理与鸡粪处理之间差异性较小，但与鹿粪处理之间差异显著，而在第二主成分上，各粪肥处理之间真菌群落结构组成存在显著差异。

在聚类和 PCA 分析中，施用粪肥显著改变了土壤真菌群落结构组成（彩图 3、彩图 4、图 10-4），归因于粪肥添加进入土壤改变了土壤理化性质，增加了土壤有机碳及养分元素（张海芳 等，2018；Liu et al.，2015；Lauber et al.，2008；肖礼 等，2017），有机物料的含量和质量控制着涉及养分循环的土壤微生物活性和丰富度（Kamaa et al.，2011）。

综上，施用畜禽粪肥促进黑土 0.25～2 mm 大团聚体的形成，提高有机碳、腐殖物质胡敏酸和有效态氮、磷、钾含量，显著增加土壤生防菌支顶孢属和青霉菌属真菌的丰度，提高土壤真菌群落多样性，显著改变了土壤真菌群落结构组成。在等量施用牛粪、鹿粪和鸡粪条件下，施用鹿粪更有利于土壤 0.25～2 mm 大团聚体的形成和胡敏酸的增加，施用牛粪与鹿粪有利于土壤生防真菌支顶孢属和青霉菌属的生长，有益于减少作物病害，而施用鸡粪尽管增加生防真菌支顶孢属，但也大幅度提高了病原菌镰刀菌属，可致人参根腐病的发生风险增加。

第十一章　不同秸秆利用方式对黑土团聚体及其腐殖物质组成的影响

中国的农作物秸秆产量随着农作物产量的提高而急剧增加，如何合理利用这些农业废弃物值得我们深入思考。秸秆直接还田既增加土壤有机碳含量，补充矿质养分，减少化肥投入，也缓解了秸秆就地焚烧所造成的潜在空气污染（Huang et al.，2018）。由秸秆限氧炭化制备的生物质炭被认为在固碳减排、农业废弃物管理、提高农业生产力和土壤质量方面具有潜力（Meng et al.，2019）。

过腹还田也是秸秆间接还田的一种方式，其中牛粪氮、磷、钾养分含量较高，质地细密，分解慢，有机碳含量（25%左右）大大低于秸秆和生物质炭。这种过腹还田方式科学、环保，有利于资源循环利用，既可以增加土壤有机质含量，形成新的腐殖物质，也能为作物提供养分（高纪超 等，2017）。

黑土肥力保育的核心机制是提高土壤有机质含量、改善土壤有机质品质，重构疏松多孔的良好土壤结构，协调水肥气热，提高土壤肥力。同时，为了农业绿色发展，有机培肥土壤要兼顾土壤固碳减排效应。因此，通过5年的田间试验，研究并比较评价秸秆、秸秆生物炭和牛粪还田对黑土团聚体的形成及其腐殖物质组成的影响，有助于我们更深刻地阐明秸秆的不同利用方式提升黑土肥力以实现其农学效应以及固碳减排以实现其环境功能的机制。

第一节　研究方法

研究地概况与生物质炭制备及性质见第九章。试验设计。田间小区（10.4 m×10 m）试验于2011年4月建立，玉米连续单作。玉米秸秆和玉米秸秆生物质炭以及牛粪以3 200 kg/hm^2（以C计）为固定施量，每年施用一次。试验设计包括5个处理：无化肥和有机物料添加处理（CK）、单施化肥（NPK）、NPK+秸秆、NPK+生物质炭和NPK+牛粪，3次重复，随机区组排列。采用常规耕作方法，分别将玉米秸秆、生物质炭和牛粪分别施入表土

（0～15 cm 土层）。化肥年施肥量分别为 N 225.0 kg/hm^2、P_2O_5 82.5 kg/hm^2 和 K_2O 82.5 kg/hm^2。所有磷、钾肥和 40％的氮肥在播种时施用，其余氮肥在玉米拔节期追施。黑土样品采于 2015 年 10 月，采集深度 0～10 cm 土层。有机物料基本性质见表 11－1。

表 11－1　有机物料基本性质

有机物料	有机碳（g/kg）	全氮（g/kg）	全磷（g/kg）	全钾（g/kg）
玉米秸秆	432.9	7.50	1.36	12.3
生物质炭	506.9	8.54	3.70	9.68
牛粪	327.8	20.3	5.30	9.80

第二节　不同秸秆利用方式对黑土团聚体及其有机碳的影响

一、土壤团聚体组成

根据图 11－1，黑土团聚体组成中大团聚体（＞0.25 mm）质量比例最高（53.36％～63.07％），为优势粒级，其次是微团聚体（0.053～0.25 mm）（24.29％～31.87％），表明供试黑土具有良好的土壤物理结构性质。与 CK 相比，无论是单施化肥还是化肥配施有机物料，大团聚体数量均显著提高（提高 8.66％～18.2％）（$P<0.05$），其中，NPK＋生物质炭处理中大团聚体质量比例增加幅度最大，但 NPK＋生物质炭、NPK＋牛粪、NPK＋秸秆处理之间差异不显著，而 NPK、NPK＋生物质炭、NPK＋牛粪、NPK＋秸秆处理中微团聚体和黏粒数量（NPK＋秸秆的黏粒除外）均显著降低。

单施化肥和 NPK＋生物质炭、NPK＋秸秆、NPK＋牛粪 5 年，均促进了大团聚体的形成，以 NPK＋生物质炭提高幅度最大。大量研究（Liu et al.，2017；Mitran et al.，2017；Wang Q et al.，2017）已经表明，施用粪肥等有机物料能够促进＞0.25 mm 大团聚体的形成。Liu 等（Liu Z et al.，2014；Fernández－Ugalde et al.，2017；Fugon et al.，2017b）研究认为生物质炭作为胶结物质，会促进大团聚体的形成，与我们的研究结果一致。从理论上讲，秸秆及其衍生的有机物料作为有机胶结剂，可以将微团聚体或粉/黏粒等粒级聚合成大团聚体（Six et al.，2004）。秸秆或牛粪对土壤聚合的影响主要归因于秸秆分解过程中产生的有机胶结物质（如多糖、腐殖物质）（Xiu et al.，2019），而生物质炭高度芳香的有机碳抗分解，但其中的水溶性阳离子和生长在生物炭丰富孔隙结构中的菌丝（Hockaday et al.，2006；Burrell et al.，

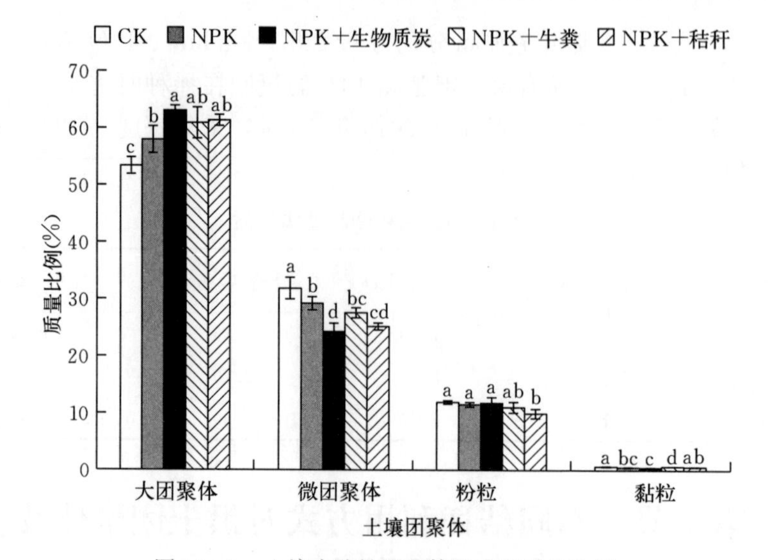

图 11-1　土壤水稳性团聚体组成的质量比例

注：不同小写字母表示相同团聚体粒级在不同处理之间差异显著（$P<0.05$），下同。

2016）则主导土壤的聚合过程，促进土壤结构的重建。因此，在本研究中，秸秆衍生的有机物料应用 5 年促进了>0.25 mm 大团聚体的形成，降低了微团聚体和未团聚的粉/黏粒粒级的质量比例，符合团聚体多级层次理论（Tisdall et al.，1982）

但关于长期施用化肥对土壤结构的影响研究结果不尽一致，或无影响（Xin et al.，2016），或提高 2～5 mm 大团聚体数量（Du et al.，2014）和>0.25 mm 大团聚体比例（于锐 等，2013）。我们的结果也表明单施化肥提高了>0.25 mm 大团聚体数量，施用化肥提高地上生物量，从而进入土壤的凋落物或植物根系及其分泌物增加，作为有机胶结物质能促进土壤团聚作用（Six et al.，2000）。

二、土壤团聚体有机碳含量

不同施肥处理土壤团聚体中有机碳含量如图 11-2 所示。不同粒级团聚体之间相比，黏粒有机碳含量（35.69～43.8 g/kg）最高，是其他粒级的 1.70～2.54 倍，归因于黏粒具有巨大的比表面积和高的永久表面电荷，可通过各种有机-无机作用（包括配位体交换、阳离子桥、氢键和范德华力等）与黏粒矿物紧密结合并在矿物表面稳定，且周转时间长，有机碳稳定性强（Feng et al.，2014），但是由于未团聚黏粒在土壤中的比例极低（0.26%～0.65%）（图 11-1），黏粒有机碳对总土壤有机碳的贡献率仅为 0.56%～1.31%（图 11-3）。

与 CK 处理相比，NPK、NPK+生物质炭、NPK+牛粪和 NPK+秸秆处

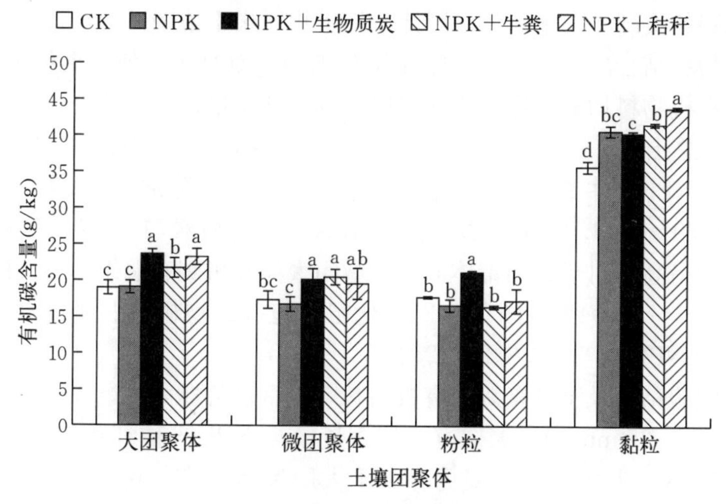

图 11-2　土壤水稳性团聚体有机碳含量

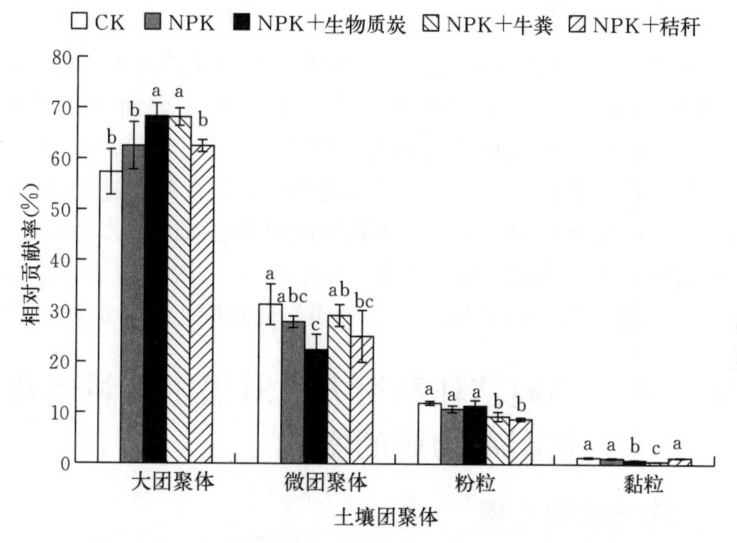

图 11-3　土壤团聚体有机碳对总土壤有机碳的贡献率

理中未团聚黏粒有机碳含量分别增加 13.80%、12.93%、16.42%和 22.73%，差异显著（$P<0.05$），大小依次为 NPK+秸秆>NPK+牛粪>NPK（NPK+生物质炭）>CK，但值得注意的是，NPK 和 NPK+生物质炭处理之间差异不显著。而 NPK+生物质炭处理中粉粒有机碳含量比 CK 与 NPK 处理显著提高 19.3%～25.4%（$P<0.05$），且显著高于 NPK+牛粪和 NPK+秸秆处理（$P<0.05$），表明 NPK+生物质炭处理更有利于形成与粉粒结合的矿物结合态有机碳，而且粉粒有机碳对总土壤有机碳的贡献率为 8.83%～11.96%，比

黏粒有机碳的贡献率高十几倍，因此，施生物质炭土壤中矿物结合态有机碳含量取决于粉粒结合的有机碳，而非黏粒有机碳。而对于其他团聚体组分而言，化肥配施有机物料均显著提高了该团聚体有机碳含量，在大团聚体中，大团聚体有机碳对总土壤有机碳的贡献率达到 62.52%～68.34%（图 11－3），NPK＋生物质炭、NPK＋牛粪、NPK＋秸秆处理有机碳含量分别较 CK 和 NPK 处理增加了 24.70%、14.32%、22.33%，NPK＋生物质炭与 NPK＋秸秆处理的有机碳含量最高；对于微团聚体而言，微团聚体有机碳对总土壤有机碳的贡献率为 22.45%～31.34%（图 11－3），化肥配施有机物料各处理微团聚体有机碳含量高于 NPK 处理 16.8%～22.3%。

化肥配施秸秆及秸秆来源的有机物料 5 年后显著提高了＞0.25 mm 大团聚体、0.053～0.25 mm 微团聚体有机碳含量。与 NPK＋秸秆和 NPK＋牛粪处理相比，NPK＋生物质炭处理更有利于大团聚体中有机碳的积累。一方面，归因于生物炭的高芳香度和高缩合程度使生物炭具有稳定性，能抗微生物分解（Kerré et al.，2016；Fernández－Ugalde et al.，2017）；另一方面，NPK＋生物质炭处理对＞0.25 mm 大团聚体（图 11－1）形成作用以及大团聚体中有机碳容量（图 11－2）均高于其他处理，导致被物理保护在大团聚体中有机碳储量（团聚体质量比例与团聚体有机碳含量之积）增加幅度最高，达到（14.94±0.55）g/kg，较其他处理显著增加 13.18%～47.63%。虽然大团聚体不能直接长期保持有机碳，但可以固定更多有机碳，并通过大团聚内的有机胶结物质与土壤的相互作用可促进大团聚体内闭蓄态微团聚体的形成，从而为微团聚体对有机碳的长期保护提供保证（Six et al.，1998），因此，在大团聚体物理保护下，进一步增加了 NPK＋生物质炭处理中土壤有机碳的稳定性。

第三节　不同秸秆利用方式对黑土有机碳及其腐殖物质的影响

一、土壤有机碳含量

不同施肥处理土壤有机碳含量如图 11－4 A 所示，CK 处理土壤有机碳含量为 17.68 g/kg，与 CK 和 NPK 处理相比，NPK＋生物质炭、NPK＋牛粪、NPK＋秸秆处理土壤有机碳含量较 CK 分别增加了 23.64%、9.50% 和 8.14%，差异显著（$P<0.05$），NPK 处理土壤有机碳含量与 CK 差异不显著。表明化肥分别配施生物质炭、牛粪、秸秆均可以提高土壤有机碳含量，相比较而言，施用生物质炭更有利于土壤有机碳含量的提高。

化肥配施有机物料 5 年后显著提高了土壤有机碳含量，与较多先前的研究结果一致（Yang et al.，2017；Wang et al.，2018；Zhao H L et al.，2018）。

土壤固定的有机碳含量取决于碳输入与碳分解的平衡（Anikwe，2010）。在本研究中，在秸秆及秸秆来源有机物料等碳输入条件下，与NPK+秸秆和NPK+牛粪处理相比，NPK+生物质炭处理更有利于土壤有机碳的积累，主要归因于生物炭的高芳香度和高缩合度而使生物炭具有稳定性，能抗微生物分解（Kerré et al.，2016；Fernández-Ugalde et al.，2017），以及被物理保护在大团聚体中的高有机碳储量。

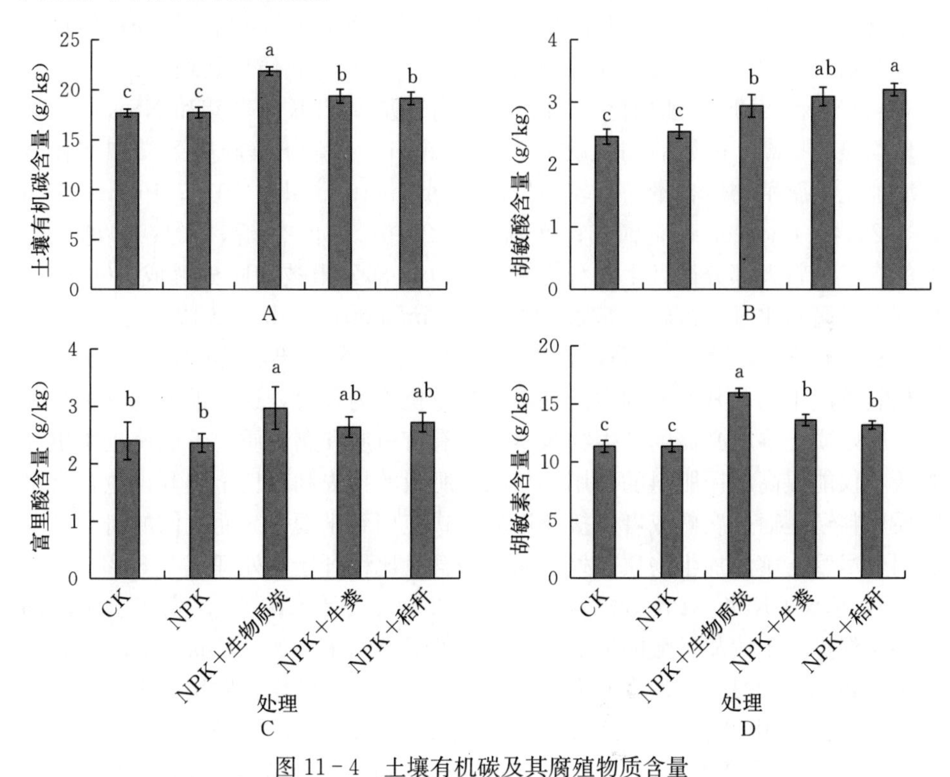

图 11-4　土壤有机碳及其腐殖物质含量

二、土壤腐殖物质组成

根据图 11-4B、C、D，在土壤腐殖物质组分中，胡敏酸、富里酸和胡敏素含量分别为 2.45～3.20 g/kg、2.36～2.97 g/kg 和 12.84～15.96 g/kg，分别占总土壤有机碳含量的 13.4%～16.7%、13.3%～14.2%和 69.0%～73.0%。与CK和NPK处理相比，化肥配施有机物料均显著提高了胡敏酸和胡敏素含量，分别提高了 16.2%～30.6%和 16.4%～40.7%（$P<0.05$）。对于胡敏酸而言，NPK+牛粪和NPK+秸秆处理胡敏酸含量比NPK+生物质炭高 5.10%～8.84%，NPK+秸秆与NPK+生物质炭处理之间差异显著（$P<0.05$），表明与NPK+生物质炭处理相比，NPK+秸秆处理更有利于胡敏酸的

形成（图 11-4B）。与 NPK 处理相比，NPK+生物质炭处理的富里酸和胡敏素含量分别显著增加了 23.8%和 40.7%（$P<0.05$）；施不同有机物料处理相比，NPK+生物质炭处理更有利于胡敏酸的形成（$P<0.05$）。生物质炭富含抗分解的难提取的芳香碳结构（Meng et al.，2019），而且在植物植被的自然大火中，生物质炭可得到最大量积累，且高温使大部分胡敏酸转化为胡敏素，不可提取的胡敏素表现出明显的上升趋势，高温下，胡敏素是土壤中留下的最主要有机成分，与生物质炭共同积累（窦森 等，2012）。因此，秸秆及秸秆来源有机物料处理中，胡敏素的最高值出现在 NPK+生物质炭处理中。

与 CK 和 NPK 处理相比，NPK+生物质炭、NPK+牛粪和 NPK+秸秆处理均显著提高了胡敏酸和胡敏素含量（图 11-4），土壤施用牛粪和秸秆显著增加土壤腐殖物质含量已有较多报道（Simonetti et al.，2012；Pramanik et al.，2014；Jindo et al.，2016；辛励 等，2016；王世杰 等，2017）。施入土壤的有机物料大部分被微生物分解释放 CO_2，部分未被彻底分解成 CO_2 的有机碳通过腐殖化过程被转化成腐殖物质（Simonetti et al.，2012）。而关于生物质炭，有学者（袁艳文 等，2012）认为，生物炭生产是以有机生物质为原料热裂解产生的，其本身的生产是以损失有机物为代价，这些损失的有机物为生产腐殖质土壤所必需的，生物炭本身没有有机质和腐殖质，不能使土壤更为肥沃，仅能提高施用肥料的利用率与减少肥料的损失和改良土壤等，主张有机物质原料还是通过腐熟或者直接还田的方式应用到土壤中。而我们的研究结果表明，尽管土壤添加生物质炭处理胡敏酸含量比秸秆还田处理低 8.84%（$P<0.05$），但比 CK 和 NPK 处理高 16.2%～20.0%（$P<0.05$），表明土壤添加生物炭促进了土壤胡敏酸的形成，与先前的研究结果一致（Hua et al.，2015；Orlova et al.，2019）。许多研究者认为具有高芳香碳的生物质炭是土壤腐殖物质中高度芳香化结构组分的来源（Krasilnikov et al.，2015；Kerré et al.，2016；Velasco-Molina et al.，2016；Drosos et al.，2017；Zhao S X et al.，2018；Orlova et al.，2019），而且在对富里酸和胡敏素形成的贡献上，施用生物质炭的作用显著大于施用牛粪和秸秆还田，Huang 等（2019）研究表明生物炭改变了根际细菌群落，可促进不稳定有机碳转化成稳定碳。因此，施生物质炭与其他有机物料一样可以改善土壤有机质质量。

第四节　不同秸秆利用方式对黑土团聚体腐殖物质有机碳的影响

一、土壤团聚体中胡敏酸的分布

总体来说，施秸秆及秸秆来源有机物料处理中胡敏酸在各级团聚体中均显著增加（图 11－5）。与 NPK 相比，在大团聚体、微团聚体、粉粒和黏粒中胡敏酸含量分别显著提高了 15.85%～20.27%、13.25%～29.84%、6.68%～15.80% 和 31.03%～61.17%（粉粒中 NPK＋牛粪处理除外），黏粒胡敏酸含量提高幅度最大。施肥各处理胡敏酸含量之间相比，在大团聚体中大小依次为（NPK＋生物质炭、NPK＋牛粪、NPK＋秸秆）＞NPK；在微团聚体和黏粒中为 NPK＋秸秆＞（NPK＋生物质炭、NPK＋牛粪）＞NPK；在粉粒中为 NPK＋生物质炭显著高于其他处理。NPK＋秸秆处理胡敏酸含量在各粒径团聚体中几乎均为最高值，表明施秸秆更有利于胡敏酸含量的形成。

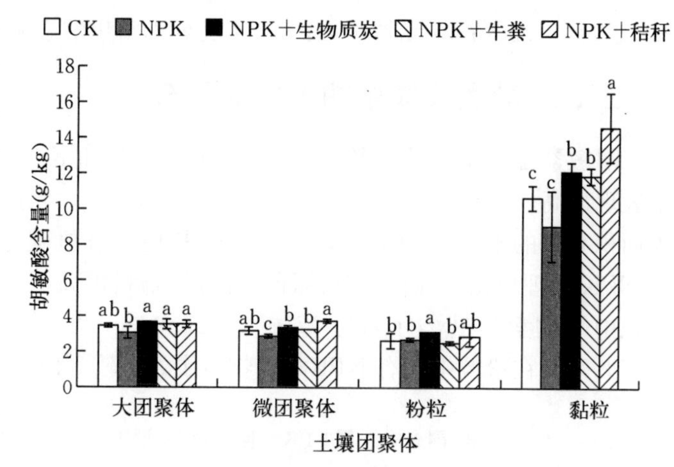

图 11－5　土壤水稳性团聚体中胡敏酸含量

二、土壤团聚体中富里酸的分布

根据图 11－6，富里酸含量分布在黏粒粒级中高达 4.39～11.65 g/kg。与 CK 相比，施秸秆及秸秆来源有机物料处理中，除大团聚体外的其他粒级团聚体富里酸含量均获得提高。而与 NPK 相比，在大团聚体中 NPK＋秸秆处理富里酸含量显著提高 33.4%；在微团聚体中 NPK＋生物质炭和 NPK＋牛粪处理富里酸含量分别显著提高了

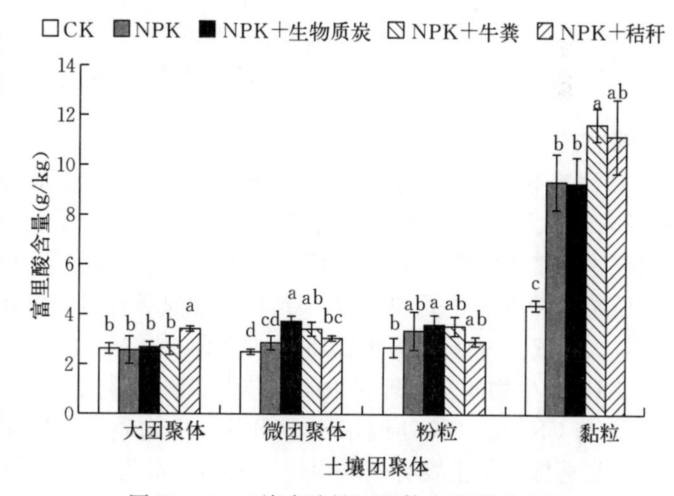

图 11－6　土壤水稳性团聚体中富里酸含量

30.0%和19.2%；在黏粒中NPK+牛粪处理富里酸含量显著提高了25.6%。

三、土壤团聚体中胡敏素的分布

胡敏素含量在各级团聚体中的分布同胡敏酸和富里酸相同，均在黏粒粒级中表现最高，达到18.01～21.73 g/kg（图11-7），归因于黏粒具有巨大的比表面积和高的永久表面电荷，能够吸附和稳定有机碳（Feng et al.，2014）。与NPK处理相比，施秸秆及秸秆来源有机物料提高了大团聚体、微团聚体和黏粒中胡敏素含量，分别为17.0%～25.0%、28.8%～39.0%和4.90%～20.7%，而在粉粒中只有NPK+生物质炭处理较NPK显著提高26.0%。

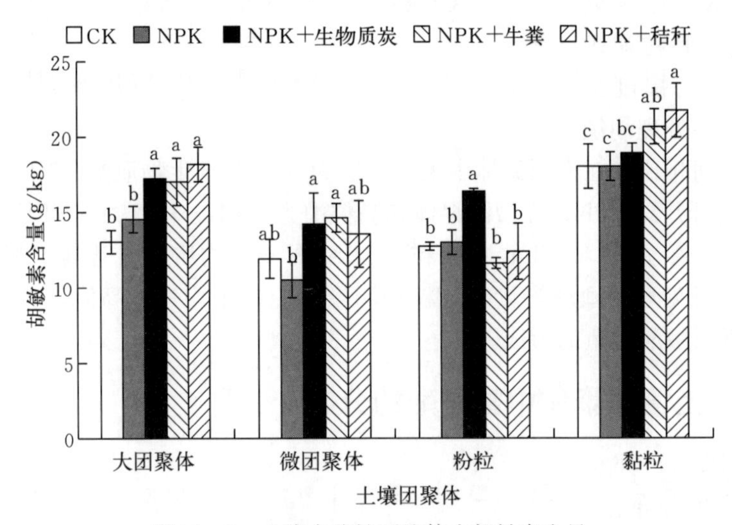

图11-7 土壤水稳性团聚体中胡敏素含量

综上：

① 研究区黑土具有良好的物理结构性状，在水稳性团聚体组成中，>0.25 mm大团聚体占土壤百分比高达53.36%～63.07%，为优势粒级，各级团聚体质量比例随着团聚体粒径减小而减少。与CK相比，NPK、NPK+生物质炭、NPK+牛粪和NPK+秸秆处理显著促进了>0.25 mm大团聚体的形成，大小依次为NPK+生物质炭（NPK+牛粪、NPK+秸秆处理）>NPK>CK，NPK+生物质炭处理对大团聚体形成影响最大。

② 与CK和NPK处理相比，NPK+生物质炭、NPK+牛粪、NPK+秸秆处理显著提高了土壤有机碳含量，大小依次为NPK+生物质炭>NPK+牛粪（NPK+秸秆）>NPK（CK），施用生物质炭更有利于提高总土壤有机碳储量。

③ 与NPK处理相比，NPK+生物质炭、NPK+牛粪、NPK+秸秆处理

显著增加>0.25 mm 大团聚体有机碳含量，大小依次为 NPK+生物质炭(NPK+秸秆)>NPK+牛粪>NPK。大团聚体有机碳对总土壤有机碳的贡献率达到 62.52%～68.34%，其中，NPK+生物质炭和 NPK+秸秆处理提高大团聚体中有机碳含量最突出。与 NPK 处理相比，NPK+生物质炭、NPK+牛粪、NPK+秸秆处理均显著提高了微团聚体有机碳含量，微团聚体有机碳对总土壤有机碳的贡献率为 22.45%～31.34%，而 NPK+生物质炭处理显著提高了粉粒有机碳含量。

④ 与 CK 或 NPK 处理相比较，NPK+生物质炭、NPK+牛粪和 NPK+秸秆处理显著提高土壤胡敏酸含量。NPK+秸秆、NPK+生物质炭处理与 NPK+牛粪处理相比，NPK+生物质炭处理更有利于胡敏素的积累，而 NPK+秸秆处理更有利于土壤胡敏酸的形成。

连续 5 年施用秸秆及秸秆来源有机物料的田间试验促进了黑土良好结构的重建，从而提升黑土有机碳的物理性保护及其有机碳的稳定性，提高黑土有机碳储量。不同秸秆利用方式也促进了黑土胡敏酸和胡敏素的积累，改善了黑土有机质质量，提高了土壤肥力以及土壤有机质的稳定性，实现了提升黑土肥力与固碳的协同效应。相比较而言，土壤施用秸秆生物质炭更有利于固碳和土壤良好结构重建，秸秆直接还田更有利于土壤腐殖物质胡敏酸的形成。

第十二章 展 望

总的来看，黑土施用秸秆及其生物质炭以及畜禽粪肥进行有机培肥，显著促进了黑土中>0.25 mm水稳性大团聚体的形成，可有效重建良好的土壤结构，提升土壤有机碳的物理保护性，碳稳定性增加；提高了黑土胡敏酸含量，其分子结构脂族链烃碳和脂族性增加，缩合度和氧化度下降，土壤有机质得到更新，品质得到改善，有利于土壤肥力的发挥，揭示了有机培肥可实现的农学效应和固碳减排的环境效应的协调机制。相比较而言，生物质炭还田在提高土壤有机碳储量和固碳效率上更有优势，秸秆还田更有利于提升胡敏酸含量。可见，秸秆及其生物质炭还田对有机培肥黑土具有重要作用。

从土壤固碳和肥力保育角度，针对黑土“变黄、变瘦”和耕作层“变薄”，根本目标是打破犁底层，大幅度增加耕作层厚度和黑土层有机质含量同时兼顾亚表层培肥。

如何实现上述目标？若要阻止犁底层加厚，就要通过深松或深翻，打破犁底层使其扩展为耕作层。若要提高黑土层有机质含量，只有在黑土层，特别是亚表层中补充植物残体或其他有机物料，而目前农业生产中最普遍、最直接、最简单也是最经济的手段就是秸秆还田。秸秆还田同时也是解决秸秆露天焚烧，消耗量最大和“兜底”的“原汤化原食”秸秆利用方式。因此，黑土地保护和肥力保育与秸秆还田几乎是绑定的。国外一般有覆盖和深混两种还田模式，并有轮作或大型机具的配合。在我国，现行的秸秆还田主要有三种模式：一是浅旋，将秸秆混入土壤不足15 cm，二是地表覆盖，三是翻压。采用这些模式进行秸秆还田具有积极效果，也有一些不足，浅旋一般会引起土壤大空隙过多（俗称“种地漏风”）；覆盖在一些地区会导致地温降低、病虫害增多，且由于无法打破犁底层，对提升整个土层（尤其是亚表层）土壤有机质含量作用有限，覆盖的CO_2气体排放（“冒气”）也会对温室气体产生贡献；翻压导致土层颠倒，土壤过度搅动，加快原来土壤有机质分解，增加碳排放。

我国现阶段推广秸秆还田，应遵循以下原则：①解决土壤有机质最饥饿的关键土层——亚表层（距地表20～40 cm土层）培肥需求；②尽可能多地将秸秆转化为土壤有机质，尤其是腐殖物质，而不是分解掉；③不影响来年种植；④能够连年还田；⑤保证耕作后土层顺序不颠倒；⑥适应已有的机具和宽窄行免耕播种成熟技术。按照上述需求，急需提出新的秸秆还田与耕作相结合工程技术，秸秆“富集深还”新模式及相应的工程技术在此背景下提出（窦森，2019）。

秸秆富集深还与土壤亚表层培肥的概念。秸秆富集深还：是将秸秆资源化与黑土肥力保育结合，深松与秸秆还田结合，秸秆还田与免耕播种结合，将玉米联合收割机（即“玉米收”）抛洒在地表的秸秆，通过机械化手段大比例（4∶1～8∶1）富集到预定的条带并施入土壤亚表层，同时能“种还分离”适应免耕播种的新模式。土壤亚表层：土壤亚表层是指 20～40 cm 深土体，一般包括犁底层和心土层的上部分，与植物生长和土壤固碳关系密切（见图 12-1）。

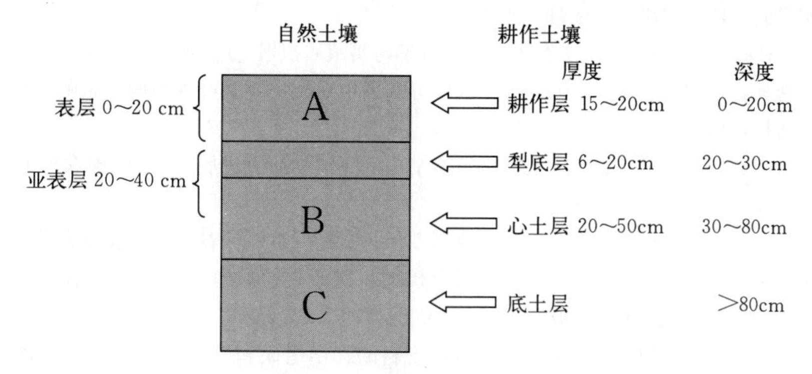

图 12-1 土壤亚表层的概念

（窦森，2019）

东北黑土区几十年的小四轮耕作模式，使犁底层变得浅、厚、硬，亚表层过于紧实，上下水气不通，相当于有效土层变薄，制约土壤肥力发挥。因此，以打破犁底层和增加有机质为特征“亚表层培肥”工程应尽快提上日程。

秸秆富集深还的优点：①土层顺序不变；②宽窄行种还分离，即当年埋秸秆的条带为宽行，不播种，不减密度；③免耕播种，即直接用免耕播种机在非埋秸秆条带播种；④条带状轮耕种植，每年埋秸秆的条带依次轮换，周期为 4～8 年任选，可连年全量深埋秸秆；⑤土壤搅动作业面积只有 1/4 或 1/8，节省动力；⑥由于本技术属于种还分离，不需配施多余的氮肥和秸秆降解菌剂，并逐渐节约化肥，节省生产成本；⑦由于深埋，对土壤打破犁底层、实现亚表层培肥效果极好，并可以取代免耕的周期性深松；⑧秸秆深埋，降低温室气体排放强度，提高碳封存。

但秸秆富集深还毕竟是新生事物，急需宣传、引导、培训，急需扩大机具生产规模；同时需要研究不同地区、不同栽培模式下的工程技术参数，优化田间操作工艺、方法，为大面积推广应用做好准备。

参考文献 CANKAO WENXIAN

安娜，高纪超，韩雅棋，等，2019. 施粪肥对人参栽培土壤理化性质和真菌群落结构的影响［J］. 吉林农业大学学报，41（6）：695－706.

安少荣，2018. 大气中二氧化碳/臭氧浓度升高下水稻田土壤碳形态对结合态磷化氢产生的影响研究［D］. 广州：华南理工大学.

车玉萍，林心雄，1995. 潮土中有机物质的分解与腐殖质积累［J］. 核农学报（2）：95－101.

陈诚，李强，黄文丽，等，2017. 羊肚菌白霉病发生对土壤真菌群落结构的影响［J］. 微生物学通报，44（11）：2652－2659.

陈兰，唐晓红，魏朝富，2007. 土壤腐殖质结构的光谱学研究进展［J］. 中国农学通报，23（8）：233－239.

陈明波，2017. 吉林省黑土资源退化的成因及治理对策［D］. 长春：吉林农业大学.

陈晓东，吴景贵，范围，等，2019. 不同有机物料对原生盐碱地土壤腐殖质结合形态及组成的影响［J］. 水土保持学报，33（1）：200－205.

程励励，文启孝，吴顺令，等，1981. 植物物料的化学组成和腐解条件对新形成腐殖质的影响［J］. 土壤学报，18（4）：360－367.

仇建飞，窦森，邵晨，等，2011. 添加玉米秸秆培养对土壤团聚体胡敏酸数量和结构特征的影响［J］. 土壤学报，48（4）：781－787.

褚军，薛建辉，金梅娟，等，2014. 生物炭对农业面源污染氮、磷流失的影响研究进展［J］. 生态与农村环境学报，30（4）：409－415.

丛萍，李玉义，高志娟，等，2019. 秸秆颗粒化高量还田快速提高土壤有机碳含量及小麦玉米产量［J］. 农业工程学报，35（1）：148－156.

崔婷婷，窦森，杨轶囡，等，2014. 秸秆深还对土壤腐殖质组成和胡敏酸结构特征的影响［J］. 土壤学报，51（4）：718－725.

代静玉，周江敏，秦淑平，2004. 几种有机物料分解过程中溶解性有机物质化学成分的变化［J］. 土壤通报，35（6）：724－727.

丁建莉，姜昕，马鸣超，等，2017. 长期有机无机肥配施对东北黑土真菌群落结构的影响［J］. 植物营养与肥料学报，23（4）：914－923.

董林林，牛玮浩，王瑞，等，2017. 人参根际真菌群落多样性及组成的变化［J］. 中国中药杂志，42（3）：443－449.

董珊珊，窦森，2017. 玉米秸秆不同还田方式对黑土有机碳组成和结构特征的影响［J］. 农业环境科学学报，36（2）：322－328.

董智，解宏图，张立军，等，2013. 东北玉米带秸秆覆盖免耕对土壤性状的影响［J］. 玉米科学，21（5）：100-103，108.
窦森，1992. 土壤有机培肥对棕壤胡敏酸光学特性及活化度的影响［J］. 吉林农业大学学报，14（3）：47-53.
窦森，1995. 土壤有机培肥对富里酸光学性质的影响［C］//张继宏，颜丽，窦森. 农业持续发展的土壤培肥研究. 沈阳：东北大学出版社.
窦森，1998. 土壤有机质热力学稳定性研究方法［C］. 中国农业资源与环境持续发展的探讨：94-100.
窦森，2010. 土壤有机质［M］. 北京：北京科学出版社.
窦森，2017. 玉米秸秆“富集深还”与土壤亚表层培肥［J］. 植物营养与肥料学报，23（6）：1670-1675.
窦森，2019. 秸秆“富集深还”新模式及工程技术［J］. 土壤学报，56（3）：553-560.
窦森，郭聃，2018. 吉林省土壤类型分布与黑土地保护［J］. 吉林农业大学学报，40（4）：449-456.
窦森，姜岩，1988. 土壤施用有机物料后重组有机质变化规律的探讨——Ⅱ. 对重组有机质中腐殖质组成和胡敏酸光学性质的影响［J］. 土壤学报（3）：252-261.
窦森，陈恩凤，须湘成，等，1992. 土壤有机培肥后胡敏酸结构特征变化规律的探讨——Ⅰ. 胡敏酸的化学性质和热性质［J］. 土壤学报（2）：199-207.
窦森，陈恩凤，须湘成，等，1995. 施用有机肥料对土壤胡敏酸结构性质的影响［J］. 土壤学报，32（1）：41-49.
窦森，李超，张继宏，等，1995. 有机物料在土壤中的分解及胡敏酸、富里酸数量的动态变化［C］//张继宏，颜丽，窦森. 农业持续发展的土壤培肥研究. 沈阳：东北大学出版社：120-124.
窦森，李凯，关松，2011. 土壤团聚体中有机质研究进展［J］. 土壤学报，48（2）：412-418.
窦森，于水强，张晋京，2007. 不同 CO_2 浓度对玉米秸秆分解期间土壤腐殖质形成的影响［J］. 土壤学报，44（3）：458-465.
窦森，周桂玉，杨翔宇，等，2012. 生物质炭及其与土壤腐殖质碳的关系［J］. 土壤学报，49（4）：796-802.
高纪超，关松，许永华，2017. 不同畜禽粪肥对农田栽参土壤养分及腐殖物质组成的影响［J］. 江苏农业科学，45（6）：255-259.
高利伟，马林，张卫峰，等，2009. 中国作物秸秆养分资源数量估算及其利用状况［J］. 农业工程学报，25（7）：173-179.
宫秀杰，钱春荣，于洋，等，2017. 我国玉米秸秆还田现状及效应研究进展［J］. 江苏农业科学，45（9）：10-13.
关松，窦森，2015. 添加玉米秸秆对黑土团聚体富里酸结构特征的影响［J］. 农业环境科学学报，34（7）：1333-1340.
关松，郭绮雯，刘金华，等，2017. 添加玉米秸秆对黑土团聚体胡敏酸数量和质量的影响［J］. 吉林农业大学学报，39（4）：437-444.
韩名超，2018. 东北寒冷地区秸秆还田对土壤肥力的影响研究［D］. 长春：吉林大学.

韩湘玲，孔扬庄，陈流，1984. 气候与玉米生产力初步分析［J］. 农业气象（2）：17-22.
韩晓增，李娜，2018. 中国东北黑土地研究进展与展望［J］. 地理科学，38（7）：1032-1041.
郝翔翔，窦森，韩晓增，等，2014. 典型黑土区不同生态系统下土壤团聚体中胡敏酸的结构特征［J］. 土壤学报，51（4）：824-833.
郝翔翔，杨春葆，苑亚茹，等，2013. 连续秸秆还田对黑土团聚体中有机碳含量及土壤肥力的影响［J］. 中国农学通报，29（35）：263-269.
花莉，金素素，洛晶晶，2012. 生物质炭输入对土壤微域特征及土壤腐殖质的作用效应研究［J］. 生态环境学报，21（11）：1795-1799.
黄昌勇，2000. 土壤学［M］. 北京：中国农业出版社.
黄昌勇，徐建明，2013. 土壤学［M］. 北京：中国农业出版社.
黄耀，刘世梁，沈其荣，等，2002. 环境因子对农业土壤有机碳分解的影响［J］. 应用生态学报，13（6）：709-714.
金奖铁，李扬，李荣俊，等，2019. 大气二氧化碳浓度升高影响植物生长发育的研究进展［J］. 植物生理学报，55（5）：558-568.
鞠正山，2016. 重视黑土资源保护，强化黑土退化防治［J］. 国土资源情报（2）：22-25.
雷水玲，2001. 全球气候变化对宁夏春小麦生长和产量的影响［J］. 中国农业气象，22（2）：33-36.
李阜棣，1993. 土壤微生物学［M］. 北京：中国农业出版社.
李海波，韩晓增，许艳丽，等，2008. 不同管理方式对黑土农田根际土壤团聚体稳定性的影响［J］. 水土保持学报，22（3）：110-115.
李凯，窦森，2008. 不同类型土壤胡敏素组成的研究［J］. 水土保持学报，22（3）：116-119，157.
李凯，窦森，2009. 玉米秸秆和化肥配施对团聚体中胡敏酸数量和红外光谱的影响［J］. 吉林农业大学学报，31（3）：273-278.
李娜，韩晓增，尤孟阳，等，2013. 土壤团聚体与微生物相互作用研究［J］. 生态环境学报，22（9）：1625-1632.
李淑芬，俞元春，何晟，2002. 土壤溶解有机碳的研究进展［J］. 土壤与环境，11（4）：422-429.
李硕，李有兵，王淑娟，等，2015. 关中平原作物秸秆不同还田方式对土壤有机碳和碳库管理指数的影响［J］. 应用生态学报，26（4）：1215-1222.
李委涛，李忠佩，刘明，等，2016. 秸秆还田对瘠薄红壤水稻土团聚体内酶活性及养分分布的影响［J］. 中国农业科学，49（20）：3886-3895.
李文昭，周虎，陈效民，等，2014. 基于同步辐射显微CT研究不同施肥措施下水稻土团聚体微结构特征［J］. 土壤学报，51（1）：67-74.
李学垣，2001. 土壤化学［M］. 北京：高等教育出版社.
李志洪，赵兰坡，窦森，2008. 土壤学［M］. 北京：化学工业出版社.
梁尧，蔡红光，闫孝贡，等，2016. 玉米秸秆不同还田方式对黑土肥力特征的影响［J］. 玉米科学，24（6）：107-113.

刘玲，刘振，杨贵运，等，2014. 不同秸秆还田方式对土壤碳氮含量及高油玉米产量的影响［J］. 水土保持学报，28（5）：187－192.

刘满强，胡锋，陈小云，2007. 土壤有机碳稳定机制研究进展［J］. 生态学报，27（6）：2642－2650.

刘思佳，关松，张晋京，等，2019. 秸秆还田对黑土团聚体有机碳含量的影响——基于多级团聚体结构的物理和化学保护作用［J］. 吉林农业大学学报，41（1）：61－70.

刘显娇，张连学，2012. 人参土壤改良技术研究进展［J］. 人参研究，24（1）：30－33.

刘永欣，2014. 秸秆深还对土壤腐殖质垂直分布及其结构特征的影响［D］. 长春：吉林农业大学.

刘中良，宇万太，2011. 土壤团聚体中有机碳研究进展［J］. 中国生态农业学报，19（2）：447－455.

陆访仪，赵永存，黄标，等，2012. 近 30 年来海伦市耕地土壤有机质和全氮的时空演变［J］. 土壤，44（1）：42－49.

罗艳，2003. 土壤微生物对大气 CO_2 浓度升高的响应［J］. 生态环境，12（3）：357－360.

马红亮，朱建国，谢祖彬，等，2004. 开放式空气 CO_2 浓度升高对水稻土壤可溶性 C、N 和 P 的影响［J］. 土壤，36（4）：392－397.

马宁，2014. 浅谈气候与土壤条件对植物生长的影响［J］. 科技创新与应用（9）：107.

毛海兰，王俊，付鑫，等. 秸秆和地膜覆盖条件下玉米农田土壤有机碳组分生长季动态［J］. 中国生态农业学报，2018，26（3）：347－356.

孟凡荣，窦森，尹显宝，等，2016a. 施用生物质炭对黑土黑碳含量和结构特征的影响［J］. 环境科学学报，36（4）：1343－1350.

孟凡荣，窦森，尹显宝，等，2016b. 施用玉米秸秆生物质炭对黑土腐殖质组成和胡敏酸结构特征的影响［J］. 农业环境科学学报，35（1）：122－128.

孟志国，徐晓晨，靳文尧，等，2018. 农业固体有机废物综合治理与资源化［J］. 中国资源综合利用，36（5）：62－65.

苗淑杰，周连仁，乔云发，等，2009. 长期施肥对黑土有机碳矿化和团聚体碳分布的影响［J］. 土壤学报，46（6）：1068－1075.

潘根兴，周萍，李恋卿，等，2007. 固碳土壤学的核心科学问题与研究进展［J］. 土壤学报，44（2）：327－337.

彭新华，张斌，赵其国，2004. 土壤有机碳库与土壤结构稳定性关系的研究进展［J］. 土壤学报，41（4）：618－623.

平立凤，2002. 特定培养条件下草原土壤有机质形成与转化的研究［D］. 长春：吉林农业大学.

钱嘉文，宿贤超，徐丹，等，2014. 生物炭对土壤理化性质及作物生长的影响［J］. 现代农业（1）：15－16.

任一猛，王秀全，王德清，等，2008. 农田栽参土壤的改良与培肥研究［J］. 吉林农业大学学报，30（2）：176－179.

邵满娇，窦森，谢祖彬，等，2018. 碳量玉米秸秆及其腐解、炭化材料还田对黑土腐殖质的影响［J］. 农业环境科学学报，37（10）：2202-2209.
沈宏，曹志洪，徐本生，等，1997. 施肥对不同农田土壤微生物活性的影响［J］. 农村生态环境，13（4）：30-36，55.
史康婕，周怀平，解文艳，等，2017. 秸秆还田下褐土易氧化有机碳及有机碳库的变化特征［J］. 山西农业科学，45（1）：83-88.
汪景宽，王铁宇，张旭东，等，2002. 黑土土壤质量演变初探Ⅰ——不同开垦年限黑土主要质量指标演变规律［J］. 沈阳农业大学学报，33（1）：43-47.
汪清奎，匠巴龙，高洪，等，2005. 杉木人工林土壤活性有机质变化特征［J］. 应用生态学报，16（7）：1270-1274.
王春春，陈长青，黄山，等，2010. 东北气候和土壤资源演变特征研究［J］. 南京农业大学学报，33（2）：19-24.
王典，张祥，朱盼，等，2014. 添加生物质炭对黄棕壤和红壤上油菜生长的影响［J］. 中国土壤与肥料（3）：84-87.
王光华，刘俊杰，于镇华，等，2016. 土壤酸杆菌门细菌生态学研究进展［J］. 生物技术通报，32（2）：14-20.
王虎，王旭东，田宵鸿，2014. 秸秆还田对土壤有机碳不同活性组分储量及分配的影响［J］. 应用生态学报，25（12）：3491-3498.
王蕾，代静玉，王英惠，等，2015. 不同处理对生物质炭与活性有机物质矿化行为的影响［J］. 农业环境科学学报，34（8）：1542-1549.
王立刚，杨黎，贺美，等，2016. 全球黑土区土壤有机质变化态势及其管理技术［J］. 中国土壤与肥料（6）：1-7.
王丽莉，2003. 温度和水分对土壤腐殖质形成与转化的影响［D］. 长春：吉林农业大学.
王世杰，李志洪，崔婷婷，等，2017. 玉米与秸秆种还分离栽培对土壤腐殖化特征和产量的影响［J］. 江苏农业科学，45（4）：62-65.
王朔林，王改兰，赵旭，等，2015. 长期施肥对栗褐土有机碳含量及其组分的影响［J］. 植物营养与肥料学报，21（1）：104-111.
王鑫朝，刘守赞，马元丹，等，2017. 放牧对冷蒿根际土壤细菌和真菌多样性影响的 PCR-DGGE 分析［J］. 内蒙古农业大学学报（自然科学版），38（6）：38-47.
王旭东，胡田田，张一平，1998. 不同结合态胡敏酸的性质、结构研究［J］. 西北农业学报（1）：80-83.
王旭东，胡田田，张一平，2001. 不同腐解期玉米秸秆对塿土胡敏酸基本性质及级分变异的影响［J］. 生态学报，21（6）：988-992.
王旭东，张一平，吕家珑，等，2000. 不同施肥条件对土壤有机质及胡敏酸特性的影响［J］. 中国农业科学，33（2）：75-81.
王英惠，杨旻，胡林潮，2013. 不同温度制备的生物质炭对土壤有机碳矿化及腐殖质组成的影响［J］. 农业环境科学学报，32（8）：1585-1591.
王幼珊，刘润进，2017. 球囊菌门丛枝菌根真菌最新分类系统菌种名录［J］. 菌物学报，36（7）：820-850.

王玉玺，解运杰，王萍，2002. 东北黑土区水土流失成因分析［J］. 水土保持科技情报（3）：27－29.

王遵娅，丁一汇，何金海，等，2004. 近50年来中国气候变化特征的再分析［J］. 气象学报（2）：101－109.

魏丹，匡恩俊，迟凤琴，等，2016. 东北黑土资源现状与保护策略［J］. 黑龙江农业科学（1）：158－161.

吴景贵，王明辉，姜亦梅，等，2005. 玉米秸秆还田后土壤胡敏酸变化的谱学研究［J］. 中国农业科学，38（7）：1394－1400.

吴景贵，王明辉，姜亦梅，等，2006. 施用玉米植株残体对土壤富里酸组成、结构及其变化的影响［J］. 土壤学报，43（1）：133－141.

吴景贵，席时权，姜岩，等，1999. 玉米植株残体还田后土壤胡敏酸理化性质变化的动态研究［J］. 中国农业科学，32（1）：63－68.

武爱莲，丁玉川，焦晓燕，等，2016. 玉米秸秆生物炭对褐土微生物功能多样性及细菌群落的影响［J］. 中国生态农业学报，24（6）：736－743.

肖春波，王海，范凯峰，等，2010. 崇明岛不同年龄水杉人工林生态系统碳储量的特点及估测［J］. 上海交通大学学报（农业科学版）（1）：30－34.

肖春萍，2015. 人参根际土壤微生物多样性及其生防真菌资源开发研究［D］. 长春：吉林农业大学.

肖礼，黄懿梅，赵俊峰，等，2017. 土壤真菌组成对黄土高原梯田种植类型的响应［J］. 中国环境科学，37（8）：3151－3158.

谢钧宇，杨文静，强久次仁，等，2016. 长期不同施肥下塿土有机碳和全氮在团聚体中的分布［J］. 植物营养与肥料学报，21（6）：1413－1422.

辛励，刘锦涛，刘树堂，等，2016. 长期定位条件下秸秆还田对土壤有机碳及腐殖质含量的影响［J］. 华北农学报，31（1）：218－223.

熊田恭一，1984. 土壤有机质的化学［M］. 北京：科学出版社.

徐国强，李杨，史奕，等，2002. 开放式空气 CO_2 浓度增高（FACE）对稻田土壤微生物的影响［J］. 应用生态学报，13（10）：1358－1359.

徐基胜，赵炳梓，张佳宝，2017. 长期稻草还田对胡敏酸化学结构的影响——高级 ^{13}C NMR研究［J］. 农业环境科学学报，36（1）：116－123.

徐蒋来，胡乃娟，张政文，等，2016. 连续秸秆还田对稻麦轮作农田土壤养分及碳库的影响［J］. 土壤，48（1）：71－75.

徐敏，伍钧，张小洪，等，2013. 生物炭施用的固碳减排潜力及农田效应［J］. 生态学报，38（2）：393－404.

徐艳，张凤荣，汪景宽，等，2004. 20年来我国潮土区与黑土区土壤有机质变化的对比研究［J］. 土壤通报，35（2）：102－105.

薛振东，魏汉莲，庄敬华，2007. 有机肥改土对农田土壤结构及人参质量的影响［J］. 安徽农业科学，35（20）：6190－6191.

闫洪奎，王欣然，2017. 长期定位试验下秸秆还田配套深松对土壤性状及玉米产量的影响

[J]. 华北农学报，32（S1）：250－255.
杨滨娟，黄国勤，徐宁，等，2014. 秸秆还田配施不同比例化肥对晚稻产量及土壤养分的影响 [J]. 生态学报，34（13）：3779－3787.
杨纫章，1950. 东北之气候 [J]. 地理学报，17（1）：51－81.
尹云锋，高人，马红亮，等，2013. 稻草及其制备的生物质炭对土壤团聚体有机碳的影响 [J]. 土壤学报，50（5）：909－914.
于锐，王其存，朱平，等，2013. 长期不同施肥对黑土团聚体及有机碳组分的影响 [J]. 土壤通报，44（3）：594－600.
于水强，2003. CO_2 和 O_2 浓度对土壤腐殖质形成与转化的影响 [D]. 长春：吉林农业大学.
于晓蕾，吴普特，汪有科，等，2007. 不同秸秆覆盖量对冬小麦生理及土壤温、湿状况的影响 [J]. 灌溉排水学报，26（4）：41－44.
袁金华，徐仁扣，2011. 生物质炭的性质及其对土壤环境功能影响的研究进展 [J]. 生态环境学报，20（4）：779－785.
袁艳文，田宜水，赵立欣，等，2012. 生物炭应用研究进展 [J]. 可再生能源，30（9）：45－49.
张飞飞，2017. 施肥对不同年生人参质量及土壤养分的影响 [D]. 长春：吉林农业大学.
张海芳，刘红梅，赵建宁，等，2018. 贝加尔针茅草原土壤真菌群落结构对氮素和水分添加的响应 [J]. 生态学报，38（1）：195－205.
张含，2018. 大气二氧化碳、全球变暖、海洋酸化与海洋碳循环相互作用的模拟研究 [D]. 杭州：浙江大学.
张晋京，2001. 有机物料分解过程中土壤腐殖质数量与特性动态变化研究 [D]. 沈阳：沈阳农业大学.
张晋京，窦森，2002. 灼烧土中玉米秸秆分解期间胡敏酸、富里酸动态变化的研究 [J]. 吉林农业大学学报，24（3）：60－64.
张鹏，李涵，贾志宽，等，2011. 秸秆还田对宁南旱区土壤有机碳含量及土壤碳矿化的影响 [J]. 农业环境科学学报，30（12）：2518－2525.
张孝存，郑粉莉，王彬，等，2011. 不同开垦年限黑土区坡耕地土壤团聚体稳定性与有机质关系 [J]. 陕西师范大学学报（自然科学版），39（5）：90－95.
张旭东，2003. 黑碳在土壤有机碳生物地球化学循环中的作用 [J]. 土壤通报，34（4）：349－355.
张艳鸿，窦森，董珊珊，等，2016. 秸秆深还及配施化肥对土壤腐殖质组成和胡敏酸结构的影响 [J]. 土壤学报，53（3）：694－702.
张耀存，张录军，2005. 东北气候和生态过渡区近 50 年来降水和温度概率分布特征变化 [J]. 地理科学，25（5）：561－566.
张之一，2010. 黑龙江省土壤开垦后土壤有机质含量的变化 [J]. 黑龙江八一农垦大学学报，22（1）：1－4.
张中美，2009. 黑龙江省黑土黑土耕地保护对策研究 [D]. 乌鲁木齐：新疆农业大学.
赵高侠，张一平，白锦鳞，等，1995. 不同施肥条件与年限对土壤胡敏酸能态及热分解特性的影响［J］. 土壤学报，32（3）：284－291.
赵红，吕贻忠，2009. 保护性耕作对潮土结构特性的影响［J］. 生态环境学报，18（5）：1956－1960.
赵彤，黄懿梅，温鹏飞，2016. 高通量测序技术研究宁南山区不同植被恢复对土壤细菌的影响［J］. 西部大开发（土地开发工程研究）（4）：19－26.
赵伟，2017. 东北地区气候变化对玉米产量的影响［J］. 农业与技术（16）：238.
赵秀兰，2010. 近50年中国东北地区气候变化对农业的影响［J］. 东北农业大学学报（9）：150－155.
赵英，王秀全，郑毅男，等，2001. 施用化肥对人参产量性状的影响［J］. 吉林农业大学学报，23（4）：56－59.
郑立臣，解宏图，张威，等，2006. 秸秆不同还田方式对土壤中溶解性有机碳的影响［J］. 生态环境，15（1）：80－83.
周桂玉，窦森，刘世杰，2011. 生物质炭结构性质及其对土壤有效养分和腐殖质组成的影响［J］. 农业环境科学学报，30（10）：2075－2080.
朱宁，谭雪明，李木英，等，2018. 稻草基质育秧不同有机肥处理对水稻秧苗生长的影响［J］. 江西农业大学学报，40（2）：286－294.
朱姝，窦森，陈丽珍，2015. 秸秆深还对土壤团聚体中胡敏酸结构特征的影响［J］. 土壤学报，52（4）：747－758.
朱姝，窦森，关松，等，2016. 秸秆深还对土壤团聚体中胡敏素结构特征的影响［J］. 土壤学报，53（1）：127－136.
卓苏能，文启孝，1994. 核磁共振技术在土壤有机质研究中应用的新进展（上）［J］. 土壤学进展，22（5）：46－52.
ACOSTA－MARTINEZ V，ACOSTA－MERCADO D，SOTOMAYOR－RAMIREZ D，et al.，2008. Microbial communities and enzymatic activities under different management in semiarid soils［J］. Applied Soil Ecology，38（3）：249－260.
ALAGOZ Z，YILMAZ E，2009. Effects of diferent sources of organic matter on soil aggregate formation and stabilit：a laboratory study on a Lithic Rhodoxeralf from Turkey［J］. Soil and Tillage Research，103（2）：419－424.
ANGERS D A，GIROUX M，1996. Recently deposited organic matter in soil water－stable aggregates［J］. Soil Science Society of America Journal，60：1547－1551.
ANGST T E，SOHI S P，2012. Establishing release dynamics for plant nutrients from biochar［J］. Global Change Biology Bioenergy，5（2）：221－226.
ANIKWE M A N，2010. Carbon storage in soils of Southeastern Nigeria under different management practices［J］. Carbon Balance Management，5（1）：5.
ARROUAYS D，1995. Spatial analysis and Modeling of topsoil carbon storage in temperate forest humic loamy soils of France［J］. Soil Science，159（3）：191－198.
ASHAGRIE Y，ZECH W，GUGGENBERGER G，2007. Soil aggregation，and total and particulate organic matter following conversion of native forests to continuous cultivation in

Ethiopia [J]. Soil and Tillage Research, 94 (1): 101 - 108.

ASHMAN M R, HALLETT P D, BROOKES P C, et al., 2009. Evaluating soil stabilisation by biological processes using step - wise aggregate fractionation [J]. Soil and Tillage Research, 102 (2): 209 - 215.

BÅÅTH E, ANDERSON T H, 2003. Comparison of soil fungal/bacterial ratios in a pH gradient using physiological and PLFA - based techniques [J]. Soil Biology and Biochemistry, 35 (7): 955 - 963.

BAIAMONTE G, CRESCIMANNO G, PARRINO F, et al., 2019. Effect of biochar on the physical and structural properties of a desert sandy soil [J]. Catena, 175: 294 - 303.

BANERJESS S H, CHAKRABORTTY A K, 1977. Distribution and nature of soil organic matter in the surface soils of West Bengal [J]. Journal of the Indian Society of Soil Science, 25 (1): 18 - 22.

BASTIAN F, BOUZIRI L, NICOLARDOT B, et al., 2009. Impact of wheat straw decomposition on successional patterns of soil microbial community structure [J]. Soil Biology and Biochemistry, 41 (2): 262 - 275.

BENBI D K, BOPARAI A K, BRAR K, 2014. Decomposition of particulate organic matter is more sensitive to temperature than the mineral associated organic matter [J]. Soil Biology and Biochemistry, 70: 183 - 192.

BIEDERMAN L A, HARPOLE W S, 2013. Biochar and its effects on plant productivity and nutrient cycling: a meta - analysis [J]. Global Change Biology Bioenergy, 5 (2): 202 - 214.

BLANCO - CANQUI H, LAL R, 2007. Soil structure and organic carbon relationships following 10 years of wheat straw management in no - till [J]. Soil and Tillage Research, 95 (1 - 2): 240 - 254.

BONGIOVANNI M D, LOBARTINI J C, 2006. Particulate organic matter, carbohydrate, humic acid contents in soil macro - and microaggregates as affected by cultivation [J]. Geoderma, 136 (3 - 4): 660 - 665.

BRAVO - GARZA M R, VORONEY P, BRYAN R B, 2010. Particulate organic matter in water stable aggregates formed after the addition of ^{14}C - labeled maize residues and wetting and drying cycles in vertisols [J]. Soil Biology and Biochemistry, 42 (6): 953 - 959.

BRUNETTI G, PLAZA C, CLAPP C E, et al., 2007. Compositional and functional features of humic acids from organic amendments and amended soils in Minnesota, USA [J]. Soil Biology and Biochemistry, 39 (6): 1355 - 13625.

BURRELL L D, ZEHETNER F, RAMPAZZO N, et al., 2014. Long - term effects of biochar on soil physical properties [J]. Geoderma, 282: 96 - 102.

CAMBARDELLA C A, ELLIOTT E T, 1993. Carbon and nitrogen distribution in aggregates from cultivated and native grassland soils [J]. Soil Science Society of America Journal, 57 (4): 1071 - 1076.

CAMBARDELLA C A, ELLIOTT E T, 1994. Carbon and nitrogen dynamics of soil organic matter fractions from cultivated grassland soils [J]. Soil Science Society of America Journal, 58 (1): 123-130.

CAO X D, HARRIS W, 2010. Properties of dairy manure derived biochar pertinent to its potential use in remediation [J]. Bioresource Technology, 101 (14): 5222-5228.

CAO X, SCHMIDT-ROHR K, 2018. Abundant nonprotonated aromatic and oxygen-bonded carbons make humic substances distinct from biopolymers [J]. Environmental Science & Technology Letters (14): 476-480.

CELY P, TARQUIS A, PAZ-FERREIRO J, et al., 2014. Factors driving carbon mineralization priming effect in a soil amended with different types of biochar [J]. Solid Earth, 5 (1): 585-594.

CHEN H, LI L, LUO X, et al., 2019. Modeling impacts of mulching and climate change on crop production and N_2O emission in the Loess Plateau of China [J]. Agricultural and Forest Meteorology, 268: 86-97.

CHEN J H, LIU X Y, ZHENG J W, et al., 2013. Biochar soil amendment increased bacterial but decreased fungal gene abundance with shifts in community structure in a slightly acid rice paddy from Southwest China [J]. Applied Soil Ecology, 71: 33-44.

CHEN J S, CHIU C Y, 2003. Characterization of soil organic matter in different particle-size fractions in humid subalpine soils by CP/MAS ^{13}C NMR [J]. Geoderma, 117 (1-2): 129-141.

CHEN J, LI C, RISTOVSKI Z, et al., 2017. A review of biomass burning: emissions and impacts on air quality, health and climate in China [J]. Science of The Total Environment, 579: 1000-1034.

CHEN W F, MENG J, HAN X, et al., 2019. Past, present, and future of biochar [J]. Biochar, 1: 75-87.

CHENG C H, LEHMANN J, 2009. Ageing of black carbon along a temperature gradient [J]. Chemosphere, 75 (8): 1021-1027.

CHENG C H, LEHMANN J, THIES J E, et al., 2006. Oxidation of black carbon by biotic and abiotic processes [J]. Organic Geochemistry, 37 (11): 1477-1488.

CHENG M, XIANG Y, XUE Z J, et al., 2015. Soil aggregation and intra-aggregate carbon fractions in relation to vegetation succession on the Loess Plateau, China [J]. Catena, 124: 77-84.

CHENG X, LUO Y, XU X, et al., 2011. Soil organic matter dynamics in a North America tallgrass prairie after 9 yr of experimental warming [J]. Biogeosciences, 8 (6): 1487-1498.

CHI J, ZHANG W, WANG L, 2019. Direct Observations of the Occlusion of Soil Organic Matter within Calcite, Environmental [J]. Science and Technology, 53 (14): 8097-8104.

CHOUDHURY S G, SRIVASTAVA S, SINGH R, et al., 2014. Tillage and residue management effects on soil aggregation, organic carbon dynamics and yield attribute in rice-wheat cropping system under reclaimed sodic soil [J]. Soil and Tillage Research, 136: 76-83.

CODY G D, ALEXANDER C M O D, 2005. NMR studies of chemical structural variation of insoluble organic matter from different carbonaceous chondrite groups [J]. Geochimica et Cosmochimica Acta, 69 (4): 1085 - 1097.

COTRFO M F, INESON P, 1995. Effects of enhanced atmospheric CO_2 and nutrient supply on the quality and subsequent decomposition of fine roots of Betula pendula Roth And Picea sitchensis (Bong) Carr [J]. Plant and Soil, 170 (2): 267 - 277.

CUI T T, LI Z H, WANG S, 2017. Effects of in - situ straw decomposition on composition of humus and structure of humic acid at different soil depths [J]. Journal of Soils and Sediments, 17 (10): 2391 - 2399.

CUI Y F, MENG J, WANG Q X, et al., 2017. Effects of straw and biochar addition on soil nitrogen, carbon, and super rice yield in cold waterlogged paddy soils of North China [J]. Journal of Integrative Agriculture, 16 (5): 1064 - 1074.

D'ACQUI L P, DANIELE E, FORNASIER F, 1998. Interaction between clay microstructure, decomposition of plant residues and humification [J]. European Journal of Soil Science, 49 (4): 579 - 587.

DAOUK S, HASSOUNA M, GUEYE - GIRARDET A, et al., 2015. UV/V is characterization and fate of organic amendment fractions in a dune soil in dakar, senegal [J]. Pedosphere, 25 (3): 372 - 385.

DEMYAN M S, RASCHE F, SCHULZ E, et al., 2012. Use of specific peaks obtained by diffuse reflectance Fourier transform mid - infrared spectroscopy to study the composition of organic matter in a Haplic Chernozem [J]. European Journal of Soil Science, 63 (2): 189 - 199.

DENEF K, ZOTARELLI L, BODDEY R M, et al., 2007. Microaggregate - associated carbon as a diagnostic fraction for management - induced changes in soil organic carbon in two Oxisols [J]. Soil Biology Biochemistry, 39 (5): 1165 - 1172.

DIDONATO N, CHEN H, WAGGONER D, et al., 2016. Potential origin and formation for molecular components of humic acids in soils [J]. Geochimica et Cosmochimica Acta, 178: 210 - 222.

DING J L, JIANG X, MA M C, et al., 2016. Effect of 35 years inorganic fertilizer and manure amendment on structure of bacterial and archaeal communities in black soil of northeast China [J]. Applied Soil Ecology, 105 (4): 187 - 195.

DOSSOU - YOVO E R, BRÜGGEMANN N, AMPOFO E, et al., 2016. Combining no - tillage, rice straw mulch and nitrogen fertilizer application to increase the soil carbon balance of upland rice field in northern Benin [J]. Soil and Tillage Research, 163: 152 - 159.

DOU S, SHAN J, SONG X, et al., 2020. Are humic substances soil microbial residues or unique synthesized compounds? A perspective on their distinctiveness [J]. Pedosphere, 30 (2): 159 - 167.

DROSOS M, NEBBIOSO A, PICCOLO, 2018. Humeomics: A key to unravel the humusic pentagram [J]. Applied Soil Ecology, 123: 513 - 516.

DU Z L, WU W L, ZHANG Q Z, et al., 2014. Long - term manure amendments enhance soil aggregation and carbon saturation of stable pools in north china plain [J]. Journal of Integrative Agriculture, 13 (10): 2276 - 2285.

ELLIOTT E T, 1986. Aggregate structure and carbon, nitrogen, and phosphorus in native and cultivated soils [J]. Soil Science Society of America Journal, 50 (3): 627 - 633.

ENTRY J A, RUNION G, PRIOR S A, et al., 1998. Influence of CO_2 enrichment and nitrogen fertilization on tissue chemistry and carbon allocation in longleaf pine seedlings [J]. Plant and Soil, 200 (1): 3 - 11.

FENG W T, PLANTE A F, AUFDENKAMPE A K, et al., 2014. Soil organic matter stability in organo - mineral complexes as a function of increasing C loading [J]. Soil Biology and Biochemistry, 69: 398 - 405.

FERNÁNDEZ - UGALDE O, GARTZIA - BENGOETXEA N, AROSTEGI J, 2017. Storage and stability of biochar - derived carbon and total organic carbon in relation to minerals in an acid forest soil of the Spanish Atlantic area [J]. Science of the total environment (587 - 588): 204 - 213.

FERREIRA A D O, MORAES SÁ J C D M, LAL R, et al., 2018. Macroaggregation and soil organic carbon restoration in a highly weathered Brazilian Oxisol after two decades under no - till [J]. Science of the Total Environment, 621 (15): 1559 - 1567.

FILIP Z, TESAŘROVÁ M, 2004. Microbial degradation and transformation of humic acids from permanent meadow and forest soils [J]. International Biodeterioration and Biodegradation, 54 (2 - 3): 225 - 231.

FRANZLUEBBERS A J, ARSHAD M A, 1997. Particulate organic carbon content and potental mineralization as affected by tillage and texture [J]. Soil Science Society of America Journal, 61 (5): 1382 - 1386.

FREIBAUER A, ROUNSEVELLM D A, SMITH P, et al., 2004. Review article Carbon sequestration in the agricultural soils of Europe [J]. Geoderma, 122 (1): 1 - 23.

FUNGO B, LEHMANN J, KALBITZ K, et al., 2017a. Emissions intensity and carbon stocks of a tropical Ultisol after amendment with Tithonia green manure, urea and biochar [J]. Field Crops Research, 209: 179 - 188.

FUNGO B, LEHMANN J, KALBITZ K, et al., 2017b. Aggregate size distribution in a biochar - amended tropical Ultisol under conventional handhoe tillage [J]. Soil and Tillage Research, 165: 190 - 197.

GALANTINI J A, SENESI N, BRUNETTI G, et al., 2004. Influence of texture on organic matter distribution and quality and nitrogen and sulphur status in semiarid Pampean grassland soils of Argentina [J]. Geoderma, 123 (1 - 2): 143 - 152.

GIACOMINI S J, RECOUS S, MARY B, et al., 2007. Simulating the effects of N avail ability, straw particle size and location in soil on C and N mineralization [J]. Plant and Soil, 301 (1/2): 289 - 301.

GLASER B, AMELUNG W, 2003. Pyrogenic carbon in native grassland soils along a climosequence in North America [J]. Global Biogeochemical Cycles, 17 (2): 1064 - 1069.

GLASER B, HAUMAIER L, GUGGENBERGER G, et al., 2001. The 'Terra Preta' phenomenon: A model for sustainable agriculture in the humid tropics [J]. Naturwissenschaften, 88 (1): 37 - 41.

GLEASON F H, LETCHER P M, MCGEE P A, 2007. Some aerobic blastocladiomycota and chytridiomycota can survive but cannot grow under anaerobic conditions [J]. Australasian mycologist, 26 (2 - 3): 57 - 64.

GOLCHIN A, CLARKE P, BALDOCK J A, et al., 1997. The effect of vegetation and burning on the chemical composition of soil organic matter in a volcanic ash soil as shown by ^{13}C NMR apectroscopy. I. Whole soil and humic acid fraction [J]. Geoderma, 76 (3): 155 - 174.

GOLCHIN A, OADES J M, SKJEMSTAD J O, et al., 1994. Study of free and occluded particulate organic matter in soil by solid ^{13}C/MAS NMR spectroscopy and scanning electron microscopy [J]. Australian Journal of Soil Research, 32 (2): 285 - 309.

GRYZE S D, SIX J, BRITS C, et al., 2005. A quantification of short - term macroaggregate dynamics: influences of wheat residue input and texture [J]. Soil Biology and Biochemistry, 37 (1): 55 - 66.

GUAN S, DOU S, CHEN G, et al., 2015. Isotopic characterization of sequestration and transformation of plant residue carbon in relation to soil aggregation dynamics [J]. Applied Soil Ecology, 96: 18 - 24.

GUAN S, LIU S, LIU R, et al., 2019. Soil organic carbon associated with aggregate - size and density fractions in a Mollisol amended with charred and uncharred maize straw [J]. Journal of Integrative Agriculture, 18 (7): 1496 - 1507.

GUO L Y, WU G L, LI Y, et al., 2016. Effects of cattle manure compost combined with chemical fertilizer on topsoil organic matter, bulk density and earthworm activity in a wheat - maize rotation system in Eastern China [J]. Soil and Tillage Research, 156: 140 - 147.

GUO X, LIU H, WU S, 2019. Humic substances developed during organic waste composting: Formation mechanisms, structural properties, and agronomic functions [J]. Science of The Total Environment, 662: 501 - 510.

HAIDER G, KOYRO H W, AZAM F, et al., 2015. Biochar but not humic acid product amendment affected maize yields via improving plant - soil moisture relations [J]. Plant and Soil, 395 (1/2): 141 - 157.

HAMER U, MARSCHNER B, Brodowski S, et al., 2004. Interactive priming of black carbon and glucose mineralisation [J]. Organic Geochemistry, 35 (7): 823 - 830.

HAN L, SUN K, JIN J, et al., 2016. Some concepts of soil organic carbon characteristics and mineral interaction from a review of literature [J]. Soil Biology and Biochemistry, 94: 107 - 121.

HAO Y J, WANG Y H, CHANG Q R, et al., 2017. Effects of Long - Term Fertilization on Soil Organic Carbon and Nitrogen in a Highland Agroecosystem [J]. Pedosphere, 27 (4): 725 - 736.

HARTLEY W, RIBY P, WATERSON J, 2016. Effects of three different biochars on aggregate stability, organic carbon mobility and micronutrient bioavailability [J]. Journal of Environmental Management, 181: 770 - 778.

HARTMAN W H, RICHARDSON C J, VILGALYS R, et al., 2008. Environmental and anthropogenic controls over bacterial communities in wetland soils [J]. Proceedings of the National Academy of Sciences of the United States of America, 105 (46): 17842 - 17847.

HAUMAIER L, ZECH W, 1995. Black carbon——possible source of highly aromatic components of soil humic acids [J]. Organic Geochemistry, 23 (3): 191 - 196.

HAYES M H B, SWIFT R S, 2017. An appreciation of the contribution of Frank Stevenson to the advancement of studies of soil organic matter and humic substances [J]. Journal of Soils and Sediments, 18 (4): 1212 - 1231.

HE Y T, ZHANG W J, XU M G, et al., 2015. Long - term combined chemical and manure fertilizations increase soil organic carbon and total nitrogen in aggregate fractions at three typical cropland soils in China [J]. Science of the Total Environment, 532 (1): 635 - 644.

HENRIKSEN T M, BRELAND T A, 2002. Carbon mineralization, fungal and bacterial growth, and enzyme activities as affected by contact between crop residues and soil [J]. Biology and Fertility of Soils, 35 (1): 41 - 48.

HERNANDEZ-SORIANO M C, KERRÉ B, GOOS P H B, et al., 2016. Long - term effect of biochar on the stabilization of recent carbon: soils with historical inputs of charcoal [J]. Global Change Biology Bioenergy, 8 (2): 371 - 381.

HOCKADAY W C, GRANNAS A M, KIM S, et al., 2006. Direct molecular evidence for the degradation and mobility of black carbon in soils from ultrahigh - resolution mass spectral analysis of dissolved organic matter from a fire - impacted forest soil [J]. Organic Geochemistry, 37 (4): 501 - 510.

HU J, WU J, QU X, et al., 2018. Effects of organic wastes on structural characterizations of humic acid in semiarid soil under plastic mulched drip irrigation [J]. Chemosphere, 200: 313 - 321.

HU L, CAO L X, ZHANG R D, 2014. Bacterial and fungal taxon changes in soil microbial community composition induced by short - term biochar amendment in red oxidized loam soil [J]. World Journal of Microbiology and Biotechnology, 30 (3): 1085 - 1092.

HU N J, WANG B J, GU Z H, et al., 2016. Effects of different straw returning modes on greenhouse gas emissions and crop yields in a rice - wheat rotation system [J]. Agriculture, Ecosystems & Environment, 223: 115 - 122.

HU S, CHAPIN F S, FIRESTONE M K, et al., 2001. Nitrogen limitation of microbial decomposition in a grassland under elevated CO_2 [J]. Nature, 409 (6817): 188 - 191.

HUA L, WANG Y T, WANG T P, et al., 2015. Effect of biochar on organic matter conservation and metabolic quotient of soil [J]. Environmental Progress & Sustainable Energy, 34 (5): 1467 - 1472.

HUANG R, TIAN D, LIU J, et al., 2018. Responses of soil carbon pool and soil aggregates associated organic carbon to straw and straw - derived biochar addition in a dryland cropping mesocosm system. Agriculture [J]. Agriculture, Ecosystems & Environment, 265: 576 - 586.

HUANG R, ZHANG Z, XIAO X, et al., 2019. Structural changes of soil organic matter and the linkage to rhizosphere bacterial communities with biochar amendment in manure fertilized soils [J]. Science of the Total Environment, 692: 333 - 343.

HUANG S, PENG X X, HUANG Q, et al., 2010. Soil aggregation and organic carbon fractions affected by long - term fertilization in a red soil of subtropical China [J]. Geoderma, 154 (3 - 4): 364 - 369.

IHSS, 2017. What Are Humic Substances? [J]. International Humic Substance Society. http: //humic - substances. org/.

IKEYA K, MAIE N, HAN X, et al., 2019. Comparison of carbon skeletal structures in black humic acids from different soil origins [J]. Soil Science and Plant Nutrition, 65 (2): 1 - 7.

ISWARAN V, JAUHRI K S, SEN A, 1980. Effect of charcoal, coal and peat on the yield of moong, soybean and pea [J]. Soil Biology and Biochemistry, 12 (2): 191 - 192.

IMBUFE A U, PATTI A F, Burrow D, 2005. Effects of potassium humate on aggregate stability of two soils from Victoria, Australia [J]. Geoderma, 125 (3 - 4): 321 - 330.

JAFFE R, DING Y, NIGGEMANN J, et al., 2013. Global charcoal mobilization from soils via dissolution and riverine transport to the oceans [J]. Science, 340 (6130): 345 - 347.

JINDALUANG W, KHEORUENROMNE I, SUDDHIPRAKARN A, et al., 2013. Influence of soil texture and mineralogy on organic matter content and composition in physically separated fractions soils of Thailand [J]. Geoderma, 195 - 196: 207 - 219.

JINDO K, SONOK T, MATSUMOTO K, et al., 2016. Influence of biochar addition on the humic substances of composting manures [J]. Waste Management, 49: 545 - 552.

KAMAA M, MBURU H, BLANCHART E, et al., 2011. Effects of organic and inorganic fertilization on soil bacterial and fungal microbial diversity in the Kabete long - term trial, Kenya [J]. Biology and Fertility of soils, 14 (3): 315 - 321.

KANG S J, JUNG J, CHOE J K, et al., 2018. Effect of biochar particle size on hydrophobic organic compound sorption kinetics: Applicability of using representative size [J]. Science of the Total Environment, 619 - 620: 410 - 418.

KANOKRATANA P, UENGWETWANIT T, RATTANACHOMSRI U, et al., 2011. Insights into the phylogeny and metabolic potential of a primary tropical peat swamp forest microbial community by metagenomic analysis [J]. Microbial Ecology, 61 (3): 518 - 528.

KANTOLA I B, MASTERS M D, DELUCIA E H, 2017. Soil particulate organic matter increases under perennial bioenergy crop agriculture [J]. Soil Biology and Biochemistry,

113：184－191.

KARAMI A，HOMAEE M，AFZALINIA S，et al.，2012. Organic resource management：impacts on soil aggregate stability and other soil physico－chemical properties [J]. Agriculture，Ecosystems & Environment，148：22－28.

KASOZI G N，ZIMMERMAN A R，NKEDI－KIZZA P，et al.，2010. Catechol and humic acid sorption onto a range of laboratory－produced black carbons（biochars）[J]. Environmental Science & Technology，44（16）：6189－6195.

KEILUWEIT M，NICO P S，JOHNSON M G，et al.，2010. Dynamic molecular structure of plant biomass－derived black carbon（biochar）[J]. Environmental Science & Technology，44（4）：1247－1253.

KEITH A，SINGH B，SINGH B P，2011. Interactive priming of biochar and labile organic matter mineralization in a smectite－rich soil [J]. Environmental Science & Technology，45（22）：9611－9618.

KELLEHER B P，SIMPSON A J，2006. Humic substances in soils：are they really chemically distinct? [J]. Environmental Science & Technology，40（15）：4605－4611.

KENNYDY A C，SMITH K L，1995. Soil microbial diversity and the sustainability of agricultural soils [J]. Plant and Soil，170（1）：75－86.

KERRÉ B，HERNANDEZ－SORIANO M C，SMOLDERS E，2016. Partitioning of carbon sources among functional pools to investigate short－term priming effects of biochar in soil：A ^{13}C study [J]. Science of the Total Environment，547，30－38.

KIM J S，SPAROVEK G，LONGO R M，et al.，2007. Bacterial diversity of terra preta and pristine forest soil from the Western Amazon [J]. Soil Biology and Biochemistry，39（2）：684－690.

KÖLBL A，KÖGEL－KNABNER I，2004. Content and composition of free and occluded particulate organic matter in a differently textured arable Cambisol as revealed by solid－state ^{13}C NMR spectroscopy [J]. Journal of Plant Nutrition and Soil Science，167（1）：45－53.

KONG A Y Y，SIX J，BRYANT D C，et al.，2005. The relationship between carbon input，aggregation，and soil organic carbon stabilization in sustainable cropping systems [J]. Soil Science Society of America Journal，69（4）：1078－1085.

KRAMER R W，KUJAWINSKI E B，HATCHER P G，2004. Identification of black carbon derived structures in a volcanic ash soil humic acid by Fourier transform ion cyclotron resonance mass spectrometry [J]. Environmental Science & Technology，38（12）：3387－3395.

KRASILNIKOV P V，2015. Stable carbon compounds in soils：Their origin and functions [J]. Eurasian Soil Science，48（9）：997－1008.

KULIKOWSKA D，2016. Kinetics of organic matter removal and humification progress during sewage sludge composting [J]. Waste Management，49：196－203.

KUZYAKOV Y，SUBBOTINA I，CHEN H Q，et al.，2009. Black carbon decomposition and incorporation into soil microbial biomass estimated by ^{14}C labeling [J]. Soil Biology and

Biochemistry, 41 (2): 210-219.

KWAPINSKI W, BYRNE C M P, KRYACHKO E, et al., 2010. Biochar from Biomass and Waste [J]. Waste and Biomass Valorization, 1 (2): 177-189.

LAUBER C L, HAMADY M, KNIGHT R, et al., 2009. Pyrosequencing-based assessment of soil pH as a predictor of soil bacterial community structure at the continental scale [J]. Applied and environmental microbiology, 75 (15): 5111-5120.

LAUBER C L, STRICKLAND M S, BRADFORD M A, et al., 2008. The influence of soil properties on the structure of bacterial and fungal communities across land-use types [J]. Soil Biology and Biochemistry, 40 (9): 2407-2415.

LEE S B, LEE C H, JUNG K Y, et al., 2009. Changes of soil organic carbon and its fractions in relation to soil physical properties in a long-term fertilized paddy [J]. Soil and Tillage Research, 104 (2): 227-232.

LEHMANN J, KLEBER M, 2015. The contentious nature of soil organic matter [J]. Nature, 528 (7580): 62-68.

LEHMANN J, GAUNT J, RONDON M, 2006. Bio-char sequestration in terrestrial ecosystems-A review [J]. Mitigation and Adaptation Strategies for Global Change, 11 (2): 403-427.

LEHMANN J, RILLIG M C, THIES J, et al., 2011. Biochar effects on soil biota-a review [J]. Soil Biology and Biochemistry, 43 (9): 1812-1836.

LI H, DAI M, DAI S, et al., 2018. Current status and environment impact of direct straw return in China's cropland-a review [J]. Ecotoxicology and Environmental Safety, 159: 293-300.

LI J M, CAO L R, YUAN Y, et al., 2018. Comparative study for microcystin-LR sorption onto biochars produced from various plant- and animal-wastes at different pyrolysis temperatures: influencing mechanisms of biochar properties [J]. Bioresource Technology, 247: 794-803.

LI S Y, GU X, ZHUANG J, et al., 2016. Distribution and storage of crop residue carbon in aggregates and its contribution to organic carbon of soil with low fertility [J]. Soil and Tillage Research, 155 (8): 199-206.

LIANG B C, MACKENZIE A F, SCHNITZER M, et al., 1998. Management-induced change in labile soil organic matter under continuous corn in eastern Canadian soil [J]. Biology and Fertility of Soils, 26 (2): 88-94.

LIANG B, LEHMANN J, SOLOMON D, et al., 2008. Stability of biomass-derived black carbon in soils [J]. Geochimica et Cosmochimica Acta: Journal of the Geochemical Society and the Meteoritical Society, 72 (24): 6069-6078.

LIANG B, LEHMANN J, Solomon D, et al., 2006. Black carbon increases cation exchange capacity in soil [J]. Soil Science Society of America Journal, 70 (5): 1719-1730.

LIM B, CACHIER H, 1996. Determination of black carbon by chemical oxidation and thermal treatment in recent marine and lake sediments and Cretaceous Tertiary clays [J]. Chemical Geology, 131 (1-4): 143-154.

LIU B, WU Q, WANG F, 2019. Is straw return-to-field always beneficial? Evidence from an integrated cost-benefit analysis [J]. Energy, 171: 393-402.

LIU C A, ZHOU L M, 2017. Soil organic carbon sequestration and fertility response to newly-built terraces with organic manure and mineral fertilizer in a semi-arid environment [J]. Soil and Tillage Research, 172: 39-47.

LIU J J, SUI Y Y, YU Z H, et al., 2014. High throughput sequencing analysis of biogeographical distribution of bacterial communities in the black soils of northeast China [J]. Soil Biology and Biochemistry, 70: 113-122.

LIU J J, SUI Y Y, YU Z H, et al., 2015. Soil carbon content drives the biogeographical distribution of fungal communities in the black soil zone of northeast China [J]. Soil Biology and Biochemistry, 83: 29-39.

LIU M Y, CHANG Q R, QI Y B, et al., 2014. Aggregation and soil organic carbon fractions under different land uses on the tableland of the Loess Plateau of China [J]. Catena, 115: 19-28.

LIU X, ZHOU F, HU G, et al., 2019. Dynamic contribution of microbial residues to soil organic matter accumulation influenced by maize straw mulching [J]. Geoderma, 333: 35-42.

LIU Z, CHEN X, JING Y, et al., 2014. Effects of biochar amendment on rapeseed and sweet potato yields and water stable aggregate in upland red soil [J]. Catena, 123: 45-51.

LONG G Q, JIANG Y J, SUN B, 2015. Seasonal and inter-annual variation of leaching of dissolved organic carbon and nitrogen under long-term manure application in an acidic clay soil in subtropical China [J]. Soil and Tillage Research, 146 (B): 270-278.

LORENZ K, LAL R, 2014. Biochar application to soil for climate change mitigation by soil organic carbon sequestration [J]. Journal of Plant Nutrition and Soil Science, 177 (5): 651-670.

LU S, GISCHKAT S, REICHE M, et al., 2010. Ecophysiology of Fe-cycling bacteria in acidic sediments [J]. Applied Environmental Microbiology, 76 (24): 8174-8183.

LUCAS S T, D'ANGELOA E M, WILLIAMS M A, 2014. Improving soil structure by promoting fungal abundance with organic soil amendments [J]. Applied Soil Ecology, 75: 13-23.

LUCHETA A R, CANNAVAN F S, ROESCH L F W, et al., 2016. Fungal community assembly in the amazonian dark Earth [J]. Microbial Ecology, 71: 962-973.

LUGATO E, MORARI F, NARDI S, et al., 2009. Relationship between aggregate pore size distribution and organic-humic carbon in contrasting soils [J]. Soil and Tillage Research, 103 (1): 153-157.

LUGATO E, SIMONETTI G, MORARI F, et al., 2010. Distribution of organic and humic carbon in wet-sieved aggregates of different soils under long-term fertilization experiment

[J]. Geoderma, 157 (3-4): 80-85.

LUO P Y, HAN X R, WANG Y, et al., 2015. Influence of long-term fertilization on soil microbial biomass, dehydrogenase activity, and bacterial and fungal community structure in a brown soil of northeast China [J]. Annals of Microbiolog, 65 (1): 533-542.

LUO Y, ZANG H D, YU Z Y, et al., 2017. Priming effects in biochar enriched soils using a three-source partitioning approach: ^{14}C labelling and ^{13}C natural abundance [J]. Soil Biology and Biochemistry, 106: 28-35.

LÜTZOW M I, KÖGEL-KNABNER K, EKSCHMITT E, et al., 2006. Stabilization of organic matter in temperate soils: Mechanisms and their relevance under different soil conditions-a review [J]. European Journal of Soil Science, 57: 426-445.

MA A Z, ZHUANG X L, WU J L, et al., 2013. Ascomycoda members dominate fungal communities during straw residue decomposition in arable soil [J]. Plos One, 8 (6): e66146.

MAJUMDER B, KUZYAKOV Y, 2010a. Effect of fertilization on decomposition of ^{14}C labelled plant residues and their incorporation into soil aggregates [J]. Soil and Tillage Research, 109 (2): 94-102.

MAJUMDER B, RUEHLMANN J, KUZYAKOV Y, 2010b. Effects of aggregation processes on distribution of aggregate size fractions and organic C content of a long-term fertilized soil [J]. European Journal of Soil Biology, 46 (6): 365-370.

MCCARTHY J F, I LAVSKY J, JASTROW J D, et al., 2008. Protection of organic carbon in soil microaggregates via restructuring of aggregate porosity and illing of pores with accumulating organic matter [J]. Geochimica et Cosmochimica Acta, 72 (19): 4725-4744.

MEDINA J, MONREAL C, BAREA J M, et al., 2015. Crop residue stabilization and application to agricultural and degraded soils: a review [J]. Waste Management, 8: 41-54.

MELAS G B, ORTIZ O, ALACAÑIZ J M, 2017. Can biochar protect labile organic matter against mineralization in soil? [J]. Pedosphere, 27 (5): 822-831.

MENG J, HE T, SANGANYADO E, et al., 2019. Development of the straw biochar returning concept in China [J]. Biochar, 1 (2): 139-149.

MITRAN T, MANI P K, BANDYOPADHYAY P K, et al., 2017. Influence of organic amendments on soil physical attributes and aggregate associated phosphorus under long-term rice-wheat cropping [J]. Pedosphere, 28 (5): 823-832.

MIZUTA K, MASTUMOTO T, HATATE K, et al., 2004. Removal of nitrate nitrogen from drinking water using bamboo powder charcoal [J]. Bioresource Technology, 95 (3): 255-257.

MONFORTI F, LUGATO E, MOTOLA V, et al., 2015. Optimal energy use of agricultural crop residues preserving soil organic carbon stocks in Europe [J]. Renewable and Sustainable Energy Review, 20 (44): 519-529.

MOURTZINIS S, ARRIAGA F, BALKCOM K S, et al., 2015. Vertical distribution of corn biomass as influenced by cover crop and stover harvest [J]. Agronomy Journal，107 (1)：232 - 240.

MURPHY D V，STOCKDALE E A，POULTON P R，et al.，2007. Seasonal dynamics of carbon and nitrogen pools and fluxes under continuous arable and ley - arabe rotations in a temperate environment [J]. European Journal of Soil Science，58：1410 - 1424.

NANNIPIERI P，ASCHER J，CECCHERINI M T，et al.，2017. Microbial diversity and soil functions [J]. European Journal of Soil Science，68 (1)：12 - 26.

NAVARRETE A A，VENTURINI A M，MEYER K M，et al.，2015. Differential response of Acidobacteria subgroups to forest to pasture conversion and their biogeographic patterns in the western Brazilian Amazon [J]. Frontiers Microbiology，6 (779)：1443.

NEBBIOSO A，MAZZEI P，SAVY D，2014. Reduced complexity of multidimensional and diffusion NMR spectra of soil humic fractions as simplified by Humeomics [J]. Chemical and Biological Technologies in Agriculture，1 (1)：1 - 24.

NEBBIOSO A，VINCI G，DROSOS M，2015. Unravelling the composition of the unextractable soil organic fraction (humin) by humeomics [J]. Biology and Fertility of Soils，51 (4)：443 - 451.

NGUYEN B T，LEHMANN J，KINYANGI J，et al.，2009. Long - term black carbon dynamics in cultivated soil [J]. Biogeochemistry，92 (1)：163 - 176.

OADES J M，1984. Soil organic matter and structural stability：Mechanisms and implications for management [J]. Plant and Soil，76 (1/3)：319 - 337.

OADES J M，WATERS A G，1991. Aggregate hierarchy in soils [J]. Australian Journal of Soil Research，29 (6)：815 - 828.

O'BRIEN S L，JASTROW J D，2013. Physical and chemical protection in hierarchical soil aggregates regulates soil carbon and nitrogen recovery in restored perennial grasslands [J]. Soil Biology Biochemistry，61：1 - 13.

OLAETXEA M，HITA D D，GARCIA C A，et al.，2018. Hypothetical framework integrating the main mechanisms involved in the promoting action of rhizospheric humic substances on plant root - and shoot - growth [J]. Applied Soil Ecology，123：521 - 537.

ORLOVA N，ABAKUMOV E，ORLOVA E，et al.，2019. Soil organic matter alteration under biochar amendment：study in the incubation experiment on the Podzol soils of the Leningrad region (Russia) [J]. Journal of Soils and Sediments，19 (6)：2708 - 2716.

PARHAM J A，DENG S P，RAUN W R，et al.，2002. Long - term cattle manure application in soil. I. Effect on soil phosphorus levels，microbial biomass C，and dehydrogenase and phosphatase activities [J]. Biology and Fertility of Soils，35 (5)：328 - 337.

PARVAGE M M，ULÉN B，KIRCHMANN H，2015. Nutrient leaching from manure - amended topsoils (Cambisols and Histosols) in Sweden [J]. Geoderma Regional，5 (8)：209 - 214.

PAUL E A，2016. The nature and dynamics of soil organic matter：Plant inputs，microbial transformations, and organic matter stabilization [J]. Soil Biology and Biochemistry, 98: 109-126.

PESSENDA L, LEDRU M, GOUVEIA S E, et al., 2005. Holocene palaeo environmental reconstruction in northeastern brazil inferred from polen, charcoal and carbon isotope records [J]. The Holocene, 15 (6): 812-820.

PICCOLO A, 2016. In memoriam Prof F J Stevenson and the Question of humic substances in soil [J]. Chemical and Biological Technologies in Agriculture, 3 (23).

PRAMANIK P, KIM P J, 2014. Fractionation and characterization of humic acids from organic amended rice paddy soils [J]. Science of the Total Environment, 466-467 (1): 952-956.

PUGET P, CHENU C, BALESDENT J, 1995. Total and young organic matter distributions in aggregates of silty cultivated soils [J]. European Journal of Soil Science, 46: 449-459.

QIU S J, GAO H J, ZHU P, et al., 2016. Changes in soil carbon and nitrogen pools in a Mollisol after long-term fallow or application of chemical fertilizers, straw or manures [J]. Soil and Tillage Research, 163 (7): 255-265.

RANATUNGA T D, REDDY S S, TAYLOR R W, 2013. Phosphorus distribution in soil aggregate size fractions in a poultry litter applied soil and potential environmental impacts [J]. Geoderma, 192: 446-452.

RONDON M A, LEHMANN J, RAMIREZ J, et al., 2007. Biologial nitrogen fixation by common beans (Phaseolus vulgaris L) increases with biochar additions [J]. Biology and Fertility of Soils, 43 (6): 699-708.

SAFARI S, GUNTEN K V, ALAM M S, et al., 2019. Biochar colloids and their use in contaminants removal [J]. Biochar, 1: 151-162.

SARKHOT D V, COMERFORD N B, JOKELA E J, et al., 2007. Aggregation and aggregate carbon in a forested southeastern coastal plain spodosol [J]. Soil Science Society of America Journal, 71 (6): 1779-1787.

SCHNELL R W, VIETOR D M, PROVIN T L, et al., 2012. Capacity of biochar application to maintain energy crop productivity: soil chemistry, sorghum growth, and runoff water quality effects [J]. Journal of environment Quality, 41 (4): 1044-1051.

SCHNITZER M, MONREAL C M, 2011. Quo Vadis Soil Organic Matter Research? A Biological Link to the Chemistry of Humification [J]. Advances in Agronomy 113: (143-217).

SHU B, LI W C, LIU L Q, et al., 2016. Transcriptomes of arbuscular mycorrhizal fungi and litchi host interaction after tree girdling [J]. Front Microbiology, 7: 408.

SIMONETTI G, FRANCIOSO O, NARDI S, et al., 2012. Characterization of Humic Carbon in Soil Aggregates in a Long-term Experiment with Manure and Mineral Fertilization [J]. Soil Science Society of America Journal, 76 (3): 880-890.

SINGH N, ABIVEN S, MAESTRINI B, et al., 2014. Transformation and stabilization of pyrogenic organic matter in a temperate forest field experiment [J]. Global Change Biology,

20 (5): 1629 - 1642.

SIX J, BOSSUYT H, DEGRYZE S, et al., 2004. A history of research on the link between (micro) aggregates, soil biota, and soil organic matter dynamics [J]. Soil and Tillage Research, 79: 7 - 31.

SIX J, CALLEWAERT P, LENDERS S, et al., 2002. Measuring and understanding carbon storage in afforested soils by physical fractionation [J]. Soil Science Society of America Journal, 66 (6): 1981 - 1987.

SIX J, CONANT R T, PAUL E A, et al., 2002. Stabilization mechanisms of soil organic matter: implications for C - saturation of soils [J]. Plant and Soil, 241 (2): 155 - 176.

SIX J, ELLIOTT E T, PAUSTIAN K, 2000. Soil macroaggregate turnover and microaggregate formation: a mechanism for C sequestration under no - tillage agriculture [J]. Soil Biology and Biochemistry, 32 (14): 2099 - 2103.

SIX J, ELLIOTT E T, PAUSTIAN K, et al., 1998. Aggregation and soil organic matter accumulation in cultivated and native grassland soils [J]. Soil Science Society of America Journal, 62 (5): 1367 - 1377.

SKJEMSTAD J O, DONALD A, REICOSKYB C, et al., 2002. Charcoal carbon in US agricultural soils [J]. Soil Science Society of America Journal, 66 (4): 1249 - 1255.

SMITH R, TONGWAY D, TIGHE M, et al., 2015. When does organic carbon induce aggregate stability in vertosols? [J]. Agriculture, Ecosystems & Environment, 201: 92 - 100.

SODHI G P S, BERI V, BENBI D K, 2009. Soil aggregation and distribution of carbon and nitrogen in different fractions under long - term application of compost in rice - wheat system [J]. Soil and Tillage Research, 103 (2): 412 - 418.

SOLAIMAN Z M, BLACKWELL P, ABBOTT L K, et al., 2010. Direct and residual effect of biochar application on mycorrhizal root colonisation, growth and nutrition of wheat [J]. Soil Research, 48 (7): 546 - 554.

SONG G, NOVOTNY E H, MAO J D, et al., 2017. Characterization of transformations of maize residues into soil organic matter [J]. Science of The Total Environment, 579: 1843 - 1854.

SONG X Y, SPACCINI R, PAN G, et al., 2013. Stabilization by hydrophobic protection as a molecular mechanism for organic carbon sequestration in maize - amended rice paddy soils [J]. Science of The Total Environment, 458 - 460: 319 - 330.

SØREN M K, PER S, INGRID K T, et al., 2006. Similarity of differently sized macro - aggregates in arable soils of different texture [J]. Geoderma, 137 (1 - 2): 147 - 154.

SPACCINI R, MBAGWU J S C, CONTE P, et al., 2006. Changes of humic substances characteristics from forested to cultivated soils in Ethiopia [J]. Geoderma, 132 (1 - 2): 9 - 19.

SPACCINI R, PICCOLO A, HABERHAUR G, et al., 2001. Decomposition of maize straw in three European soils as revealed by DRIFT spectra of soil particle fractions [J]. Geoderma, 99 (3/4): 245 - 260.

SPIELVOGEL S, PRIETZEL J, K€OGEL - KNABNER I, 2008. Soil organic matter stabilization in acidic forest soils is preferential and soil type - specific [J]. European Journal of Soil Science, 59: 674 - 692.

SPOKAS K A, REICOSKY D C, 2009. Impacts of sixteen different biochars on soil greenhouse gas production [J]. Science of the Total Environment, 3: 179 - 193.

STEINER C, BLUM W E H, ZECH W, et al., 2007. Long term effects of manure, charcoal and mineral fertilization on crop production and fertility on a highly weathered Central Amazon upland soil [J]. Plant and Soil, 291 (1/2): 275 - 290.

STEPHEN Z D C, CHRISTOPHER Y L, BRET H C, et al., 2000. Thermal analysis: the next two decades [J]. Thermochimica Acta, 355 (1 - 2): 59 - 68.

STEVENSON F J, 1982. Humus Chemistry: Genesis, Composition, Reaction [M]. New York: Wiley - interscience Publication.

STEVENSON F J, 1994. Humus Chemistry: Genesis, Composition, Reactions [M]. New York: John Wiley & Sons.

STEWART C E, ZHENG J, BOTTE J, 2013. Co - generated fast pyrolysis biochar mitigates green - house gas emissions and increases carbon sequestration in temperate soils [J]. Global Change Biology Bioenergy, 5 (2): 153 - 164.

SUI Y H, GAO J P, LIU C H, et al., 2016. Interactive effects of straw - derived biochar and N fertilization on soil C storage and rice productivity in rice paddies of Northeast China [J]. Science of the Total Environment, 544: 203 - 210.

SUN J, DROSOS M., MAZZEI P, et al., 2017. The molecular properties of biochar carbon released in dilute acidic solution and its effects on maize seed germination [J]. Science of The Total Environment, 576: 858 - 867.

TAN B, FAN J, HE Y, et al., 2014. Possible effect of soil organic carbon on its own turnover: a negative feedback [J]. Soil Biology and Biochemistry, 69: 313 - 319.

THERS H, DJOMO S N, ELSGAARD L, et al., 2019. Biochar potentially mitigates greenhouse gas emissions from cultivation of oilseed rape for biodiesel [J]. Science of the Total Environment, 671: 180 - 188.

THIES J E, RILLIG M C, 2009. Characteristics of biochar: biological properties. [J]. Earthscan, 11: 85 - 105.

TIKHOVA V D, DERYABINA Y M, VASILEVICH R S, et al., 2018. Structural features of tundra and taiga soil humic acids according to IR EXPERT analytical system data [J]. Journal of Soils and Sediments, 19 (6): 2697 - 2707.

TISDALL J M, OADES M, 1982. Organic matter and water - stable aggregates in soils [J]. Journal of Soil Science, 33 (2): 141 - 163.

TOPOLIANTZ S, PONGE J F, BALLOF S, 2004. Manioc peel and charcoal: a potential organic amendment for sustainable soil fertility in the tropics [J]. Biology and Fertility of Soils, 41 (1): 15 - 21.

UDOMA B E, NUGAA B O, ADESODUNB J K, 2016. Water - stable aggregates and aggregate－associated organic carbon and nitrogen after three annual applications of poultry manure and spent mushroom wastes [J]. Applied Soil Ecology，101：5－10.

UPCHURCH R，CHIU C Y，EVERETT K，et al.，2008. Differences in the composition and diversity of bacterial communities from agricultural and forest soils [J]. Soil Biology and Biochemistry，40 (6)：1294－1305.

VELASCO－MOLINA M，BERNS A E，MACÍAS F，2016. Biochemically altered charcoal residues as an important source of soil organic matter in subsoils of fire－affected subtropical regions [J]. Geoderma，262：62－70.

VERCHOT L V，DUTAUR L，SHEPHERD K D，et al.，2011. Organic matter stabilization in soilaggregates：Understanding the biogeochemical mechanisms that determine the fate of carbon inputs in soils [J]. Geoderma，161 (3)：182－193.

VERHOEVEN E，PEREIRA E，DECOCK C，et al.，2017. Toward a better assessment of biochar－nitrous oxide mitigation potential at the field scale [J]. Journal of environment Quality，46 (2)：237－246.

VOGEL C，HEISTER K，BUEGGER F，et al.，2015. Clay mineral composition modifies decomposition and sequestration of organic carbon and nitrogen in fine soil fractions [J]. Biology and Fertility of Soils，51：427－442.

WANG D Y，FONTE S J，PARIKH S J，et al.，2017. Biochar additions can enhance soil structure and the physical stabilization of C in aggregates [J]. Geoderma，303：110－117.

WANG J Y，PAN X J，LIU Y L，2012. Effects of biochar amendment in two soils on greenhouse gas emissions and crop production [J]. Plant and Soil，360 (1－2)：287－298.

WANG J Y，XIONG Z Q，KUZYAKOV Y，2016. Biochar stability in soil：meta－analysis of decomposition and priming effects [J]. Global Change Biology Bioenergy，8：512－523.

WANG Q，AWASTHI M K，ZHAO J，et al.，2017. Improvement of pig manure compost lignocellulose degradation，organic matter humification and compost quality with medical stone [J]. Bioresource Technology，243：771－777.

WANG S C，ZHAO Y W，WANG J Z，et al.，2018. The efficiency of long－term straw return to sequester organic carbon in Northeast China's cropland [J]. Journal of Integrative Agriculture，17 (2)：436－448.

WANG S，ZHANG C，2008. Spatial and temporal distribution of air pollutant emissions from open burning of crop residues in China [J]. Scientific Papers Online，3 (5)：329－333.

WANG W，AKHTAR K，REN G，et al.，2019. Impact of straw management on seasonal soil carbon dioxide emissions，soil water content，and temperature in a semi－arid region of China [J]. Science of The Total Environment，652：471－482.

WANG W，CHEN W C，WANG K R，et al.，2011. Effects of Long－Term Fertilization on the Distribution of Carbon，Nitrogen and Phosphorus in Water－Stable Aggregates in Paddy Soil [J]. Agricultural Sciences in China，10 (12)：1932－1940.

WANG Y，HU N，GE T，et al.，2017. Soil aggregation regulates distributions of carbon， microbial community and enzyme activities after 23 year manure amendment [J]. Applied Soil Ecology, 11: 65 - 72.

WARD N L, CHALLACOMBE J F, JANSSEN P H, et al., 2009. Three genomes from the phylum Acidobacteria provide insight into the lifestyles of these microorganisms in soils [J]. Applied Environmental Microbiology, 75: 2046 - 2056.

WEIGEL H J, PACHOLSKI A, BURKART M, 2005. Carbon turnover in a crop rotation under Free Air CO_2 Enrichment (FACE) [J]. Pedosphere, 15 (6): 728 - 738.

WERSHAW R L, LEENHEER J A, KENNEDY K R, et al., 1996. Use of ^{13}C NMR and FTIR for elucidation of degradation pathways during natural litter decomposition and composting: Early stage leaf degradation [J]. Soil Science, 161: 667 - 679.

WIESMEIER M, URBANSKI L, HOBLEY E, et al., 2019. Soil organic carbon storage as a key function of soils - A review of drivers and indicators at various scales [J]. Geoderma, 333: 149 - 162.

WU H, KONGVUI Y, KONG Z, et al., 2011. Removal and recycling of inherent inorganic nutrient species in mallee biomass and derived biochars by water leaching [J]. Industrial & Engineering Chemistry Research, 50 (21): 12143 - 12151.

WU M, ZHANG J, BAO Y, 2019. Long - term fertilization decreases chemical composition variation of soil humic substance across geographic distances in subtropical China [J]. Soil and Tillage Research, 186: 105 - 111.

XIE H T, LI J W, ZHU P, et al., 2014. Long - term manure amendments enhance neutral sugar accumulation in bulk soil and particulate organic matter in a Mollisol [J]. Soil Biology and Biochemistry, 78: 45 - 53.

XIN X L, ZHANG J B, ZHU A N, et al., 2016. Effects of long - term (23 years) mineral fertilizer and compost application on physical properties of fluvo - aquic soil in the North China Plain [J]. Soil and Tillage Research, 156: 166 - 172.

XIU L Q, ZHANG W M, SUN Y Y, et al., 2019. Effects of biochar and straw returning on the key cultivation limitations of Albic soil and soybean growth over 2 years [J]. Catena, 173: 481 - 493.

XU J S, ZHAO B Z, MAO J D, 2018. Does P - deficiency fertilization alter chemical compositions of fulvic acids? Insights from long - term field studies on two contrasting soils: A Fluvisol and an Anthrosol [J]. Soil and Tillage Research, 178: 189 - 197.

XU J, HAN H, NING T, et al., 2019. Long - term effects of tillage and straw management on soil organic carbon, crop yield, and yield stability in a wheat - maize system [J]. Field Crops Research, 233: 33 - 40.

YAMASHITA T, FLESSA H, JOHN B, et al., 2006. Organic matter in density fractions of water - stable aggregates in silty soils: Effect of land use [J]. Soil Biology Biochemistry, 38: 3222 - 3234.

YANG X, MENG J, LAN Y, 2017. Effects of maize stover and its biochar on soil CO_2

emissions and labile organic carbon fractions in Northeast China [J]. Agriculture Ecosysterms Environment, 240: 24 - 31.

YANG Z H, SINGH B R, HANSEN S, 2007. Aggregate associated carbon, nitrogen and sulfur and their ratios in long - term fertilized soils [J]. Soil and Tillage Research, 95 (1 - 2): 161 - 171.

YAO Q, LIU J, YU Z, 2017a. Changes of bacterial community compositions after three years of biochar application in a black soil of northeast China [J]. Applied Soil Ecology, 113: 11 - 21.

YAO Q, LIU J, YU Z, 2017b. Three years of biochar amendment alters soil physiochemical properties and fungal community composition in a black soil of northeast China [J]. Soil Biology and Biochemistry, 110: 56 - 67.

YIN H J, ZHAO W Q, LI T, et al., 2018. Balancing straw returning and chemical fertilizers in China: Role of straw nutrient resources [J]. Renewable and Sustainable Energy Reviews, 81: 2695 - 2702.

YOUSUF B, SANADHYA P, KESHRI J, et al., 2012. Comparative molecular analysis of chemolithoautotrophic bacterial diversity and community structure from coastal saline soils Gujarat, India [J]. BioMed Central, 12 (1): 1.

ZEKI A, ERDEM Y, 2009. Effects of different sources of organic matter on soil aggregate formation and stability: A laboratory study on a Lithic Rhodoxeralf from Turkey [J]. Soil and Tillage Research, 103 (2): 419 - 424.

ZHANG J, LU M, WAN J, et al., 2018. Effects of pH, dissolved humic acid and Cu^{2+} on the adsorption of norfloxacin on montmorillonite - biochar composite derived from wheat straw [J]. Biochemical Engineering Journal, 130: 104 - 112.

ZHANG J, WEI Y, LIU J, et al., 2019. Effects of maize straw and its biochar application on organic and humic carbon in water - stable aggregates of a Mollisol in Northeast China: A five - year field experiment [J]. Soil and Tillage Research, 190: 1 - 9.

ZHANG L C, LUO L, ZHANG S Z, 2012. Integrated investigations on the adsorption mechanisms of fulvic and humic acids on three clay minerals [J]. Colloids Surf A: Physicochemical and Engineering Aspects, 406, 84 - 90.

ZHANG P, WEI T, LI Y, et al., 2015. Effects of straw incorporation on the stratification of the soil organic C, total N and C: N ratio in a semiarid region of China [J]. Soil and Tillage Research, 153: 28 - 35.

ZHANG X F, XIN X L, ZHU A N, et al., 2017. Effects of tillage and residue managements on organic C accumulation and soil aggregation in a sandy loam soil of the North China Plain [J]. Catena, 156: 176 - 183.

ZHAO H L, SHAR A G, LI S, et al., 2018. Effect of straw return mode on soil aggregation and aggregate carbon content in an annual maize - wheat double cropping system [J]. Soil and Tillage Research, 175: 178 - 186.

ZHAO S X, TA N, LI Z H, 2018. Varying pyrolysis temperature impacts application effects of biochar on soil labile organic carbon and humic fractions [J]. Applied Soil Ecology, 123: 484-493.

ZHAO S, LI K, ZHOU W, et al., 2016. Changes in soil microbial community, enzyme activities and organic matter fractions under long-term straw return in north-central China [J]. Agriculture, Ecosystems Environment, 216: 82-88.

ZHAO X M, HE, ZHANG Z D, et al., 2016. Simulation of accumulation and mineralization (CO_2 release) of organic carbon in chernozem under different straw return ways after corn harvesting [J]. Soil and Tillage Research, 156: 148-154.

ZHENG J F, CHEN J H, PAN G X, et al., 2016. Biochar decreased microbial metabolic quotient and shifted community composition four years after a single incorporation in a slightly acid rice paddy from southwest China [J]. The Science of the total environment, 571: 206-217.

ZHENG L, WU W, WEI Y, et al., 2015. Effects of straw return and regional factors on spatio-temporal variability of soil organic matter in a high-yielding area of northern China [J]. Soil and Tillage Research, 145: 78-86.

ZHONG X L, LI J T, LI X J, et al., 2017. Physical protection by soil aggregates stabilizes soil organic carbon under simulated N deposition in a subtropical forest of China [J]. Geoderma, 285: 323-332.

ZHU L Q, HU N J, ZHANG Z W, et al., 2015. Short-term responses of soil organic carbon and carbon pool management index to different annual straw return rates in a rice-wheat cropping system [J]. Catena, 135: 283-289.

ZHUANG J, MCCARTHY J F, PERFECT E, et al., 2008. Soil water hysteresis in water-stable microaggregates as affected by organic matter [J]. Soil Science Society of America Journal, 72 (1): 212-220.

ZIMMERMAN A R, 2010. Abiotic and microbial oxidation of laboratory-produced black carbon (biochar) [J]. Environmental Science and Technology, 44 (4): 1295-301.

ZIMMERMAN A R, GAO B, AHN M Y, 2011. Positive and negative carbon mineralization priming effects among a variety of biochar-amended soils [J]. Soil Biology and Biochemistry, 43 (6): 1169-1179.

图书在版编目（CIP）数据

黑土肥力保育机理研究 / 关松，窦森著．—北京：中国农业出版社，2020.7
ISBN 978-7-109-27375-7

Ⅰ.①黑… Ⅱ.①关… ②窦… Ⅲ.①黑土－土壤肥力－调节－研究－东北地区 Ⅳ.①S155.2

中国版本图书馆 CIP 数据核字（2020）第 182443 号

中国农业出版社出版
地址：北京市朝阳区麦子店街 18 号楼
邮编：100125
责任编辑：杨晓改　　文字编辑：张田萌
版式设计：王　晨　　责任校对：赵　硕
印刷：北京中兴印刷有限公司
版次：2020 年 7 月第 1 版
印次：2020 年 7 月北京第 1 次印刷
发行：新华书店北京发行所
开本：700mm×1000mm　1/16
印张：12.5　　插页：1
字数：280 千字
定价：68.00 元

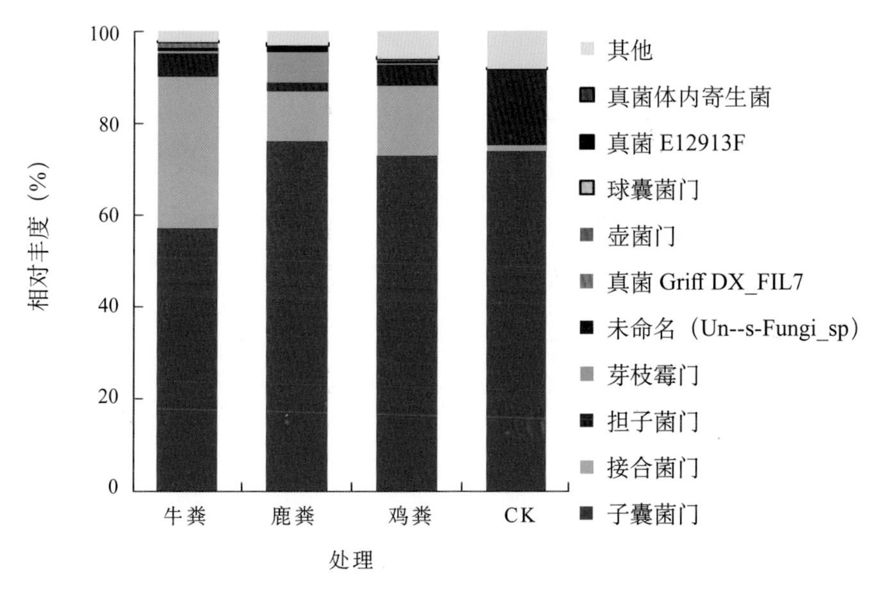

彩图 1　施用畜禽粪肥土壤真菌门水平下群落组成的相对丰度

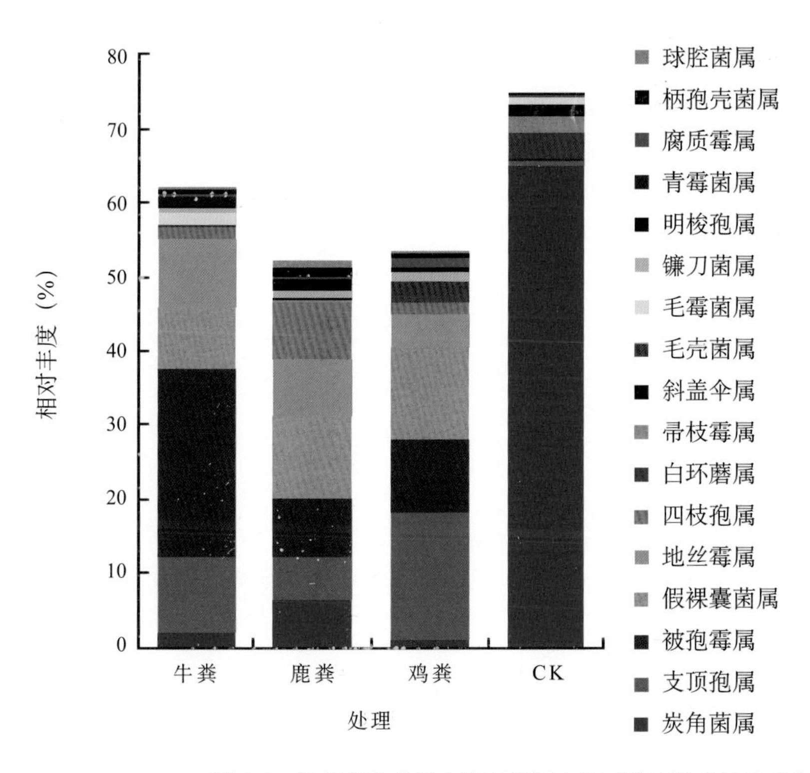

彩图 2　施用畜禽粪肥土壤真菌属水平下群落组成的相对丰度
（安娜 等，2020）

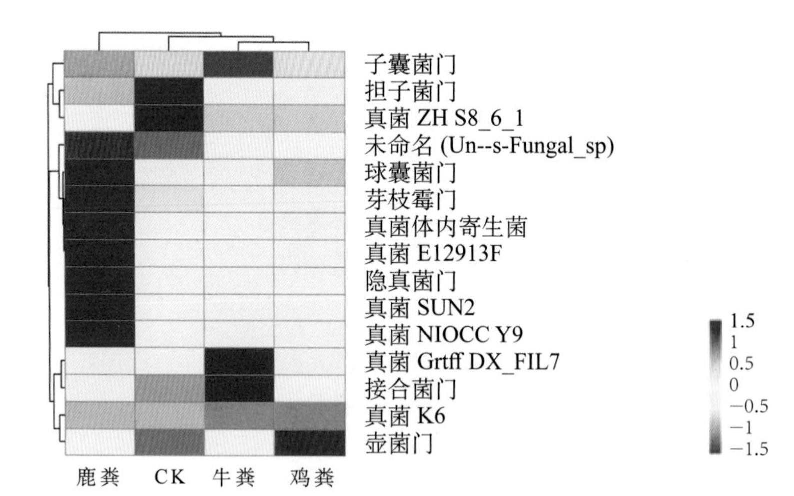

彩图 3　施用畜禽粪肥土壤真菌群落门水平聚类热图

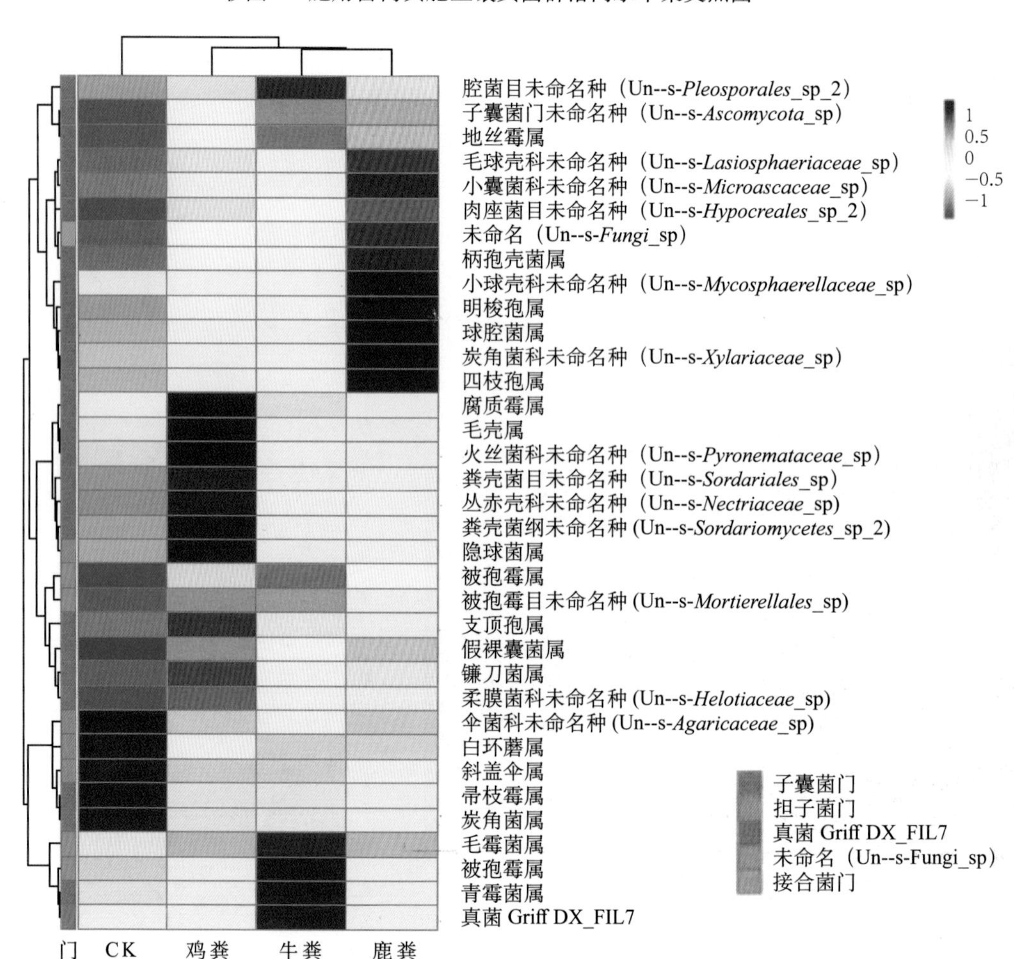

彩图 4　施用畜禽粪肥土壤真菌群落属水平聚类热图
（安娜 等，2020）